江苏省高等学校重点教材（编号：2021-1-012）

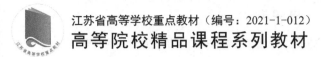

高等院校精品课程系列教材

U0192604

人机交互设计

（第2版）

单美贤　主编

电子工业出版社

Publishing House of Electronics Industry

北京 · BEIJING

内 容 简 介

以计算机为主的现代技术飞速发展，为用户提供了丰富多样的体验，人机交互设计的研究得到了广泛的关注。本书从人机交互的基本概念入手，以交互设计流程为依据，详细介绍了需求分析、架构设计、原型设计和测试优化过程等方面的知识。本书关注以人为本的用户需求，从可用性和用户体验两个层面上进行分析，引导读者关注交互设计原则、建立以用户为中心的设计理念。

本书可供软件或网站的设计人员、交互设计方向的大学生、对交互设计感兴趣的工作人员，以及任何想要了解并学习人机交互设计的学习者使用。

图书在版编目（CIP）数据

人机交互设计/单美贤主编. —2 版. —北京：电子工业出版社，2022.6
ISBN 978-7-121-43199-9

Ⅰ．①人… Ⅱ．①单… Ⅲ．①人－机系统－系统设计－高等学校－教材 Ⅳ．①TP11

中国版本图书馆 CIP 数据核字（2022）第 050837 号

责任编辑：张贵芹

文字编辑：杨 晗

印　　刷：北京天宇星印刷厂

装　　订：北京天宇星印刷厂

出版发行：电子工业出版社

　　　　　北京市海淀区万寿路 173 信箱　　邮编：100036

开　　本：787×1092　1/16　印张：17.5　字数：420 千字

版　　次：2016 年 8 月第 1 版

　　　　　2022 年 6 月第 2 版

印　　次：2025 年 2 月第 8 次印刷

定　　价：59.80 元

凡所购买电子工业出版社图书有缺损问题，请向购买书店调换。若书店售缺，请与本社发行部联系，联系及邮购电话：（010）88254888，88258888。

质量投诉请发邮件至 zlts@phei.com.cn，盗版侵权举报请发邮件至 dbqq@phei.com.cn。

本书咨询联系方式：（010）88254510，yanghan@phei.com.cn。

随着以计算机为主的现代机器的飞速发展，以及用户对机器（本书主要是指计算机）的使用体验要求越来越高，人们对人机交互技术以及设计的研究得到了广泛关注。人机交互设计努力创造和建立的是人与产品及服务之间有意义的关系，以"在充满社会复杂性的物质世界中嵌入信息技术"为中心，从"可用性"和"用户体验"两个层面上进行分析，关注以人为本的用户需求。其涉及众多学科，学习者不仅要有扎实的理论知识，而且需要过硬的技术能力，与此同时还需要很好的审美水平和人文社会学知识。本书尝试着将如此复杂的人机交互技术与设计用浅显易懂的方式（如实例分析、实践操作等）展示出来，使得关于人机交互的教学变得更加形象生动、简单易懂。

为了让读者能够更加清楚地了解人机交互技术与设计的知识结构，本书从人机交互的基本概念入手，以交互设计流程为依据，详细介绍了需求分析、架构设计、原型设计和测试优化过程等方面的知识。本书是教育部首批虚拟教研室"信息化教学设计研究虚拟教研室"建设项目成果。本书主要适用于交互设计从业人员、交互设计方向的大学生、对交互设计感兴趣的工作人员，以及任何想要了解并学习人机交互技术与设计的学习者。

人机交互的基本概念部分（第1、第2章）使读者了解什么是人机交互，人机交互的目标、方法、一般过程、相关学科，人机交互中的认知情感与社交因素，相关模型等基本知识。

用户研究部分（第3、第4、第5章）从用户角度出发，介绍了研究用户的目的、方法，用户需求的收集、分析，以及交互设计过程中的人物创建、场景设计。

交互设计具体过程部分（第6、第7、第8、第9章）详细介绍了交互设计过程中涉及的从需求到设计、信息架构、界面设计、设计与制作原型的具体原则与方法。

评估与实践部分（第10、第11章）从实践的角度分析了可用性评估方法，以及实践中的交互设计方式。

本书在章节的安排与重（难）点的处理上，充分考虑了教学的需求，内容安排松紧适度，重点突出，对于抽象、难以把握的知识点用大家日常生活所接触的案例进行说明，使得读者可以更好地把握知识点，理解难点。另外，本书中部分图片由于黑白印刷无法展示，我们在图片旁提供了二维码供读者扫描查看。

本书在第一版的基础上，对内容进行了一定的增补和修改：第1章增加了1.6节，第2章增加了2.4节，第3章的内容重新修改，第4章增加了4.1节，第6章增加了6.1节，第7章增加了7.4、7.5、7.6节，第8章增加了8.5节，第10章增加了10.5节，第11章增加了11.3节。在每章的结尾部分都增加了思考题。所有的增补及修改工作均由单美贤完成。

由于编者学识有限，加之时间较仓促，书中不妥之处在所难免，敬请读者批评指正。

编　者

目 录

第1章 什么是人机交互 ··· 1

1.1 人机交互技术 ·· 1

    1.1.1 人机交互技术的发展史 ·· 2

    1.1.2 人机交互技术的发展方向 ··· 3

    1.1.3 相关概念的理解 ··· 4

1.2 交互设计与用户体验 ·· 6

    1.2.1 好的设计与拙劣的设计 ·· 7

    1.2.2 为体验而设计 ··· 9

    1.2.3 用户体验 ··· 10

    1.2.4 用户体验的实现方法：UCD ·· 12

    1.2.5 以用户为中心的设计要点 ··· 12

1.3 交互设计目标 ·· 13

    1.3.1 可用性目标 ·· 14

    1.3.2 用户体验目标 ··· 15

1.4 交互设计的方法 ··· 16

    1.4.1 以人为本的设计理念 ·· 16

    1.4.2 以活动为中心的设计 ·· 17

    1.4.3 以目标为导向的设计 ·· 18

    1.4.4 任务、活动和目标的区别 ··· 18

1.5 交互设计过程概览 ·· 19

    1.5.1 分析阶段 ··· 19

    1.5.2 设计阶段 ··· 20

    1.5.3 测试优化阶段 ··· 21

1.6 交互设计师 ··· 21

    1.6.1 交互设计师是做什么的 ··· 21

    1.6.2 交互设计师的核心价值 ··· 23

    1.6.3 交互设计师的能力要求 ··· 24

本章小结 ·· 24

思考题 ·· 24

第2章 交互设计理论基础 ··· 25

2.1 涉及的相关学科 ··· 25

      2.1.1　心理学 ···26
      2.1.2　人体工程学 ···31
      2.1.3　计算机科学 ···32
      2.1.4　社会学 ···33
      2.1.5　美学 ···34
  2.2　交互设计中的认知因素 ···35
      2.2.1　感知因素 ···35
      2.2.2　视觉因素 ···36
      2.2.3　注意因素 ···38
      2.2.4　记忆因素 ···39
      2.2.5　思维因素 ···39
  2.3　交互设计中的情感因素 ···40
      2.3.1　用户与情感的多样性 ···40
      2.3.2　情感与用户体验 ···41
      2.3.3　界面（表现力）与情感 ···42
      2.3.4　情感化设计 ···43
      2.3.5　情感计算和情感 AI ··46
  2.4　交互设计中的社交因素 ···46
      2.4.1　社交 ···46
      2.4.2　面对面的对话 ···48
      2.4.3　共在 ···49
      2.4.4　社交参与 ···50
  2.5　交互设计的模型 ···51
      2.5.1　用户模型 ···51
      2.5.2　系统模型 ···51
      2.5.3　设计师模型 ···52
      2.5.4　分级设计 ···53
本章小结 ···54
思考题 ···54
拓展阅读 ···54

第3章　用户研究简述 ··55
  3.1　用户研究之前 ···55
      3.1.1　定义研究问题 ···55
      3.1.2　理解产品 ···56
      3.1.3　理解用户 ···57
  3.2　理解定性研究与定量研究 ···60
      3.2.1　定性研究 ···60

3.2.2 定量研究 ······61

3.2.3 定性研究与定量研究的差异 ······61

3.2.4 行为与态度 ······62

3.2.5 选择研究路径 ······62

3.2.6 研究的三角互证 ······63

3.3 避免走入用户研究的误区 ······64

3.3.1 真实性与有效性 ······64

3.3.2 调研目标与计划的制订 ······65

3.3.3 研究验证同样重要 ······65

本章小结 ······66

思考题 ······66

第4章 用户研究方法 ······67

4.1 问卷调查 ······67

4.1.1 问卷调查的准备阶段 ······68

4.1.2 问卷设计与开发 ······68

4.1.3 问卷预测试与发放 ······69

4.1.4 回收统计 ······70

4.1.5 问卷的问题设计影响数据分析 ······70

4.2 用户访谈 ······73

4.2.1 访谈准备 ······73

4.2.2 访谈执行 ······77

4.2.3 访谈后的整理与分析工作 ······79

4.2.4 用户访谈的综合运用 ······80

4.3 用户观察 ······81

4.3.1 目标、问题 ······81

4.3.2 观察什么、何时观察 ······82

4.3.3 观察方法 ······83

4.3.4 如何观察 ······84

4.3.5 间接观察：追踪用户的活动 ······91

4.3.6 分析、解释和表示数据 ······93

4.4 其他类型的研究 ······95

4.4.1 焦点小组 ······96

4.4.2 卡片分类 ······98

本章小结 ······100

思考题 ······100

第5章 人物角色的创建与运用 ······102

5.1 人物角色 ······102

　　　5.1.1　人物角色不是什么 ·· 103

　　　5.1.2　使用人物角色的目的 ··· 103

　　　5.1.3　人物角色的好处 ·· 104

　　5.2　人物角色的创建 ··· 106

　　　5.2.1　创建人物角色的方法 ··· 106

　　　5.2.2　人物角色组成元素 ··· 109

　　　5.2.3　确定人物角色的优先级别 ·· 111

　　　5.2.4　如何应用人物角色 ··· 113

　　5.3　场景 ··· 113

　　　5.3.1　情境场景剧本 ·· 114

　　　5.3.2　场景剧本的经典元素 ··· 115

　　本章小结 ··· 116

　　思考题 ··· 116

第6章　从需求到设计 ·· 117

　　6.1　需求收集与需求分析 ·· 117

　　　6.1.1　对需求的理解 ·· 117

　　　6.1.2　需求活动过程 ·· 118

　　　6.1.3　需求收集：用户试验 ··· 119

　　　6.1.4　需求的优先权分析 ··· 120

　　　6.1.5　用户体验地图 ·· 121

　　6.2　定义功能和数据元素 ·· 124

　　　6.2.1　什么是功能和数据 ··· 124

　　　6.2.2　发散和收敛的过程 ··· 125

　　　6.2.3　10加10：收敛设计漏斗 ··· 126

　　6.3　交互设计原则 ·· 126

　　　6.3.1　设计价值 ··· 127

　　　6.3.2　用户体验设计原则 ··· 128

　　　6.3.3　交互设计评价标准原则 ·· 130

　　6.4　交互设计模式 ·· 132

　　　6.4.1　交互设计模式的历史 ··· 133

　　　6.4.2　交互设计模式的类型 ··· 133

　　　6.4.3　交互设计模式的应用注意 ·· 134

　　本章小结 ··· 135

　　思考题 ··· 135

第7章　交互框架设计 ·· 136

　　7.1　初识信息架构 ·· 136

　　　7.1.1　架构原则与结构 ·· 136

　　　　7.1.2　什么是信息架构 ┈┈┈┈┈┈┈┈┈┈┈┈┈┈┈┈┈┈┈┈┈┈┈ 137

　　　　7.1.3　信息架构梳理 ┈┈┈┈┈┈┈┈┈┈┈┈┈┈┈┈┈┈┈┈┈┈┈┈ 138

　　7.2　信息架构设计方法：卡片分类法 ┈┈┈┈┈┈┈┈┈┈┈┈┈┈┈┈┈ 138

　　　　7.2.1　层次结构的设计 ┈┈┈┈┈┈┈┈┈┈┈┈┈┈┈┈┈┈┈┈┈┈┈ 139

　　　　7.2.2　封闭式卡片分类法 ┈┈┈┈┈┈┈┈┈┈┈┈┈┈┈┈┈┈┈┈┈ 140

　　　　7.2.3　开放式卡片分类法 ┈┈┈┈┈┈┈┈┈┈┈┈┈┈┈┈┈┈┈┈┈ 140

　　　　7.2.4　Delphi 卡片分类法 ┈┈┈┈┈┈┈┈┈┈┈┈┈┈┈┈┈┈┈┈ 141

　　7.3　信息架构设计应具备的特点 ┈┈┈┈┈┈┈┈┈┈┈┈┈┈┈┈┈┈┈ 142

　　　　7.3.1　与"产品目标"和"用户需求"相对应 ┈┈┈┈┈┈┈┈┈┈ 142

　　　　7.3.2　具有一定的延展性 ┈┈┈┈┈┈┈┈┈┈┈┈┈┈┈┈┈┈┈┈┈ 142

　　　　7.3.3　保证分类标准的一致性、相关性和独立性 ┈┈┈┈┈┈┈ 143

　　　　7.3.4　有效平衡信息架构的"广度"和"深度" ┈┈┈┈┈┈┈┈ 143

　　　　7.3.5　使用"用户语言"，同时需避免"语义歧义或不解" ┈┈ 143

　　7.4　信息架构设计流程 ┈┈┈┈┈┈┈┈┈┈┈┈┈┈┈┈┈┈┈┈┈┈┈┈┈ 144

　　　　7.4.1　组织系统 ┈┈┈┈┈┈┈┈┈┈┈┈┈┈┈┈┈┈┈┈┈┈┈┈┈┈┈ 144

　　　　7.4.2　标签系统 ┈┈┈┈┈┈┈┈┈┈┈┈┈┈┈┈┈┈┈┈┈┈┈┈┈┈┈ 147

　　　　7.4.3　导航系统 ┈┈┈┈┈┈┈┈┈┈┈┈┈┈┈┈┈┈┈┈┈┈┈┈┈┈┈ 148

　　　　7.4.4　搜索系统 ┈┈┈┈┈┈┈┈┈┈┈┈┈┈┈┈┈┈┈┈┈┈┈┈┈┈┈ 149

　　7.5　产出信息架构图 ┈┈┈┈┈┈┈┈┈┈┈┈┈┈┈┈┈┈┈┈┈┈┈┈┈┈┈ 150

　　7.6　信息架构的常用工具 ┈┈┈┈┈┈┈┈┈┈┈┈┈┈┈┈┈┈┈┈┈┈┈┈ 150

　　本章小结 ┈┈┈┈┈┈┈┈┈┈┈┈┈┈┈┈┈┈┈┈┈┈┈┈┈┈┈┈┈┈┈┈┈┈┈ 151

　　思考题 ┈┈┈┈┈┈┈┈┈┈┈┈┈┈┈┈┈┈┈┈┈┈┈┈┈┈┈┈┈┈┈┈┈┈┈┈┈ 151

第 8 章　界面设计 ┈┈┈┈┈┈┈┈┈┈┈┈┈┈┈┈┈┈┈┈┈┈┈┈┈┈┈┈┈┈┈┈ 152

　　8.1　视觉界面设计概述 ┈┈┈┈┈┈┈┈┈┈┈┈┈┈┈┈┈┈┈┈┈┈┈┈┈┈ 152

　　　　8.1.1　视觉设计过程 ┈┈┈┈┈┈┈┈┈┈┈┈┈┈┈┈┈┈┈┈┈┈┈┈ 152

　　　　8.1.2　视觉界面设计的组成要素 ┈┈┈┈┈┈┈┈┈┈┈┈┈┈┈┈ 154

　　8.2　交互界面的设计原则 ┈┈┈┈┈┈┈┈┈┈┈┈┈┈┈┈┈┈┈┈┈┈┈┈ 155

　　　　8.2.1　对齐 ┈┈┈┈┈┈┈┈┈┈┈┈┈┈┈┈┈┈┈┈┈┈┈┈┈┈┈┈┈┈ 155

　　　　8.2.2　一致性 ┈┈┈┈┈┈┈┈┈┈┈┈┈┈┈┈┈┈┈┈┈┈┈┈┈┈┈┈┈ 157

　　　　8.2.3　强调 ┈┈┈┈┈┈┈┈┈┈┈┈┈┈┈┈┈┈┈┈┈┈┈┈┈┈┈┈┈┈ 159

　　　　8.2.4　重复 ┈┈┈┈┈┈┈┈┈┈┈┈┈┈┈┈┈┈┈┈┈┈┈┈┈┈┈┈┈┈ 161

　　　　8.2.5　映射 ┈┈┈┈┈┈┈┈┈┈┈┈┈┈┈┈┈┈┈┈┈┈┈┈┈┈┈┈┈┈ 163

　　　　8.2.6　沉浸 ┈┈┈┈┈┈┈┈┈┈┈┈┈┈┈┈┈┈┈┈┈┈┈┈┈┈┈┈┈┈ 163

　　　　8.2.7　功能可见性 ┈┈┈┈┈┈┈┈┈┈┈┈┈┈┈┈┈┈┈┈┈┈┈┈┈┈ 165

　　　　8.2.8　条件反射 ┈┈┈┈┈┈┈┈┈┈┈┈┈┈┈┈┈┈┈┈┈┈┈┈┈┈┈ 166

　　　　8.2.9　干扰效应 ┈┈┈┈┈┈┈┈┈┈┈┈┈┈┈┈┈┈┈┈┈┈┈┈┈┈┈ 168

　　　　8.2.10　容易识别 ┈┈┈┈┈┈┈┈┈┈┈┈┈┈┈┈┈┈┈┈┈┈┈┈┈┈ 169

8.2.11　容易使用 ⋯⋯⋯⋯⋯⋯⋯⋯⋯⋯⋯⋯⋯⋯⋯⋯⋯⋯⋯⋯⋯⋯⋯ 170

8.2.12　美观实用效应 ⋯⋯⋯⋯⋯⋯⋯⋯⋯⋯⋯⋯⋯⋯⋯⋯⋯⋯⋯⋯ 173

8.2.13　图像符号 ⋯⋯⋯⋯⋯⋯⋯⋯⋯⋯⋯⋯⋯⋯⋯⋯⋯⋯⋯⋯⋯⋯ 175

8.2.14　图形和背景的关系 ⋯⋯⋯⋯⋯⋯⋯⋯⋯⋯⋯⋯⋯⋯⋯⋯⋯ 178

8.2.15　色彩原理 ⋯⋯⋯⋯⋯⋯⋯⋯⋯⋯⋯⋯⋯⋯⋯⋯⋯⋯⋯⋯⋯⋯ 180

8.3　视觉界面设计实践原则 ⋯⋯⋯⋯⋯⋯⋯⋯⋯⋯⋯⋯⋯⋯⋯⋯⋯⋯⋯⋯ 182

8.3.1　模拟 ⋯⋯⋯⋯⋯⋯⋯⋯⋯⋯⋯⋯⋯⋯⋯⋯⋯⋯⋯⋯⋯⋯⋯⋯ 182

8.3.2　80/20 法则 ⋯⋯⋯⋯⋯⋯⋯⋯⋯⋯⋯⋯⋯⋯⋯⋯⋯⋯⋯⋯⋯ 184

8.3.3　费茨定律 ⋯⋯⋯⋯⋯⋯⋯⋯⋯⋯⋯⋯⋯⋯⋯⋯⋯⋯⋯⋯⋯⋯ 186

8.3.4　席克定律 ⋯⋯⋯⋯⋯⋯⋯⋯⋯⋯⋯⋯⋯⋯⋯⋯⋯⋯⋯⋯⋯⋯ 187

8.3.5　神奇数字 7±2 法则 ⋯⋯⋯⋯⋯⋯⋯⋯⋯⋯⋯⋯⋯⋯⋯⋯⋯ 187

8.3.6　接近法则 ⋯⋯⋯⋯⋯⋯⋯⋯⋯⋯⋯⋯⋯⋯⋯⋯⋯⋯⋯⋯⋯⋯ 188

8.3.7　泰思勒定律 ⋯⋯⋯⋯⋯⋯⋯⋯⋯⋯⋯⋯⋯⋯⋯⋯⋯⋯⋯⋯⋯ 189

8.3.8　防错原则 ⋯⋯⋯⋯⋯⋯⋯⋯⋯⋯⋯⋯⋯⋯⋯⋯⋯⋯⋯⋯⋯⋯ 189

8.3.9　奥卡姆剃刀 ⋯⋯⋯⋯⋯⋯⋯⋯⋯⋯⋯⋯⋯⋯⋯⋯⋯⋯⋯⋯⋯ 190

8.3.10　图片优势 ⋯⋯⋯⋯⋯⋯⋯⋯⋯⋯⋯⋯⋯⋯⋯⋯⋯⋯⋯⋯⋯ 190

8.3.11　大草原偏爱 ⋯⋯⋯⋯⋯⋯⋯⋯⋯⋯⋯⋯⋯⋯⋯⋯⋯⋯⋯⋯ 192

8.3.12　由上而下光源偏爱 ⋯⋯⋯⋯⋯⋯⋯⋯⋯⋯⋯⋯⋯⋯⋯⋯⋯ 193

8.4　三大设计风格 ⋯⋯⋯⋯⋯⋯⋯⋯⋯⋯⋯⋯⋯⋯⋯⋯⋯⋯⋯⋯⋯⋯⋯⋯ 195

8.4.1　拟物化设计 ⋯⋯⋯⋯⋯⋯⋯⋯⋯⋯⋯⋯⋯⋯⋯⋯⋯⋯⋯⋯⋯ 195

8.4.2　扁平化设计 ⋯⋯⋯⋯⋯⋯⋯⋯⋯⋯⋯⋯⋯⋯⋯⋯⋯⋯⋯⋯⋯ 196

8.4.3　卡片式设计 ⋯⋯⋯⋯⋯⋯⋯⋯⋯⋯⋯⋯⋯⋯⋯⋯⋯⋯⋯⋯⋯ 198

8.5　导航设计 ⋯⋯⋯⋯⋯⋯⋯⋯⋯⋯⋯⋯⋯⋯⋯⋯⋯⋯⋯⋯⋯⋯⋯⋯⋯⋯ 199

8.5.1　主要导航模式 ⋯⋯⋯⋯⋯⋯⋯⋯⋯⋯⋯⋯⋯⋯⋯⋯⋯⋯⋯⋯ 199

8.5.2　次级导航模式 ⋯⋯⋯⋯⋯⋯⋯⋯⋯⋯⋯⋯⋯⋯⋯⋯⋯⋯⋯⋯ 205

本章小结 ⋯⋯⋯⋯⋯⋯⋯⋯⋯⋯⋯⋯⋯⋯⋯⋯⋯⋯⋯⋯⋯⋯⋯⋯⋯⋯⋯⋯ 208

思考题 ⋯⋯⋯⋯⋯⋯⋯⋯⋯⋯⋯⋯⋯⋯⋯⋯⋯⋯⋯⋯⋯⋯⋯⋯⋯⋯⋯⋯⋯ 208

第 9 章　设计与制作原理 ⋯⋯⋯⋯⋯⋯⋯⋯⋯⋯⋯⋯⋯⋯⋯⋯⋯⋯⋯⋯⋯ 209

9.1　概念模型 ⋯⋯⋯⋯⋯⋯⋯⋯⋯⋯⋯⋯⋯⋯⋯⋯⋯⋯⋯⋯⋯⋯⋯⋯⋯⋯ 210

9.1.1　基于活动的概念模型 ⋯⋯⋯⋯⋯⋯⋯⋯⋯⋯⋯⋯⋯⋯⋯⋯⋯ 211

9.1.2　基于对象的概念模型 ⋯⋯⋯⋯⋯⋯⋯⋯⋯⋯⋯⋯⋯⋯⋯⋯⋯ 212

9.1.3　界面比拟 ⋯⋯⋯⋯⋯⋯⋯⋯⋯⋯⋯⋯⋯⋯⋯⋯⋯⋯⋯⋯⋯⋯ 213

9.2　原型 ⋯⋯⋯⋯⋯⋯⋯⋯⋯⋯⋯⋯⋯⋯⋯⋯⋯⋯⋯⋯⋯⋯⋯⋯⋯⋯⋯⋯ 214

9.2.1　什么是原型 ⋯⋯⋯⋯⋯⋯⋯⋯⋯⋯⋯⋯⋯⋯⋯⋯⋯⋯⋯⋯⋯ 215

9.2.2　原型的作用和好处 ⋯⋯⋯⋯⋯⋯⋯⋯⋯⋯⋯⋯⋯⋯⋯⋯⋯⋯ 216

9.2.3　低保真原型与高保真原型 ⋯⋯⋯⋯⋯⋯⋯⋯⋯⋯⋯⋯⋯⋯ 217

9.3　原型的制作方法 ⋯⋯⋯⋯⋯⋯⋯⋯⋯⋯⋯⋯⋯⋯⋯⋯⋯⋯⋯⋯⋯⋯⋯ 220

9.3.1 草图设计 ··· 220

9.3.2 用 PPT 设计草图 ·· 221

9.3.3 原型制作工具 ··· 221

9.4 线框图 ·· 224

9.4.1 什么是线框图 ··· 224

9.4.2 为何要用线框图 ·· 224

9.4.3 线框图类型 ·· 225

9.4.4 线框图、原型和视觉稿的区别 ····································· 226

9.5 Axure RP 介绍 ·· 227

9.5.1 Axure RP ·· 227

9.5.2 Axure RP 的工作环境 ··· 228

9.5.3 初级互动设计 ··· 229

9.5.4 使用 Master 模块 ·· 231

9.5.5 输出网站/AP 原型 ··· 232

9.5.6 输出规格文件（Word） ··· 233

9.5.7 Axure RP 设计的页面展示 ·· 233

本章小结 ·· 235

思考题 ··· 235

拓展阅读 ·· 235

第 10 章 可用性评估 ··· 236

10.1 可用性 ·· 236

10.1.1 可用性的定义 ··· 237

10.1.2 产品失败的原因 ·· 237

10.1.3 产品使用背景 ··· 237

10.1.4 为体验而设计：使用第一 ··· 238

10.2 可用性评估 ·· 238

10.2.1 形成性评估与总结性评估 ··· 238

10.2.2 分析法和实验法 ·· 239

10.2.3 执行评估时的注意事项 ·· 239

10.3 启发式评估 ·· 240

10.3.1 启发式评估十原则 ··· 240

10.3.2 启发式评估法的实施步骤 ··· 242

10.3.3 启发式评估法的局限性 ·· 243

10.4 用户测试 ··· 244

10.4.1 用户测试的基础理论 ··· 244

10.4.2 具有代表性的测试方法 ·· 245

10.4.3 用户测试的实践基础 ··· 247

10.5 其他评估方法 ·· 248
　　10.5.1 认知走查法 ·· 248
　　10.5.2 快速迭代测试评估法 ·· 249
　　10.5.3 合意性测试 ·· 250
　　10.5.4 A/B 测试 ·· 250
　　10.5.5 数据分析与处理 ·· 251
本章小结 ·· 251
思考题 ·· 251

第 11 章　实践中的交互设计 ·· 252
11.1 敏捷设计：注重协作与交互 ·· 252
　　11.1.1 传统交互设计流程 ·· 252
　　11.1.2 敏捷 UX 简史 ·· 253
　　11.1.3 敏捷 UX 的理论基础 ·· 253
　　11.1.4 敏捷 UX 的基本原则 ·· 254
　　11.1.5 敏捷 UX 与传统交互设计的区别 ···································· 254
11.2 精益设计：做事比分析更重要 ·· 255
　　11.2.1 精益设计的三大基础 ·· 255
　　11.2.2 精益设计的基本理念 ·· 257
　　11.2.3 实例 ·· 258
11.3 可穿戴技术 ·· 259
　　11.3.1 什么是可穿戴技术 ·· 259
　　11.3.2 可穿戴技术的设计原则 ·· 260
　　11.3.3 发展趋势 ·· 262
11.4 通用设计 ·· 263
　　11.4.1 什么是通用设计 ·· 264
　　11.4.2 通用设计的发展过程 ·· 264
　　11.4.3 通用设计的原则 ·· 264
　　11.4.4 作为适配性界面设计的通用设计 ···································· 265
　　11.4.5 未来的交互界面 ·· 266
本章小结 ·· 267
思考题 ·· 267
拓展阅读 ·· 267

第1章

什么是人机交互

人机交互（Human Computer Interaction，HCI）是伴随着计算机的诞生而发展起来的一门技术科学，是研究人、计算机以及它们之间相互影响的技术，是人与计算机之间传递、交换信息的媒介和对话接口。人机交互的目的不仅仅是优化设计用户使用的计算机系统，还应该是优化设计能实现其目标与任务的系统。

美国计算机协会（Association of Computing Machine，ACM）把 HCI 定义为一门关于为人类使用而设计、评价和实现的一种交互计算系统的学科，它与认知科学、人机工程学、心理学等学科领域有密切的联系，是一门交叉性、边缘性、综合性的学科。

人机交互是计算机科学和认知心理学两大科学相结合的产物，同时也吸收了语言学、人机工程学和社会学等科学的研究成果。通过 30 余年的发展，人机交互已经成为一门以研究用户及其与计算机的关系为特征的主要学科之一。尤其是从 20 世纪 80 年代以来，随着软件工程学的迅速发展和新一代计算机技术研究的推动，人机交互设计和开发已成为国际计算机界最为活跃的研究方向。

国外的 HCI 课程和研究主要涉及两个方面：一是 HCI 的理论教学和研究，从传统的基于心理学的交互理论和评估方法转向基于科学计算的 formal methods 方法；二是 HCI 方式的教学和研究，即研究人与机器及周边设备、环境、社会的沟通方式。现在像普适计算（Ubiquitous Computing）、社交计算（Social Computing）、协同计算（Computer Supported Cooperative Work）、脑机交互（Brain Computer Interface）等是比较新的方向。

1.1 人机交互技术

人机交互是随着科技的不断发展而发展的，自从计算机出现以来，人机交互技术经历了巨大的变化。总体来看，它是一个从人适应计算机到计算机不断适应人的发展史。①人适应计算机：早期的手工作业阶段，计算机是十分庞大而笨拙的二进制计算机，使用者及设计者必须使用计算机代码语言和手工操作的方法才能与其互动。作业控制语言及交互命令语言阶段，计算机的主要使用者（程序员）可以通过记忆许多命令和敲击键盘，采用批处理作业语言或交互命令语言的方式来调试程序，了解计算机执行情况。②计算机适应人：到了图形用户界面（GUI）阶段，由于不懂计算机的普通用户可以直接操纵而无须掌握复杂的计算机语言，并熟练地使用计算机，这样大大拓宽了用户群，使信息产业得到了空前的发展，计算机适应人的序幕正式拉开。

1.1.1　人机交互技术的发展史

伴随着计算机技术的飞速发展，人机交互技术也在不断改进：从早期的穿孔纸带、面板开关和显示灯等交互装置，发展到今天的视线追踪、语音识别、感觉反馈等具有多种感知能力的交互装置。用户界面的发展经历了批处理、命令行、图形界面三个阶段，现在的研究和开发重点已经放在了 Post-WIMP 界面上。虽然人机交互的方式不断发展，人机交互的内容不断丰富，但目前的人机交互技术仍属于以计算机为中心的时代。

从计算机科学的角度来看，人机交互的发展历史主要经历了以下几个阶段。

1. 初创期（1959—1969 年）

1959 年，美国学者沙克尔（Shackel）从人在操纵计算机时如何才能减轻疲劳出发，在 *Design* 期刊上发表了有关人机界面的第一篇文献《计算机的人机工程学》（*Erognomics for a Computer*）。

1960 年，著名的计算机先驱克里德（J. C. R. Liklider）描述了人机交互的愿景，首次提出"人机共栖"（Human-Computer Symbiosis）的概念，并预言计算机软件的发展将使人们"在与计算机互动时，就像与一位能力互补的同事一起工作一样"。

1963 年，美国科学家道格拉斯·恩格尔巴特（D.Engleberg）发明了鼠标器，他的最初想法是为了让计算机输入变得更简单容易。他预言鼠标器比其他输入设备都好，将会在超文本系统、导航工具方面有杰出的成果。十年后鼠标器经施乐研究中心改进，成为影响当代计算机使用的最重要成果。

1969 年是人机界面学发展史的里程碑，在英国剑桥大学召开了第一次人机系统国际大会，同年第一份专业杂志《国际人机研究》（*International Journal of Man-Machine Studies*，*IJMMS*）创刊。

2. 奠基期（1970—1979 年）

1970 年成立了两个 HCI 研究中心：一个是英国的 Loughborough 大学的 HUSAT 研究中心，另一个是美国施乐（Xerox）公司的帕克研究中心（Palo Alto Research Center，PARC）。施乐的首台个人计算机（The Xerox Alto，1973）奠定了现代计算机的基础，从网络办公室、写字板、图标、菜单，再到电子邮件（数不胜数）都深受鼻祖施乐的影响。可以说施乐在图形用户界面以及"桌面比拟"（Desktop Metaphor）的引入上开创了现代计算机的先河。

1970—1973 年出版的四本与计算机相关的人机工程学专著，为人机交互界面的发展指明了方向。

3. 发展期（1980—1995 年）

20 世纪 80 年代初，学术界相继出版了六本专著，对最新的人机交互研究成果进行了总结。

20 世纪 80 年代中期，有两位工业设计师（Bill Moggridge 和 Bill Verplank）发明了世界上第一台笔记本电脑——GRiD compass，并创造出了"交互设计"这个词。

人机交互学科逐渐形成自己的理论体系和实践范围的架构：理论体系方面，从人机工程学独立出来，更加强调认知心理学以及行为学和社会学等学科的理论指导；实践范围方面，从人机界面（人机接口）开始拓展，强调计算机对于人的反馈交互作用。"人机界面"一词被"人机交互"所取代。HCI 中的 I，也由 Interface（界面/接口）变成了 Interaction（交互）。

4. 提高期（1996 至今）

20 世纪 90 年代，Web 的发展使得涉足数字产品设计的传统设计师纷纷转向 Web，无可争议地将用户需求置于关注范围内。

2005 年 9 月，交互设计委员会（Interaction Design Association，IDA）正式成立。

人机交互的研究重点放在了智能化交互、多模态（多通道）—多媒体交互、虚拟交互，以及人机协同交互等方面，突显出"以人为中心"的人机交互。

1.1.2 人机交互技术的发展方向

随着网络的普及和无线通信技术的发展，人机交互领域面临着巨大的挑战和机遇，传统的图形界面交互已经发生了本质的变化，人们的需求不再局限于界面的美学形式的创新，现在的用户更多地希望在使用人机交互产品时，有着更便捷、更符合自身需求的使用习惯，同时又有着美观的操作界面。在"以人为中心"的前提下，人机交互技术会朝着以下几个方向发展。

1. 自然化

利用人的多种感觉通道和动作通道（如语音、手写、姿势、视线、表情）等输入，以并行、非精确的方式与（可见或不可见的）计算机进行交互，使人们从传统的交互方式的束缚中解脱出来，进入自然和谐的人机交互时期。

（1）多通道交互技术。多通道交互（Multi Modal Interaction，MMI）是近年来迅速发展的一种人机交互技术，它既适应了以人为中心的自然交互准则，也推动了互联网时代信息产业（包括移动计算、移动通信、网络服务器等）的快速发展。MMI 是指"一种使用多种通道与计算机通信的人机交互方式。'通道'涵盖了用户表达意图、执行动作或感知反馈信息的各种通信方法，如言语、眼神、脸部表情、唇动、手动、手势、头动、肢体姿势、触觉、嗅觉或味觉等"。在多通道交互中，用户可以使用语音、手势、眼神、表情等自然的交互方式与计算机系统进行交互。目前，最常使用的多通道交互技术包括手写识别、笔式交互、语音识别、语音合成、数字墨水、视线跟踪技术、触觉通道的力反馈装置、生物特征识别技术和人脸表情识别技术等方面。

（2）虚拟现实与增强现实。虚拟现实（Virtual Reality，VR）是人类在探索自然、认识自然的过程中创造产生，并逐步形成的一种用于认识自然、模拟自然，进而更好地适应和利用自然的科学方法和科学技术。虚拟现实是一种逼真的视、听、触觉一体化的计算机生成环境，用户可以借助必要的装备，以自然的方式与虚拟环境中的物体进行交互、相互影响，从而获得等同真实环境的感受和体验。增强现实（Augmented Reality，AR），是将计算机生成的虚拟物体、场景或系统提示信息叠加到真实场景中，从而实现对现实的"增强"。增强现实可以减少生成复杂环境的开销，为用户提供更丰富的信息。

2. 人性化

人性化的交互式设计的实质就是根据情景环境在感性和抽象中寻找平衡，需要设计人员深入洞悉每一种全新设计所面临的风险，必须潜心解构其间的普适性和新奇性，精密权衡新技术的所失与所得。总而言之，找到完美的交互设计的平衡，对于人性化关注的回归才是终点。

（1）智能用户界面（Intelligent User Interface，IUI）是致力于改善人机交互的高效率、有效性和自然性的人机界面。它通过表达、推理，并按照用户模型、领域模型、任务模型、谈话模型和媒体模型来实现人机交互。基于智能的代理（Agent）技术，可以实现自适应系统、用户建模和自适应脑界面。①自适应系统方面，如帮助用户获得信息、推荐产品、界面自适应、支持协同、接管例行工作、为用户裁剪信息、提供帮助、支持学习和管理引导对话等；②用户建模方面，目前机器学习是主要的用户建模方法，如神经网络、贝叶斯学习，以及在推荐系统中常使用协同过滤算法实现对个体用户的推荐；③自适应脑界面方面，如神经分类器通过分析用户的脑电波识别出用户想要执行什么任务，该任务既可以是运动相关的任务，如移动手臂，也可以是认知活动，如做算术题。智能用户界面主要使用人工智能技术实现人机通信，提高人机交互的可用性，与此同时，智能用户界面离不开认知心理学、人机工程学的支持。

（2）情感计算。让计算机具有情感能力最早是由 MIT 的明斯基教授（人工智能创始人之一）提出的。他在 1985 年的专著 *The Society of Mind*（《心智社会》）中指出，问题不在于智能机器能否有任何情感，而在于机器实现智能时怎么能够没有情感。从此，赋予计算机情感能力并让计算机能够理解和表达情感的研究引发了计算机界许多人的兴趣。MIT 媒体实验室皮卡德（Picard）教授领导的情感计算研究中心致力于创建一种能感知、识别和理解人的情感，并能针对人的情感做出智能、友好反应的计算机系统，Picard 在 1997 年出版的专著 *Affective Computing*（《情感计算》）中认为，情感计算是关于情感、情感产生以及影响情感方面的计算[1]。IBM 公司的"蓝眼计划"可使计算机知道人想干什么，如当人的眼瞄向电视机时，它竟然知道人想打开电视机，于是便发出指令打开电视机。此外，该公司还研究了情感鼠标，该款鼠标可根据手部的血压及温度等传感器感知用户的情感。

1.1.3　相关概念的理解

1. 人机交互

人机交互是关于设计、评价和实现供人们使用的交互式计算机系统且围绕这些方面进行研究的科学。人机交互概念有广义和狭义的区别。

广义上讲，人机交互以实现自然、高效、和谐的人机关系为目的，与之相关的理论和技术都在其研究范畴，是计算机科学、心理学、认知科学，以及社会学等学科的交叉学科。研究开发新的人机交互设备、技术和理论，以实现普适计算（Ubiquitous Computing）环境下的以用户为中心的交互式计算机系统，使其能够增强人的创造力，解放人的大脑，改善人与人

---

1 Picard R W, Papert S, Bender W, et al. Affective learning—a manifesto[J]. BT Technology Journal, 2004, 22(4): 253-269.

之间的交流与协作。

人机交互从技术上讲（狭义的），主要是研究人与计算机之间的信息交换，主要包括人到计算机和计算机到人的信息交换两部分。

（1）人们如何借助键盘、鼠标、操纵杆、眼动跟踪器、位置跟踪器、数据手套、压力笔等设备，用手、脚、声音、姿势或身体的动作、眼睛，甚至脑电波等向计算机传递信息。

（2）计算机如何通过打印机、绘图仪、显示器、头盔式显示器（HMD）、音箱、力反馈等输出设备给人提供信息。

2. 人机交互与人机界面的区别

人机交互和人机界面是两个不同的概念。

人机交互是指用户与计算机系统之间的通信，是人与计算机之间各种符号和动作的双向信息交换。人机交互的研究内容十分广泛，涵盖了建模、设计、评估等理论和方法，以及在计算机支持下的协同工作、信息搜索与可视化、超媒体与万维网、普适计算与增强现实等方面的交互设计技术。

人机界面是指人类用户与计算机系统之间的通信媒体或手段，是支持人机双向信息交换的软件和硬件。这里的"界面"定义为通信的媒体或手段，人机交互是通过一定的人机界面来实现的，在界面开发过程中，有时把它们作为同义词使用。

3. 交互设计

交互设计定义一：交互设计是人工制品、环境和系统的行为，以及传达这种行为的外形元素的设计与定义。不像传统的设计学科主要关注形式，交互设计首先旨在规划和描述事物的行为方式，然后描述传达这种行为的最有效形式。——阿兰·库珀（Alan Cooper，"VB之父""交互设计之父"，微软视窗先锋软件梦幻奖得主，库珀交互设计公司创始人。）

交互设计定义二：设计是支持人们日常工作与生活的交互式产品。具体地说，交互设计就是关于创建新的用户体验的问题，其目的是增强和扩充人们工作、通信及交互的方式。Winnogard（1997）把交互设计描述为"人类交流和交互空间的设计"。

诺曼通过工业设计、交互设计和体验设计的对比分析给出了对交互设计的理解[1]。

（1）工业设计：它是一种专业的服务，为使用者和生产者双方的利益而创造和开发产品与系统的概念和规范，旨在优化功能、价值和外观。

（2）交互设计：重点关注人与技术的互动。目的是增强人们理解可以做什么、正在发生什么，以及已经发生了什么。交互设计借鉴了心理学、设计、艺术和情感等方面的原则来保证用户得到积极的、愉悦的体验。

（3）体验设计：设计产品、流程、服务，以及事件和环境的实践，重点关注整体体验的质量和愉悦感。

工业设计师注重外形和材料，交互设计师注重易懂性和易用性，体验设计师注重情感在设计中的影响。

1（美）唐纳德·A·诺曼. 设计心理1：日常的设计[M]. 小柯，译. 北京：中信出版社，2015.

从用户角度来说，交互设计是一种如何让产品易用、有效而让人愉悦的技术。它致力于了解目标用户和他们的期望，了解用户在同产品交互时的行为，了解"人"本身的心理和行为特点，同时，还包括了解各种有效的交互方式，并对它们进行增强和扩充。

通过对产品的界面和行为进行交互设计，让产品和它的使用者之间建立一种有机联系，从而可以有效达到使用者的目标，这就是交互设计的目的。

4．交互设计涉及的学科

研究、设计供人们使用的计算机系统涉及许多学科、领域和方法，我们把"交互设计"视为它们的共同基础（见图 1-1）。最为人熟知的跨学科领域就是"人机交互"，它是"关于设计、评价和实现供人们使用的交互式计算系统，是围绕这些方面的主要现象进行研究的科学"。直到 20 世纪 90 年代初，HCI 的重点主要是设计单用户界面。后来，为了满足日益增长的使用计算机系统来支持多用户协作的需要，产生了"计算机支持的协作"（CSCW）这一跨学科领域。其他与交互设计相关的领域包括：人员因素（Human Factors）、认知人类工程学（Cognitive Ergonomics）和认知工程学（Cognitive Engineering）。所有这些都关系到如何设计能满足用户目标的系统，但各有其侧重点和方法学。

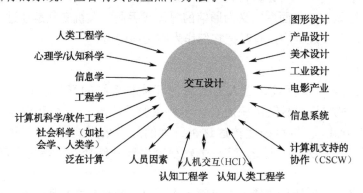

图 1-1　与交互设计相关的学科、设计实践和跨学科领域间的关系

1.2　交互设计与用户体验

工业设计者 Victor Papanek 认为，设计是"为赋予有意义的秩序，做出有意识或直觉的努力"。体现在以用户为中心的设计活动过程中则为以下几点。

- 理解用户的期望、需要、动机和使用情境；
- 理解商业、技术以及业内的机会、需求和制约；
- 基于上述理解，创造出形式、内容、行为有用，易用，令人满意，并具有技术可靠性和商业利益的产品。

运用恰当的方法，设计可以弥合人类与科技产品之间的缺口。如果设计做得好，会产生出色的令人愉悦的产品；当设计做得不好时，产品则令人懊恼和沮丧，即使这样的产品可以勉强使用，但只是让用户按产品所希望的方式来使用。人机交互产品的开发过程中，更多地关注产品将用来做什么，而忽略了用户体验——产品如何工作。

用户体验并不是指产品本身是如何工作的，而是指产品如何和外界联系并发挥作用，也就是人们如何"接触"和"使用"它。当人们询问某个产品或服务时，问的是使用的体验，它用起来难不难，是不是很容易学会，使用起来感觉如何。

1.2.1 好的设计与拙劣的设计

造成人机交互不畅的原因有很多：一些是由于当下的技术的限制；一些则由于设计者自己强加的限定，通常是为了控制成本；但更多的问题是因为设计师对有效的人机交互设计原则完全缺乏理解，即设计师和用户需求脱节。[1]

案例：洛杉矶的停车指示牌[2]。

洛杉矶的停车指示牌是出了名的难以理解，因为交通规则复杂，在一块小小的区域里要传递大量的信息，如图 1-2（a）所示，这已经是相当简单的情况了。作为设计师，经常会面对需要在一块小区域里传递大量信息的设计问题。

那么是否有一个通用的办法可以解决停车标识及类似的设计问题呢？图 1-2（b）的设计有效的原因之一是以用户为中心：驾驶员只想知道现在是否可以停在这里。指示牌只需要展示"可以或者不可以"即可，设计师利用了视觉而非文字来传递信息，设计更为直观：P 代表可以停车，R 代表不可以停车。

人机交互产品的开发过程常常受到两股势力（产品开发人员和市场营销人员）的影响。市场营销人员对于产品设计过程的贡献通常局限于需求列表，而这些需求与用户的实际需要与期望往往无关。营销人员主要在于追赶竞争对手，按照任务清单管理资源，以及基于市场调查结果进行猜测。开发人员负责产品的建造过程，开发人员是技术专家，缺乏对用户的理解，会错误地认为，只要他们的设计合乎逻辑就足够了。优秀的开发人员着眼于解决技术难题，遵从适当的工程实践准则，专注于实现技术要求，根本忽略了用户的要求。例如，在微软的 Word 软件中，如果想更改正在编辑的文件名，要么必须关闭文件之后再改，要么在菜单中选择"另存为…"。

由此可见，通常无法设计出好的人机交互产品的原因主要有三个[3]：不了解用户、在满足用户需求与产品开发之间有利益冲突，以及缺少一个设计过程，这个过程能够认识到人类的需求，有助于开发出恰当的产品形式和行为。

1. 不了解用户

用户是人类的一部分，具有人类的共同特性，用户在使用交互产品时都会在各个方面反映出这些特性。人的行为不仅受到视、听觉等感知能力，分析和解决问题能力的影响，还时刻受到心理和性格取向、物理与文化环境、教育程度及以往经历等因素的制约。

1（美）唐纳德·A·诺曼.设计心理 1：日常的设计[M]. 小柯，译. 北京：中信出版社，2015.

2 Teo Yu Siang. Bad design vs. good design: 5 examples we can learn from. [DB/OL]. [2021-07-27]. https://www.interaction-design.org/literature/article/bad-design-vs-good-design-5-examples-we-can-learn-frombad-design-vs-good-design-5-examples-we-can-learn-from-130706.

3 Cooper A, Reimann R, Cronin D. About Face 3：交互设计精髓[M]. 2 版. 刘松涛，等译. 北京：电子工业出版社，2012.

（a）停车指示牌　　　　　　　　　　（b）停车指示设计

图 1-2　停车标识

用户是产品的使用者，他们可能是产品当前的使用者，也可能是未来的使用者，甚至是潜在的使用者。

用户在使用产品过程中的行为也会与产品特征紧密相关，例如，对于目标产品的知识、期待利用目标产品所完成的功能、使用目标产品所需要的基本技能、未来使用目标产品的时间和频率等。人机交互设计需要了解从购买到使用的整个过程中用户与产品的关系，最重要的是了解用户希望如何使用产品，以什么样的方式使用产品，以及在使用产品时希望达到什么样的目的。

现实中大多数人机交互产品都是在不太了解用户的情况下制造出来的。或许知道用户群存在于哪个细分市场、他们的收入是多少，有时甚至了解他们从事的具体职业，以及工作中主要的例行任务等，但这些并没有告诉我们用户将如何使用我们正在生产的产品，没有告诉我们为什么用户会用到产品的这些功能，没有告诉我们怎样做才能让用户选择我们的产品。

2. 利益冲突

在数字产品开发领域中，存在着严重的利益冲突。产品开发人员即程序员，通常也是设计产品的人，往往必须在产品的易于编程还是易于使用两者之间做出选择，因为程序员的编程效率以及是否能在截止日期前完工决定着其绩效评估。即使某程序员心存善意，而且也有足够的设计能力，还是不可能同时兼顾到用户、商业和技术三方面的利益。

3. 缺少一个过程

工程部门遵从或者说应该遵从严格的工程方法，从而确保工程的可行性和产品的质量。同样地，市场营销部门和其他商业部门也应该遵从各自成熟的方法，来保证产品在商业上的生存能力。然而，其中缺乏的是一个可预见和可重复的分析过程，它能够把对用户的理解转化为能同时满足他们的需求并激发他们想象力的产品。数字技术产业如果缺少可靠的过程，或者更准确地说，缺少完整的过程，则难以生产出成功的产品。

1.2.2 为体验而设计

当人们提到"产品设计"时，想到的往往是产品在感官方面的表现：精心设计的产品，看起来赏心悦目，而且给用户很好的触感。另外，一种常见的评价产品的角度则是与"功能"有关的：精心设计的产品必须具有它应该具有的功能。这两种观点都不能算是真正的"设计"，有些产品可能很好看而且功能正常，但将"设计一个用户体验良好的产品"作为明确目标的话，则意味着不仅仅是功能或外观那么简单。

Larry Keeley 发现，产品设计开发需要关注三个现代要素：可行性、生存能力和期望性（见图 1-3）。

图 1-3　产品设计开发要素

我们知道，每一个产品都是把人类当成用户来设计的，而产品的每一次使用都会产生相应的体验。对于简单的产品来说，创建一个良好的用户体验完全等同于产品自身的定义，例如，一把不能坐的椅子根本就不能称为"椅子"。而对于一些复杂的产品，创建良好的用户体验和产品本身的定义之间的关系相对而言是独立的。产品越复杂，确定如何向用户提供良好的使用体验就越困难，在使用产品的过程中，每一个新增的特性、功能或步骤都会增加导致用户体验失败的机会。

案例：自行车电子夹克（见图 1-4）[1]。

骑自行车时，我们警示他人的唯一方式似乎只有按铃，对于身后的紧急情况，也只能快速变道或者慌乱挥手。为此，福特与工业设计公司 Designworks 合作，开发了一件背面有 LED 网状面板的电子夹克，让骑行者也能拥有一个显眼的"尾灯"。该电子夹克背上可以变换表情

---

1 福特造了件电子夹克，背上能发 Emoji 表情[DB/OL]. [2021-07-27]. https://www.sohu.com/a/371240975_413981.

符号（Emoji）的面板直接与自行车车把上的无线遥控器相连，当人在骑行时，可以边骑车边轻松地发出命令，衣服背后就能显示对应的图案。

图 1-4　自行车电子夹克

1.2.3　用户体验

用户体验（User eXperience，UX）是指用户在使用或预计要使用某产品、系统及服务时产生的主观感受和反应[1]。

- 用户体验包含使用前、使用时及使用后产生的情感、信仰、喜好、认知印象、生理学和心理学上的反应、行为及后果；
- 用户体验是指根据品牌印象、外观、功能、系统性能、交互行为和交互系统的辅助功能，以及以往经验产生的用户内心及身体状态、态度、技能、修改及使用状况的综合结果；
- 如果从用户个人目标的角度出发，可以把随用户体验产生的认知印象和情感都算在产品可用性的范畴内。

用户体验是指产品在现实世界中的行为和被人们使用的方式，正如加瑞特（Jesse James Garrett）所强调的："人们使用的每一种产品都有用户体验"，更具体地说，它是关于人们对产品的感觉，以及用户在使用、看、拿、打开或关闭它时的愉悦和满意程度，包括用户对使

1　（日）樽本徹也. 用户体验与可用性测试[M]. 陈啸，译. 北京：人民邮电出版社，2015.

用效果的总体印象，甚至小细节的感官效果，如开关旋转的流畅程度、点击时的声音和按下按钮时的触感。用户体验的一个重要方面是人们所拥有的体验质量，无论是快速的体验（如拍照）、悠闲的体验（如玩互动玩具），还是综合的体验（如参观博物馆）。

　　加瑞特倡导的"用户体验要素"能够较好地解释 UX 的构成。加瑞特把网站分为功能型平台类产品和信息型媒介类产品，从战略层、范围层、结构层、框架层和表现层这五个方面描述了用户体验要素（见图 1-5）。用户只能看到表现层的用户界面，表现层下面是框架层，支撑框架层的是再下一层的结构层，结构层来自范围层，而范围层的基础是战略层。用户界面这一表现层所能体现的内容是非常有限的，多数和用户体验相关的内容必须从框架层和结构层来了解，在某些情况下，还必须返回到最根本的战略层来考虑。

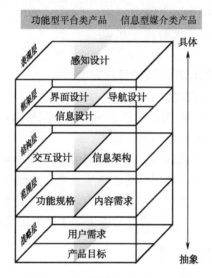

图 1-5　加瑞特的用户体验要素

　　需要指出的是，不能设计用户体验，只能为用户体验而设计，因为用户体验不仅仅依赖于产品本身，更重要的是用户和用户使用该产品时的状态。特别是不能设计感官体验，而只能创造能够唤起感官体验的设计特征，例如，智能手机的外壳可以设计成光滑、柔滑、贴合手掌的状态，当用户拿着、触摸并与手机互动时，可以激发一种感官上令人满意的用户体验；相反，如果它被设计为笨重且难以握持的状态，则更有可能提供糟糕的用户体验——令人不舒服和不愉快的体验。

　　正如 Don Norman 所强调的那样，"仅仅打造功能强大、易于理解和可用的产品是不够的，我们还需要为人们的生活创造欢乐、愉悦和美感"。在设计交互式产品时，用户体验有许多方面可以考虑，最重要的是可用性、功能性、美学、内容、外观，以及情感吸引力。一些研究人员试图描述用户体验的体验方面，Kasper Hornbaek 和 Morten Hertzum 指出，人们通常根据用户感知产品的方式来描述它，如智能手表被视为时尚还是厚实，以及用户对它的情绪反应，如人们在使用它时是否有积极的体验。Marc Hassenzahl 的用户体验模型是最著名的，他从实用和享乐的角度对用户体验进行了概念化：实用是指用户实现目标是多么简单、实用和显而易见；享乐是指互动对他们来说是多么令人回味和刺激。

1.2.4 用户体验的实现方法：UCD

创建吸引人的、高效的用户体验的方法称为以用户为中心的设计（User-Centered Design，UCD）。使用 UCD 可以避免在考虑问题、设计产品时钻牛角尖（技术优先），进而能够从用户的角度出发开发产品。UCD 的设计思想非常简单：在开发产品的每一个步骤中，都要把用户列入考虑范围。

然而，UCD 只是一种设计思想，并不代表实际的操作方法。开发流程会因开发对象的产品、开发团队，以及开发环境的不同而不同，但都具有相同的框架层。

① 调查：把握用户的使用状况；
② 分析：从使用状况中探寻用户需求；
③ 设计：设计出满足用户需求的解决方案；
④ 评测：评测解决方案；
⑤ 改进：对评测结果做出反馈，改进解决方案；
⑥ 反复：反复进行评测和改进。

首先，UCD 是从用户调查开始的，设计人员要通过观察用户以及用户访谈等手段，把握用户的实际使用情况，从而挖掘潜在的用户需求。

其次，要考虑一下实现用户需求的方法。此时需要的并不是立刻实现开发团队的创意，而是先制作一个简单的模型，然后请用户使用这个模型，评测该创意的可行性。

如果在评测时发现了未能满足用户需求的地方，就要改进模型。然后把改进后的模型交给用户，再次评测改进方案的可行性。通过这样循环往复地评测和改进，逐渐完善用户体验。

1.2.5 以用户为中心的设计要点

1. 流程的质量

设计用户界面并没有什么秘诀。只有遵循优秀的流程，才能做出优秀的界面。然而，并不能简单地理解为"只要遵循了流程就完全没问题了"。进行过怎样的用户访谈，做过怎样的分析，制作了什么样的产品模型，做过怎样的测试，如何改进，这些步骤都会考验大家的真本事。

2. 螺旋式上升的设计流程

虽说以用户为中心的设计会反复进行评测和改进（反复设计），但这并不意味着返工。以用户为中心的设计从一开始就注定会是一个螺旋式上升的设计流程（见图 1-6）。为了在最短的时间内，以最低开销进行反复设计，可以从手绘的用户界面开始，一边逐渐完善用户界面，一边反复进行评测和改进。

3. 用户的参与

需要从用户的角度考虑问题时，不要单凭自己的想象，否则修改后的设计与之前的相比不会发生任何变化，这样就推翻了修改的意义。因此，以用户为中心的设计必须有真实用户参与。要做到这一点，设计开发团队不仅需要专业的技术，更需要具备敏锐把握用户需求的营销人员应该具备的技能。以人为中心的设计活动的相互依存性如图 1-7 所示。

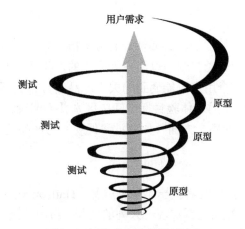

图 1-6　螺旋式上升的设计流程

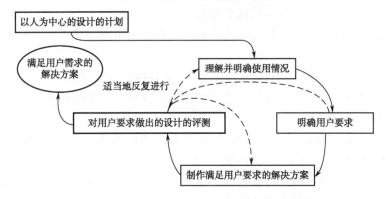

图 1-7　以人为中心的设计活动的相互依存性

1.3　交互设计目标

　　交互设计的核心在于满足用户的需要。每名设计者都想构建高质量的人机交互界面（又称用户界面），这种界面能够得到同行钦佩，受到用户欣赏，被竞争者频繁效仿。这种高质量的人机交互界面是通过提供可用性等质量特性赢得的。高科技产品的功能复杂化和普及化对产品的交互界面提出了更高的要求：复杂的产品功能要求界面提供更加有效的支持；普及化则要求界面易于学习，能够满足不同用户的需要。

　　信息系统专家 Jenny Preece、认知科学家 Yvonne Rogers 和资深软件工程师 Helen Sharp 在 2003 年出版的著作《交互设计——超越人机交互》中认为，交互设计的目标有两个，即可用性目标和用户体验目标。可用性目标关心的是符合特殊使用标准的、功能性的、基于人机工程学的目标，如有效率、有效性、安全、统一性、易学性、易记性等；而用户体验目标是对用户体验质量所做的明确说明，如富有美感、令人舒畅等，用户体验目标关心的是使用该产品的体验品质，也就是基于用户情感体验的指标，如享受乐趣、好玩有趣、娱乐性等。可用性目标是以用户为中心的交互设计的核心，但同时也必须认识到用户体验目标对实现用户价值和满足用户精神层面的需求有重大的意义。另外，易学、易用等可用性目标本身就能给用户产生好的情绪体验。

"可用性"是系统或用户界面的一种属性，通常是指有效性、高效性，以及用户使用产品完成任务时的满意度；"用户体验"则是以用户为中心的，并且是人和产品之间的互动。用户体验包括"可用性"，以及一个用户可能遇到的关于产品的方方面面，从品牌、动效和音效设计到客户支持。可用性目标与用户体验目标之间的区别并不明确，因为可用性通常是用户体验质量的基础；而用户体验的各个方面（如感觉和外观）与产品的可用性密不可分。

1.3.1 可用性目标

关于"可用性"的概念，研究者提出了多种解释。Hartson[1]认为可用性包含两层含义：有用性和易用性。有用性是指产品能否实现一系列的功能，易用性是指用户与界面的交互效率、易学性，以及用户的满意度。但这一定义缺乏对"可用性"这一概念的可操作性分析。Nielsen弥补了这一缺陷，他认为可用性包括以下要素。

（1）易学性：产品是否易于学习。用户群体的典型成员需要花多长时间来学习如何使用与一组任务相关的动作？

（2）交互效率（性能速度）：用户使用产品完成具体任务的效率。

（3）用户出错率：人们在执行基本任务时会犯多少错误？是哪些种类的错误？操作错误出现频率的高低、严重程度。

（4）易记性：用户搁置某产品一段时间后是否仍然记得如何操作？记忆力可能与学习时间紧密相关，而使用频率也起到重要作用。

（5）用户满意度：用户对产品是否满意？用户对界面各个方面喜欢程度如何？其答案可以通过访谈或通过包含满意程度和自由评论空间的书面调查来获得。

由此可以看出，可用性的概念包含三个方面的内容：首先，有用性和有效性，即产品能否实现一定的功能，以及交互界面能否有效支持产品功能；其次，交互效率，包括交互过程的安全性、用户绩效、出错频率及严重性、易学性和易记性等因素；最后，用户对产品的满意度。

Nielsen认为产品在每个要素上都达到很好的水平，才具有高可用性。但设计者经常被迫折中：如果打算将出错率降低到极低的水平，就会牺牲性能、速度。在一些应用中，用户满意度可能是成功的决定性因素，而在其他应用中，短的学习时间或者高性能可能是最重要的。

在产品开发过程中增强可用性可以带来很多好处，包括以下几点。

- 提高生产率；
- 增加销量和利润；
- 降低培训和产品支持的成本；
- 减少开发时间和开发成本；
- 减少维护成本；
- 增加用户的满意度。

1 Hartson H R, Andre T S, Williges R C. Criteria for evaluating usability evaluation methods[J]. International Journal of Human-computer Interaction, 2001, 13(4): 373-410.

1.3.2　用户体验目标

交互设计已不仅仅是提高工作效率和生产力，人们也越来越关心系统是否具备其他一些品质，如令人满意、令人愉悦、引人入胜、富有启发性、可激发创造性、让人有成就感、让人得到情感上的满足等。

在设计交互产品时，之所以要让产品有趣、令人愉悦、富有美感，其目的主要与用户体验相关。体验是内在的，存在于个人心中，是个人在情感、知识上参与的所得。当前，学术界根据体验深度将体验划分为三个层次：第一层次指持续不断的信息流向人脑，用户通过自我感知确认体验的发生，这是一种下意识体验；第二层次指有特别之处且令人满意的事情，这是体验过程的完成；第三层次把用户体验作为一种经历，把作为经历的体验考虑到使用的特定环境，能帮助用户与设计团队之间共享。

美国交互设计专家 James Garrett 认为，用户体验"是指产品在现实世界的表现和使用方式"，包括用户对品牌特征、信息可用性、功能性、内容性等方面的体验。美国认知心理学家唐纳德·A·诺曼将用户体验扩展到用户与产品互动的各个方面，认为为了更好地理解用户的技术体验，还应注意到情感因素的作用，这些包括享受、美学和娱乐。Jennifer Preece 等人（2001）认为交互设计就是关于创建新的用户体验的问题，这里的"用户体验"指的是用户与系统交互时的感觉如何，是一种纯主观的、在用户使用一个产品（服务）的过程中建立起来的心理感受。

用户体验目标与可用性目标不同，用户体验目标关心的是用户从自己的角度如何体验交互式产品，强调的是用户的主观感受；而可用性目标是从产品的角度来评价系统多有用或多有效。图 1-8 描绘了两者的关系，内圈表示可用性目标，外圈表示用户体验目标。针对具体的交互系统，界面可用性目标和用户体验目标之间存在着权衡折中的问题，要根据具体的用户和任务特点来对两者进行选择和组合。例如，以娱乐、游戏功能为主的年轻人使用的手机软件界面的设计，应把用户体验目标的实现放在重要的位置，在设计过程中着重研究产生快乐的体验过程和情感因素——富有情趣的界面表现方式、活泼欢快的动画和声音、有意思的交互方式等。

活动

目标：定义可用性目标和用户体验目标，以帮助评估交互式产品。

要求：找一个日常手持设备，如遥控器、数码相机或智能手机，检查它是如何设计的，特别要注意用户是如何与之交互的。

（1）根据您的第一印象，写下设备工作时的优缺点。

（2）描述与之交互所产生的用户体验。

（3）概述它支持的一些核心微交互，这些微交互是否令人愉悦、轻松？

（4）根据您对本章的阅读以及其他有关交互设计的材料，编写一套您认为在评估设备时最相关的可用性目标和用户体验目标，哪些是最重要的？并解释原因。

（5）将每个可用性目标和用户体验目标转化为两个或三个具体问题，然后使用它们来评估您的设备的运行情况。

（6）根据在步骤（4）和（5）中得到的答案，讨论对界面可能改进的地方。

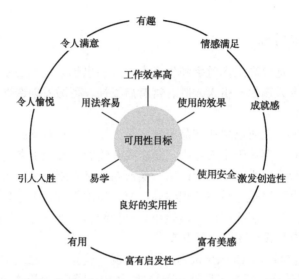

图 1-8   可用性目标和用户体验目标（参照 Jennifer Preece 等人的模型）

1.4   交互设计的方法

虽然说交互设计从传统设计、可用性和工程领域中吸取了很多理论和技术，但交互设计不仅仅是这几个学科的简单组合，而是具备特殊的方法和实践的学科。交互设计不仅是审美学的选择问题，还是基于对用户和认知原理的理解，交互设计关注最多的是如何满足人们与产品或服务交互时的需要和期望。为此很多设计师结合自己的实践提出了交互设计的方法，主要有以人为本的设计理念、以活动为中心的设计（唐纳德·A·诺曼）、以目标为导向的设计（阿兰·库珀）等。

1.4.1   以人为本的设计理念

以人为本的设计是一种设计理念，这种理念将用户的需求、能力和行为方式先行分析，然后用设计来满足人们的需求。MIT 计算机科学实验室主任迈克尔·德图佐斯（Michael Dertouzos）在其著作《未完成的革命：以人为本的计算机时代》[1]中阐述了人机交互的思想，即让计算机为人类服务，而不是反过来让人类为计算机系统服务。德图佐斯完全站在所有计算机用户及更多的非计算机用户一边，全面阐述了未来计算机最核心的理念——以人为本的计算。在书中他首先写道："在我所到的每一个地方——我的家中和工作中——我都被一些怪诞的动物包围着。我每天必须花费好几个小时来喂养它们、治愈它们和等候它们。"每天的生活看起来像一场永无休止的战斗，对抗困惑、沮丧、此起彼伏的差错。面对突如其来的"死机"，你是否曾感到深深的无助？面对铺天盖地的电子邮件，你是否曾感到一筹莫展？面对计算机的各种"低级"指令，你是否曾感到丧尽了尊严……这一切苦难是否都是理所当然的呢？德图佐斯的回答是——并非如此。我们不必忍受这些！我们需要以人为本的计算！德图佐斯

1（美）迈克尔·德图佐斯. 未完成的革命：以人为本的计算机时代[M]. 施少华，谭慧慧，译. 上海：上海译文出版社，2002.

指出，怎样建造这个世界才能保证我们做到事半功倍，而不是被淹没在信息的超载和计算机的复杂性之中？他认为只有通过放弃 20 世纪的计算模型，并采用一种能够让人们自然、简单并有目的地和他人及周围的物理世界相互作用的新的计算哲学和新的总体规划才能实现。德图佐斯认为，以人为本的计算将通过使用能与我们进行交谈、为我们做事、获得我们想要的信息、帮助我们与其他人协作并适应我们个人需要的系统，把今天的个人计算机、因特网和万维网转变成一个真正的信息市场，我们可以在这个市场上购买、销售、自由交换信息和享受信息服务。

以人为本的设计意味着设计需要以充分了解和满足用户的需求为基础，这种理解主要通过观察。人们往往并不知道自己的真正需求，也不清楚将要面对的困难。以人为本的设计就是尽可能地避免限定问题，然后不断地反复验证，寻找问题的真相并解决问题，从而使得产品最终能真正满足用户的需要。优秀的设计需要良好的沟通，尤其是从机器到人的沟通，指示什么是可能的操作、会发生什么、会产生什么结果。如果人机交互的过程出错了，机器为用户提示故障和采取正确措施的方法，这样的话，用户就能知道出了问题，并能采取正确的措施解决问题。当这个过程自然而然地发生时，产品则具有易用性和可理解性，用户在完成期待任务的同时，拥有积极和愉快的体验。

以人为本的设计理念主要强调两个方面：正确地解决问题，采用满足用户需求和能力的恰当方式。很多参与到设计之中的人员发展出一系列共通的方法来应用以人为本的设计理念，即循环往复地进行四个步骤：观察潜在目标人群、激发创意、制作样品、测试，直到满意为止。

1.4.2　以活动为中心的设计

强烈关注个体用户，是以人为本的设计理念的标志。以人为本的设计确保产品满足用户的真正需求，因而产品具有易用性和可理解性。但大多数情况下所设计的产品是面向全球用户的。为此，诺曼提出了"以活动为中心的设计"（Activity-Centered Design，ACD）：关注操作而不是单个的用户，即让操作方式来定义产品和结构，依据操作的概念模型来建立产品的概念模型。ACD 来源于活动理论（Activity Theory），这一理论是维果茨基提出的心理学理论，强调通过了解人们如何同这个世界互动来了解人们是什么。活动理论假定人们通过"具象化"（exteriorized）思维过程来创建工具。决策和个人的内心活动不再被强调，而是关注人们做什么，关注他们共同为工作（或交流）创建的工具。近年来该理论被人机交互研究所采用，转化成了以活动为中心的设计，其中活动和支持活动的工具（不是用户）是设计过程的中心。

由于人们的行为比较相似，"以活动为中心的设计"强调要先理解活动。诺曼认为，人们对工具很熟悉，如果理解了人们通过这些工具来进行的活动，就更加有利于影响这些工具的设计。以活动为中心的设计允许设计师密切关注手中的工作并创建对活动的支持，非常适合于具有复杂活动或大量形态各异用户群体的产品。

活动有两个步骤：①执行动作；②评估结果，给出解释。例如，我坐在沙发上看书（活动是阅读），天色已晚，光线越来越暗，这就催生了一个目标（确定意图）：得到足够多的光线。该怎么做呢？可以打开窗帘，或者打开附近的灯。这是计划阶段，接下来会决定从许多可能的行动方案中实施哪一种。即使确定打开附近的灯，仍要决定如何完成这个动作。这是一个事件驱动案例，一个外部环境事件触发活动，从而建立评估体系和制订目标。

具体的活动将我们想做的（目标）和所有实现这些目标的可能活动之间的差距缩小。从目标延续下来到执行有三个步骤：计划（确定方案）、确认（行动顺序）、执行（实施行动）。评估活动的结果也有三个步骤：第一，感知外部世界发生了什么；第二，赋予它意义（给出诠释）；第三，对比所发生的结果与想达成的目标。活动的七个阶段模式（一个目标，三个执行步骤，三个评估步骤）很简单，但对理解人类活动和指导设计，提供了一个有用的基本框架。

1.4.3　以目标为导向的设计

尽管诺曼的 ACD 方法强调了用户情境的重要性，对于正确分解用户行为中的"什么"非常有效，但它实际上并未指出每个设计者都应该首先问的问题，即为什么用户要执行这个行动、任务、动作或操作。目标驱动人们执行行动，理解目标可以帮助你理解用户的期望和志向，之后会帮助你决定哪些行动的确和你的设计相关。虽然任务和行动分析对于细节层次很有帮助，但这些只有在用户目标被分析之后才有意义。"用户的目标是什么"，这让你了解了行动对于用户的意义，进而才可能创造出更加恰当并更加令人满意的设计。

目标导向设计（Goal-Directed Design）旨在处理并满足用户的目标和动机。为了理解目标导向设计，首先需要更好地理解用户的目标。用户的目标常常与我们猜测的不同，例如，我们可能会猜测一个会计的目标是高效地处理发票。实际情况可能并非如此，高效率的发票处理更可能是其老板的目标。虽然这位会计可能嘴上不承认，但心里可能更关心能否让老板认为自己可以胜任本职工作，以及完成例行重复任务的同时保持这份工作。成功的产品需要满足用户的个人目标。当设计能够满足用户的个人目标时，对商业目标的实现会更加有效。

很多设计者认为，将界面设计得易于学习应该始终是设计的一个目标。易于学习是一个重要的指导原则，但在现实中，设计目标实际上依赖于具体的情境——谁是用户？他们的目标是什么？好的设计让用户变得更有效率，这是交互设计的通用指导准则。设计者决定着如何设计产品，从而让用户可以更有效地使用产品。仅能帮助用户完成任务，但无法满足用户目标的软件几乎无法让用户高效地工作。虽然关注任务是使用者的工作，但设计者的工作是要识别谁是最重要的使用者，并确定他们可能的目标是什么，以及为什么是这样。

目标导向的设计方法综合了以下内容：人种学研究、利益相关者访谈、市场调研、详细用户模型、基于场景的设计，以及一组基本的交互设计原则和模式。采用这种方法能够得到既满足用户的需要和目标，又满足业务和技术需求的解决方案。

1.4.4　任务、活动和目标的区别

任务和活动存在不同之处：任务是行动中低层次的部分，而活动具有高层次的结构。一项活动通常包含一系列的任务。

任务是交给用户的工作，是用户承担的职责；活动是有目的地完成一定的职能的动作的总和。

活动是分等级的，因而高层次的活动可以被分解成置于其下的无数低层次的活动。相应地，低层次的活动会产生大量的"任务"，这些任务最终由基本的"操作"来执行。

目标不等于任务或活动/行动（activity），它是所期望的最终的情况，而任务和活动只是有助于达到目标的中间步骤。

目标有三个基本的层次来控制活动。

（1）成为什么（be—goals），在最高的、最抽象的层面，支配人的存在：它是最基础的、长久存在的，决定人们为什么行动，确定人的自我。

（2）行动目标（do—goals），在下一级，贴近实用的日常行动：它为活动制订将要执行的计划和手段。

（3）执行目标（motor—goals），详细定义如何执行这些手段，更多的在行动和操作层面，而不是活动层面。

目标是由人们的动机来驱使的，但它们随着时间的推移可能不变化，或者变化得很慢。而活动和任务则非常容易变化，因为它们几乎完全依赖于所采用的科技手段。完全按照对活动和任务的理解来设计产品有很大风险，很可能设计出来的产品会掉进过时科技的陷阱中，或者满足了公司的目标却没有满足使用者的目标。了解用户的目标可以帮助设计者消除现代科技中完全不需要让人来执行的不必要的任务和行动。

1.5 交互设计过程概览

阿兰·库珀的目标导向设计过程大致可以分为六个阶段：研究、建模、定义需求、定义框架、细化、支持。这些阶段与 Gillian Crampton Smith 和 Philip Tabor 提出的交互设计中的五个构成活动是一致的，即理解、抽象、组织、表示和细化。我们把交互设计过程分为三个阶段：分析阶段、设计阶段、测试优化阶段，这三个阶段是不断迭代的过程，如图 1-9 所示。

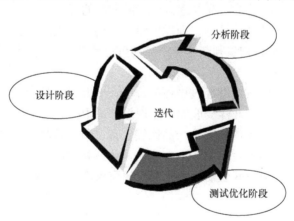

图 1-9 交互设计过程

1.5.1 分析阶段

分析阶段包括：确定产品目标、用户需求分析、用户场景模拟、竞品分析。

分析阶段着重解决的问题是决定产品设计的方向和预期目标。在设计之前，需要先弄清楚产品要达到什么目标，是要占领新的市场，还是巩固已有的用户。

需求分析是以用户为中心的设计中的重要环节，同时也是一个复杂的环节，原因在于人们根据自己不同的角色和不同背景条件对"需求"有不同的理解。例如，根据不同的角色，需求可以分为用户的需求、设计者的需求、开发者的需求、管理者的需求等，显然这些需求都是非常不同的。

用户场景模拟：好的设计建立在对用户深刻了解之上。因此，用户场景模拟非常重要，可以了解产品的现有交互，及用户使用产品的习惯等。

竞品分析（聆听用户心声）：竞争产品能上市并被 UI 设计者知道，必然有其长处。每个设计者的思维都有一定的局限性，看看其他产品的设计可以触类旁通。当市场上存在竞品时，听听用户的评论，别沉迷于自己的设计。

以用户为中心的设计思想认为，产品的成败最终取决于用户的满意程度，要达到用户满意的目标，首先应当深入而明确地了解谁是产品的目标用户（target user）。产品的设计者主要关心的不是这些用户的姓名，而是目标用户群体区别于一般人群的具体特征，例如，特定的年龄区间、特殊的文化背景等。这一过程就是用户特征描述。同时，产品设计者还应当明确地了解目标用户对被设计产品的各方面期望是什么，包括用户希望使用的功能或达到目标的指标等。

分析阶段通过走访用户、现场观察和情境访谈等技术来获取一些有关产品的真正用户和潜在用户的定性数据。进行需求分析时，尝试回答以下问题：我们为什么要做这个产品？用户是谁？用户的特征是什么？用户的需求是什么？这一阶段工作还包括对竞争性产品的考察，以及与产品的利益相关者、开发人员、产品所属领域专家进行一对一的访谈。这个过程的产物就是需求定义，即平衡设计时需要遵从的用户需求、业务需求和科技需求。

忌：需求拿来即做。需求没有经过初步分析过滤，交互设计师拿来就进行设计。导致的最终结果是交互设计师直接沦为产品经理讨论产品方向的工具。

应该怎么做？交互设计师应该基于前期的参与了解及个人的经验（有必要甚至可以叫上对应产品线的用研分析师），初步判断这个产品的可行性及合理性，如果根本不合理，这个产品就可以返回，重新进行规划。

忌：需求不加分析。需求没有经过中级的分析，交互设计师就开始着手进行设计。导致的最终结果是交互设计师陷入汪洋一般的产品规划讨论中。

应该怎么做？基于前一步的判断，产品比较合理，可以接收。但是，这个产品给过来的需求，可能缺失某方面的东西，这些东西在我们具体架构中起着重要的作用。交互设计师应该对这个产品进行分析，提取我们需要的东西，让需求方提前进行准备。

1.5.2　设计阶段

在设计阶段，设计者创设整个产品的概念，定义产品行为、视觉设计及物理形式（如果有的话）的基本框架。交互设计团队在描述了数据和功能性需求之后，按照交互原则，将其转变为设计元素。然后按照模式和原理，将其组织为设计草图和行为描述，这个过程的产物是交互框架的定义（Interaction Framework Definition），即稳定下来的设计概念，它们为后续设计细节提供了逻辑上的和总体上的形式结果。

需求分析为产品的设计提供了丰富的背景素材。这些素材必须通过系统的方法进行分析，并且以精练的方式表达出来才能被有效运用。一种常用的方法是对象模型化（object modeling）。对象模型化是将所有策略和用户分析的结果按讨论的对象进行分类整理，并且以各种图示的方法描述其属性、行为和关系。对象的抽象化模型可以逐步转化为不同具体程度的用户界面视图。

比较抽象的视图有利于逻辑分析，比较具体的视图更接近于系统人机界面的最终表达。另一种方法是原型设计。即根据需求文档设计各阶段所需的产品原型，探索满足需求的各种解决方案（包括任务流和页面交互），并组织评审和讨论会对原型进行评估（包括技术可行性咨询），最后输出一个确认版的高保真原型及交互说明文档。此阶段若有必要，也会配合用户研究进行可用性测试，以便提前发现问题。

在设计不同视图的过程中，设计人员应当经常吸收各种渠道的反馈信息，避免闭门造车。收集反馈信息最常用的方法是用户测试和专家评估。用户测试法是指将设计的视图展现在目标用户面前，通过让用户模拟使用或讨论等方法获得用户反馈的数据。专家评估法是指设计人员请人机界面设计和系统功能的专家，根据他们的经验审查设计的视图，提出设计可能存在的问题。

1.5.3　测试优化阶段

观察核心数据变化，进行可用性测试（专家测评和用户测评），根据使用中的问题进一步优化原型。原则上可用性测试做得越早越能避免走弯路，越能节省成本。但如果条件不允许，可以在产品发布后进行可用性测试。

产品投放市场后，设计人员仍会发现各种各样的新问题或用户的建议，收集和处理这些信息不仅有利于当前产品的销售或运作，也有利于下一代产品的研制和开发。从某种意义上讲，这仍然可以理解为设计的一个特殊阶段，在设计过程中应用的评估方法仍然适用。在这一阶段，可用性测试及其他相关用户研究方法的使用尤其有效。这些评估的目的是保证产品实施的质量，跟踪用户的使用情况和满意程度，收集用户在使用过程中遇到的问题和建议，并且随时解决产品的问题。

1.6　交互设计师

在当前"互联网+"的产业化浪潮下，互联网不断催生出新的信息消费形态和产业生态，各行各业也正在加速与互联网的融合及转型，进一步开阔新的市场，各个产业越来越互联网化。与此同时，一种全新的设计形态——互联网新兴设计应运而生，互联网新兴设计人才主要关注用户体验、交互过程，服务于数字化产品及服务的研发、运营、推广的综合性设计。其中交互设计师就是负责交互体验的重要一环。

各行业对于交互设计师的要求越来越高，更加注重复合型人才，岗位主要是在一线城市大中型企业中，并且对于学历和实践要求较高，其中，世界 500 强招聘超过九成的企业要求有一定的工作经验。另外，在交互设计相关的岗位招聘中，专职做交互设计的约占七成，约三成交互设计岗位需求是设置在其他岗位中的，其中 UI 开发和产品经理最多，对人才的综合能力要求更高。

1.6.1　交互设计师是做什么的

交互设计师是连接用户与产品的桥梁。交互设计师是以人的需求为导向，理解用户的期望和需求的同时，理解商业、技术以及行业内的机会和限制，结合产品的功能，以用户的视角来设计产品的呈现方式与操作流程，创造出形式、内容有用，易用，令用户满意且技术可行，具有商业价值的产品。

为了更好地解释交互设计师的具体工作，以装修为例，用室内设计师的工作范畴来类比交互设计师的工作范畴，如表 1-1 所示[1]。

表 1-1　交互设计师与室内设计师的工作范畴类比

交互设计师	室内设计师
设计沟通： ● 了解项目需求、背景、目的、范围等 ● 确定项目指标与成本 ● 其他沟通，如调整、设计阐述等	设计沟通： ● 确定设计风格、需求等 ● 评估设计工期、工程预算等 ● 其他沟通，如工程变更、验收等
梳理页面关系与架构： ● 明确主要功能与导航的结构 ● 梳理页面关联性与跳转关系 ● 考虑框架结构的延展性	调整房屋的空间结构： ● 确保空间利用的合理性 ● 力求空间的最大利用率 ● 考虑使用场景的合理性
界面布局与展示设计： ● 合理地展示信息内容 ● 符合用户的使用习惯	水电布线设计： ● 合理布局以减少耗材 ● 充分考虑生活场景及使用习惯
平衡业务与用户需求： ● 了解用户、用户角色定义等 ● 挖掘用户需求，推动业务方提供更好的服务或产品 ● 深入理解业务，为不同用户提供具有差异性的优质服务或信息 ● 尽量避免或减少业务与用户之间的代沟	平衡业务与用户需求： ● 了解用户，尽可能满足用户的需求 ● 理解用户，提出优质的解决方案，提高用户的满意度和品牌形象 ● 充分了解材料与专业知识，为不同的用户提供个性化的设计方案 ● 尽量避免或减少业务与用户之间的代沟
细节设计： ● 操作反馈、操作限制等 ● 交互设计说明与动效设计说明 ● 各类界面状态设计	细节设计： ● 材料的选择与用料成本 ● 尺寸、配件等的设计说明 ● 美观度、推荐搭配

目前大部分初创公司没有交互设计师，由产品经理承担或和 UI 设计师共同承担产品和交互设计的工作，所以产品经理和交互设计师的岗位职责难以分辨，很多人认为交互设计师是从产品经理分出来的分支，甚至认为不需要交互设计师，其实不然。

产品经理主要负责的工作是深入调研，挖掘用户需求，制订详细的产品计划，并协调后续交互 UI 开发测试等工作的进度把控，对结果负责，对产品的生命周期负责。而交互设计师是负责将产品需求转化到产品功能上，为产品的用户体验负责。

交互设计师需要从用户的需求出发，以解决用户需求和痛点为基础，以提升产品的可用性、易用性和高效性，提升用户体验为目标。通过需求分析、用户调研等将产品需求转化为产品功能。在这期间，需要综合运用多学科知识（认知心理学、人机工程学、工业设计学、信息架构学、逻辑学、情感学等），了解用户的生理习惯、心理特点、实际需求，将需求转换

1 陈抒，陈振华. 交互设计的用户研究践行之路[M]. 北京：清华大学出版社，2018:15.

到具体的产品设计上，并落实到产品功能及表现形式等方面，这样设计出的产品才能够符合用户的心智模型，在保证解决用户需求的同时，实现产品用户体验层面的提升，给用户带来情感上的愉悦。

简单来说就是：产品经理负责"我们应该做什么"，交互设计师负责"怎么做更友好"，UI 和视觉设计师负责"怎么做更美观"。

1.6.2 交互设计师的核心价值

1. 减少团队间的沟通成本

交互设计师的出现实现了工作流程的转变，提升了交付的效率和质量。

无交互设计阶段需要口头或者用简单的线框草图来向 UI 开发人员表达需求，过程中可能会有很多不确定的部分，需要在 UI 设计师进行设计或者开发人员进行开发的过程中反反复复沟通，期间可能还会涉及各种需求的改变，不管是沟通时间成本高，还是经常变动需求，都可能会造成多方人员的不爽，工作效率大幅度降低。

当交互设计师出现后，整个工作过程就会变得更加顺畅，交互设计是连接产品、UI 设计师和技术的纽带，输出产物是交互文档，UI 设计师根据交互文档排期并进行界面设计，技术人员通过交互文档排期并进行开发测试。一份好的交互文档包含产品的目标、业务流程、用户需求、功能架构、目标用户、原型图、交互说明等包含整个产品的相关说明，相关项目人员可以通过交互文档对产品进行详细的了解，包含产品目标、目标用户、产品的交互细节等方面，这样团队之间才能够密切合作，技术开发出来的产物才能够在满足用户需求、解决用户痛点的基础上确保产品的可用性、易用性和高效性。

2. 提升用户体验

产品经理作为产品的负责人，需要对全局进行把控，把控产品整体的进度，注重产品商业目标、品牌标识，也就是用户体验要素中战略层面的东西。而 UI 设计师主要负责界面整体的美观性，那么提升产品的用户体验的重担就落在了交互设计师的身上，交互设计师需要从分析需求出发站在用户的角度去思考问题，将产品功能转化为产品界面，既要保证满足用户需求，又要给用户带来使用体验上的愉悦感，让用户爱上我们的产品。

3. 提高产品的市场存活率

现如今，市场上 App 泛滥，只单纯讲解决用户需求痛点，很多产品都能够满足，那么如何在众多产品中脱颖而出呢？这就需要我们考虑到用户的操作习惯、心理情感等方面的东西，也就是物质需求满足了，人们就开始追求精神层面的愉悦。微信之所以月活用户超过 10 亿，而飞信等其他社交软件已经淡出人们的眼界，仅仅是因为微信解决了能够聊天、发朋友圈的需求吗？其他软件不能聊天吗？显然不是，微信靠的是它符合用户的心智模型、足够好玩和极致的用户体验，并且微信的某些功能超出用户预期，给用户以惊喜、眼前一亮的感觉。

4. 公司利润相关

亚马逊 CEO 贝索斯曾经说过："一个网站的体验越好，它的用户就会越多地使用它，那么用户产生交易的可能性就越大，网站的收入也就越高。"而恰恰交互设计师就是负责产品用户体验方面的，可见交互设计师在团队中的价值不可估量。

1.6.3 交互设计师的能力要求

既然交互设计如此重要，那么我们如何做好交互设计师呢？

企业对于新兴设计人才的素质能力的要求如下。

（1）核心能力：团队合作、善于思考/钻研、责任心、积极主动性。

（2）通用能力：沟通能力、项目管理能力、创新能力、逻辑性/条理性、文案能力。

（3）专业能力：除设计能力外，产品能力、用户研究、数据分析、技术能力、商业能力。

交互设计师作为互联网新兴设计人才，在具备以上能力的基础上，对于自身专业能力的要求也是比较高的。交互设计师的能力模型分为三大部分。

（1）交互设计专业能力：依据需求分析所得出的结论，设计完整的用户场景。能够梳理整体的流程逻辑，合理进行信息架构的设计，最后利用交互设计工具完成方案设计，并且能够给出详细的交互说明文档。

（2）用户研究和信息收集能力：通过用户研究、商业目标分析、竞品分析、数据分析等方法，指导和辅助设计决策。

（3）综合设计能力：具备视觉设计基础，对于前端知识、基础开发知识有所了解，能够更加全面地运用创新思维能力进行综合设计。

其实，交互设计岗位的要求超越了交互职责本身，能力要求多元化、复杂化：要能够站在全局角度，思考如何帮助产品实现商业目标，同时又有好的用户体验。工作职责不仅局限在执行方面，还需要在合作中从产品发起到策划，从执行到推动到落地都参与其中。

所以，这就要求我们不仅需要具备交互专业知识，还要具备商业、运营、服务、用研和技术等方面的一些基础知识。

早在 2015 年就提出了全链路设计师概念，但大部分人对这一概念仍存在一定的误区，认为全链路设计师就是从产品的设计到最后的开发都是由一个人全权负责，身兼数职，无所不能。其实，全链路设计师是要求我们不能够单单只了解自己职位内的工作，也要具有更加宏观的专业视野，对其他领域的知识也要有所涉及，这样才能降低团队之间的沟通成本。

交互可以往产品靠一靠，产品可以往运营靠一靠。但是一定要术业有专攻，专人做专事，这样才可以把产品打磨得更细致、更友好。正所谓：存在即合理。

本章小结

本章介绍了人机交互、交互设计、用户体验等相关概念，通过列举好的设计与拙劣的设计的案例，阐释以用户为中心的设计要点，最后通过交互设计过程及交互设计师的核心价值简要地呈现交互设计工作要求。

思考题

1．怎样成为优秀的交互设计师？

2．列举 5 个日常生活中用户体验不好的案例，并选择其中的一个案例进行分析。

第2章

交互设计理论基础

交互设计（Interaction Design，IXD 或者 IxD），是定义、设计人造系统行为的设计领域，它定义了两个或多个互动的个体之间交流的内容和结构，使之互相配合，共同达成某种目标。交互设计努力创造和建立的是人与产品及服务之间有意义的关系，以在充满社会复杂性的物质世界中嵌入信息技术为中心，从"可用性"和"用户体验"两个层面进行分析，关注以人为本的用户需求。交互设计的思维方法建构于工业设计以用户为中心的方法，同时加以发展，更多地面向行为和过程，把产品看作一个事件，强调过程性思考的能力，流程图与状态转换图和故事板等成为重要的设计表现手段，更重要的是掌握软件和硬件的原型实现的技巧方法和评估技术[1]。本章从交互设计的相关学科、感知因素、系统及用户模型几个方面进行阐述，以此来分析交互设计的理论基础。

2.1　涉及的相关学科

一个成功的交互设计涉及多个学科，这个论点没有争议，已获得广泛的认可。一个好的人机交互设计需要充分考虑用户、机器、用户与机器间的交互（包括界面的显示、用户的操作等）这三个方面。对于用户，需要研究单个人的心理、人与人之间的交流，这涉及心理学和社会学；对于机器，需要了解机器的工作原理及其组成，涉及计算机科学；对于用户与机器间的交互，需要懂得界面的设计、用户在机器上的具体操作手法，这就需要了解美学与人体工程学的相关知识。具体关系如图 2-1 所示。

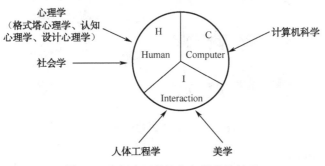

图 2-1　人机交互设计与各学科的关系

---

1 李世国，顾振宇. 交互设计[M]. 北京：中国水利水电出版社，2012.

2.1.1 心理学

1. 格式塔心理学

格式塔心理学（Gestalt Psychology）又叫完型心理学，是西方现代心理学的主要学派之一，由韦特海默（Wetheimer）创立。该学派反对行为主义的"刺激-反应"原理，主张研究直接经验和行为，同时也强调经验与行为的整体性，认为整体大于部分之和，代表人物有考夫卡（Koffka）、苛勒（Kohler）等（见图 2-2）。

韦特海默　　　　　　考夫卡　　　　　　苛勒

图 2-2　格式塔心理学代表人物

他们认为人们在观看周围事物时，眼脑并不是在一开始就区分一个形象的各个单一的组成部分，而是将各个部分组合起来，使之成为一个更易于理解的统一体。并明确地提出：眼脑作用是一个不断组织、简化、统一的过程，正是通过这一过程，才产生出易于理解、协调的整体。那我们如何组合处理事物，以服从格式塔的结论呢？主要有以下五项法则。

（1）接近性（Proximity）。

接近性原理，是指物体之间的相对距离会影响我们感知它们是否以及如何组织在一起。互相靠近的物体看起来属于一组，而那些距离较远的就不是。在图 2-3 中，左边的星在水平方向上比在垂直方向上靠得更近，因此，我们看到星排成三行；而右边的星在垂直方向上更接近，因此我们看到星排成三列。设计中类似的现象有很多，可以说接近性原理是实现整体的最简单、最常用的法则，在界面设计中通常用于分类。

图 2-3　接近性原理图形展示

（2）相似性（Similarity）。

相似，听起来跟接近非常类似，但它们是两个不同的概念，接近强调位置，而相似则强调内容。人们通常把那些明显具有共同特性（如形状、运动、方向、颜色等）的事物组合在一起。如图 2-4 所示，稍大一点的"空心星"在感觉上属于一组。

图 2-4　相似性原理图形展示

相似中的逆向思维是获取焦点的好方法，这在导航和强调信息部分属性的设计上有着广泛应用。相似性原理在网页上的应用如图 2-5 所示。

图 2-5　相似性原理在网页上的应用

（3）闭合性（Closure）。

闭合可以实现统一的整体，这不难理解，但是有时候不闭合也会实现统一的整体，更确切地说，这种现象是一种不完全的关闭。这些图形与设计给人以简单、轻松、自由的感觉。所以，完全的闭合是没有必要的，有时候完全闭合的设计会给人以一种生硬、死板、压抑的感觉，而不完全闭合的图形反而给人以富有想象力、活泼、生动的感觉。图 2-6 为熊猫和猕猴桃中三角形的不闭合设计。

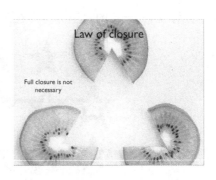

图 2-6　闭合性原理图形展示

（4）连续性（Continuity）。

连续理解起来很简单，同时也解决了许多非常复杂的问题，通过找到非常微小的共性将两个不同的事物连接成一个整体，从而将两个可能完全不同的实物形成一个全新的画面。如图 2-7 中的字母 H 和叶子，这完全是两个不同的图形，但即使这样还是可以通过横线和叶脉这个非常微小的共性连接成一个整体。

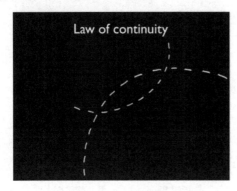

图 2-7　连续性原理图形展示

（5）简单性（Simplicity）。

"简单"可以说是设计的目标，实现简单不是一件容易的事，很多人都在简单问题上做了大量的研究与实践。Giles Colborne 的《简约至上》就以图文并茂的形式为读者讲述了交互设计中的简单原则，书的封面、内容的排版首先给人以简约的感觉，让读者读起来很轻松，没有一般看书时的压抑感。

那么究竟如何做到简单呢？《简约至上》中提供的做法是删除、组织、隐藏、转移，对于原本内容就很少的设计，是很容易做到的。但我们经常要面对的却是一些内容非常复杂的问题，正如一个充满数据的表格，我们应该如何一步一步地把它简化呢？

如图 2-8 所示，通过删除相对多余的线条，合并共有元素，去除重复信息，增加色块区分，就可以将左边原本看起来比较复杂的表格数据转变成清晰、简单的数据描述。当然，当前很多应用软件、程序也充分考虑了简单的原则，如图 2-9 是阅读软件 Sora，为了最大限度地方便用户使用阅读功能，将用户的个人信息通过一个大家都比较熟知的小图标的形式隐藏起来。

General Statistics	
Current Caseload:	10
Number of Admissions Today:	5
Number of Admissions This Month:	35
Number of Admissions Last Month:	30
Number of Discharges Today:	3
Number of Discharges This Month:	22
Number of Discharges Last Month:	34

General Statistics	
Current Caseload:	10
Number of Admissions Today:	5
Number of Admissions This Month:	35
Number of Admissions Last Month:	30
Number of Discharges Today:	3
Number of Discharges This Month:	22
Number of Discharges Last Month:	34

General Statistics	
Current Caseload:	10
Number of Admissions Today:	5
Number of Admissions This Month:	35
Number of Admissions Last Month:	30
Number of Discharges Today:	3
Number of Discharges This Month:	22
Number of Discharges Last Month:	34

Statistics	
Current Caseload: 10	
New Admissions:	5 today 35 this month 30 last month
Discharges:	3 today 22 this month 34 last month

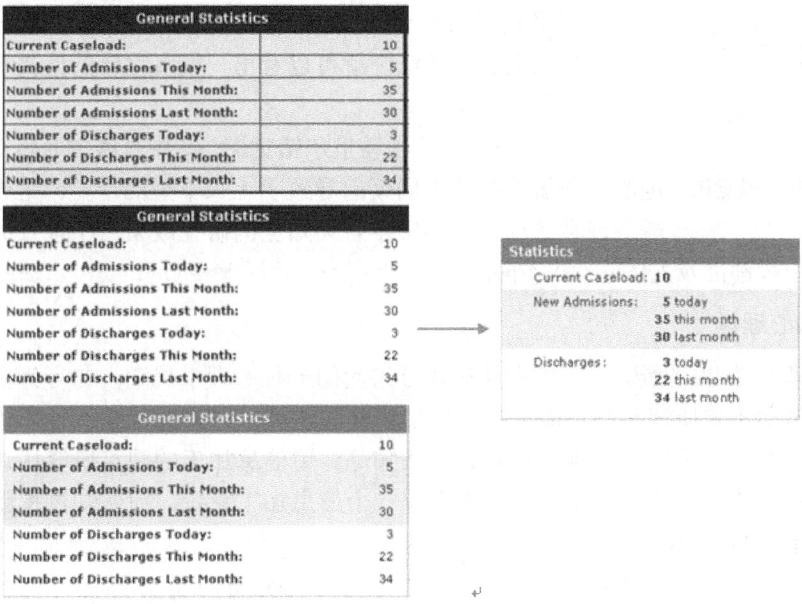

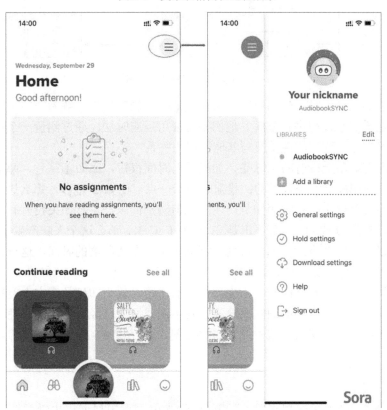

图 2-8 复杂表格简化过程展示

图 2-9 阅读软件 Sora 中“个人信息”的隐藏功能

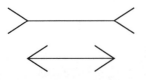

图2-10　穆勒里尔错觉图

虽然格式塔心理学不是一种知觉的学说，但它源于对知觉的研究，这从上面的五条法则就可以看出，很多重要的格式塔原理也大多是由知觉研究提供的。

图2-10是经典的穆勒里尔错觉图。图中直线的长度是相等的，但是由于两边箭头的不同朝向导致了上长下短的错觉。考夫卡的《格式塔心理学原理》一书中，有关知觉的研究成果占了很大的比例，他认为知觉问题一般都涉及人的意识与判断。

2. 认知心理学

认知心理学是20世纪50年代中期在西方兴起的一种心理学思潮，与行为主义心理学不同，认知心理学主要研究那些不能观察的内部机制和过程，即人的认知及行为背后的心智处理，如感知、注意、记忆、思维、语言、元认知等。用信息加工的观点研究认知过程是当前认知心理学的主流，认知心理学家们将人看作一个信息加工系统，而认知过程就是信息加工的过程，如图2-11所示。

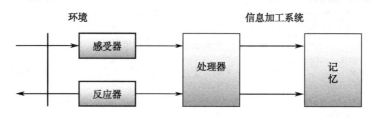

图2-11　信息加工系统的一般结构

在研究信息加工过程时，认知心理学家往往把信息加工过程分解为一些阶段，即对从刺激输入到反应这样的全过程进行分解。他们常常使用反应时法，通过测量一个过程所需要的时间，从而来确定这个过程的性质及与其他过程的关系。

假定一个人看屏幕上投射的字母E，如果投射时间很短，比如1毫秒，那么这个人就不会看到东西，这说明知觉不是瞬时的；投射时间长一点，比如5毫秒，那么这个人就会看到某种东西，但不知是什么，这说明知觉产生了，但辨别尚未产生；如果投射时间长度足以使人看出这个字母不是O或Q，但看不出是E还是F或K，那么这个人就产生了部分的辨别。由此人们就可以确定完全辨别、部分辨别或刚刚看出有东西所需的时间。这一切表明，知觉是累积的，它包括几个特定的阶段。

认知心理学是心理学发展的产物，强调知识的作用，认为知识是决定人类行为的主要因素，如笛卡儿的演绎法、康德的图式概念等，其中图式概念已经成为认知心理学的一个主要概念，只有将新涉猎的知识与头脑中原有的相关图式进行联系、融合，才能算是习得了新的知识。

3. 设计心理学

美国的唐纳德·A·诺曼曾说过："物品的外观应该为用户提供正确操作所需的关键线索。" 这其实就是设计心理学的思想雏形。设计心理学也是一门交叉学科，是设计艺术学与心理学交叉的边缘学科，既是应用心理学的分支，也是设计艺术学的重要组成部分，是研究设计艺术领域中设计主体、设计目标主体的心理现象，以及影响心理想象的相关因素的科学。

日益挑剔的用户群体、科技中"以人为本"意识的增强，以及设计过程中对多元性与反思的要求导致了设计心理学的诞生。其产生不仅有增进设计可用性、更深入理解设计产品本质与意义、使设计的产品更加适销对路、增强设计思维能力、更加完善用户体验的实际意义，也是设计艺术学学科框架中不可或缺的重要组成部分。设计心理学不仅需要研究设计师在设计创造过程中的心态、心理过程，尤其是要研究用户的需求心理与行为规律。

比如在任何产品中，色彩对用户心理有着重要的影响，可以这样说，任何一种设计都离不开色彩，设计者和用户对设计产品的色彩视觉有着丰富的内容。日本有些学者将人的色彩感受概括为七种：冷暖感、轻重感、软硬感、强弱感、明暗感、宁静兴奋感，以及质朴华美感。特别是在室内设计中，色彩起着重要的作用，毫不夸张地说，恰到好处的色彩搭配能使人安然入睡，并让人在醒来时精神百倍。因此任何设计师想在居室创造出宜人的氛围，就必须考虑色彩搭配，使丰富的色彩和原料和谐统一起来。黄色是愉快的颜色，蓝色使人平静，红色充满活力与激情，绿色让人感到放松，棕色表明健康，但不管选用何种色彩，一定要找到感觉。

按照设计内容物的不同，设计心理学的侧重点也不同，但有关人（包括设计师和用户）的研究内容基本一致，可以作为设计心理学的基础。当然，产品设计和建筑设计的技术含量较其他设计专业的技术含量高，与工程心理学密切相关，这在专门的内容中应有所体现。因此，设计心理学不但要有各设计专业普遍适用的基本内容，而且应针对专业的不同，建构与各专业相适应的设计心理学内容，这样才能使设计师在有限的时间内学习和掌握必要的设计心理学知识。

2.1.2 人体工程学

人体工程学也叫人类工程学、人体工学、人间工学或者工效学，诞生于第二次世界大战之后，由人体测量学、生物力学、劳动生理学、环境生理学、工程心理学、时间与工作研究六个分支学科组成。早期的人体工程学主要研究人与工程机械的关系，即人机关系，内容包括人体结构尺寸和功能尺寸、操作装置、控制盘的视觉显示、人体解剖学、人体测量学等；后来又开始扩展到人与环境的相互作用，即人—环境关系；当然，人体工程学的研究内容至今还在发展，涉及的领域也越来越广。

国际工效学会将人体工程学定义为"是一门研究人在某种工作环境中的解剖学、生理学和心理学，研究人、机器、环境的相互作用，研究在工作、家庭生活、休假中怎样统一考虑工作效率、人的健康、安全和舒适等问题的科学"。日本千叶大学的小原教授认为人体工程学是探知人体工作能力及其极限，从而使人们所从事的工作趋向于使用人体解剖学、生理学、心理学的各种特征的科学。

图2-12是一个人体工程学应用于人机交互设计的典型案例——人体工程学键盘。它把普通键盘分成两部分，并呈一定角度展开，以适应人手的角度，输入者不必弯曲手腕，可以有效地减少腕部疲劳。使用计算机和打字机都需要进行键盘操作，目前工作人员长时间进行键盘操作往往使手腕、手臂、肩背产生疲劳，影响工作和休息。从人体工程学的角度看，要想

提高作业效率及能持久地操作，操作者应采用舒适、自然的作业姿势，工作人员受限于现有的键盘操作条件而采用不正常的姿势，是导致身体疲劳的主要原因。中间分离的键盘可以使使用者的手部及腕部较为放松，使其处于一种自然的状态。这样可以防止并有效减轻腕部肌肉的劳损。这种键盘的按键处于一种对使用者而言舒适的角度，让使用者可以更便捷、更轻松地使用，获得更好的用户体验。

图 2-12　人体工程学键盘

2.1.3　计算机科学

计算机科学（Computer Science）是系统性研究信息与计算的理论基础，以及它们在计算机系统中如何实现与应用的实用技术学科，通常被形容为对那些创造、描述以及转换信息的算法处理的系统研究。其包含很多分支领域，有些强调特定结果的计算，如计算机图形学；而有些则是探讨计算问题的性质，如计算复杂性理论；还有一些领域专注于怎样实现计算，比如编程语言理论是研究描述计算的方法，而程序设计是应用特定的编程语言解决特定的计算问题；人机交互则是专注于研究怎样使计算机和计算变得有用、好用，以及随时随地为人所用。

计算机科学的大部分研究是基于"冯•诺依曼计算机"和"图灵机"的，这两种是绝大多数机器的计算模型。作为此模型的开山鼻祖，邱奇—图灵论题（Church-Turing Thesis）表明，尽管在计算的时间、空间效率上可能有所差异，但现有的各种计算设备在计算的能力上是等同的。尽管这个理论通常被认为是计算机科学的基础，但科学家也研究其他种类的机器，如在实际层面上的并行计算机和在理论层面上的概率计算机、Oracle 计算机和量子计算机等，从这个意义上来讲，计算机只是一种计算的工具，著名的计算机科学家 Dijkstra 有一句名言，"计算机科学之关注于计算机并不甚于天文学之关注于望远镜"。

当然，计算机科学是一个非常笼统的概念，一切有关于计算机的研究都可以说是计算机科学，现在很流行的软件工程、虚拟现实、人工智能、计算机网络与通信、数据库系统、分布式计算、计算机图形学、操作系统、人机交互等都是其分支或者说是衍生物。特别是人工智能技术和人机交互设计越来越受到大众的关注，如可穿戴设备的日益流行（见图 2-13），iWatch、小米手环、三星智能手表已然成为未来智能设备发展的趋势。

还有很多智能的家庭电器控制设备、头戴式体验设备都在设计摸索之中，相信在不久的将来我们会生活在一个完全不一样的世界当中。

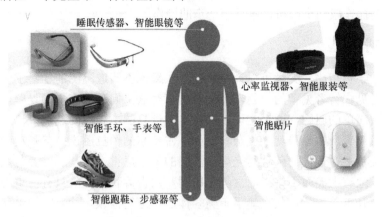

图 2-13　当前热门的可穿戴设备

2.1.4　社会学

与计算机科学主要研究计算机以及计算机与人之间的关系不同，社会学主要研究人与人之间、人与人所组成的社会之间的关系，即研究社会事实的一门学科。这里的社会事实主要包括客观事实与主观事实，客观事实主要指社会行为、社会结构、社会问题等；主观事实主要指人性、社会学心理等。提到社会学，人们的第一反应应该是马克思、恩格斯，然后是卢梭、洛克、托马斯等有重要著作的人，但很少有人知道其学科始祖——奥古斯特·孔德，他是法国著名的哲学家，是社会学、实证主义的创始人。他在1838年所著的《实证哲学教程》中的第四卷正式提出"社会学"这一名词并建立起社会学的框架和构想。

其实人类对于其自身活动所构成的社会生活的思考，无论是在东方还是西方都源远流长。例如，在中国先秦时期的荀子就曾论述过"人生而不能无群"的思想，国外某科学家就做了一个比较残酷的实验验证了该论述：他将数名幼儿分别关在与世隔绝的暗黑屋子里，定时给他们吃喝，多年后当他们走上社会时，他们连与人的基本交流都做不到；中世纪基督教神学家托马斯·阿奎那和 A.奥古斯丁则是从宗教神学的角度对其作出论证；文艺复兴时期人文主义提倡用人性反对神性，用个性解放封建专制，用快乐主义反对禁欲主义，从而形成了一套市民阶级的社会伦理观。这些理论都属于社会学史前阶段，是社会学产生的直接社会历史背景。

社会学在交互设计中的体现主要是在研究人的情感与交互方面，每一个产品的设计都需要考虑到用户的使用感，即需要从用户的角度来设计产品。一个好的产品是以用户的真实需求为根本出发点和目的的，需要了解什么样的界面设计和交互设计可以满足用户的情感特征，使用户产生好的用户体验。因此，社会学与交互设计息息相关，可以这样说，社会学是研究人的情感的基础，而交互设计需要以人的情感体验为中心，所以社会学应该是交互设计的基础。举个很简单的例子，现在的触屏手机都有这样的功能（除非用户自定义去除）：只要用户触摸了屏幕上任何一个有实际功能的标识就会有一个反馈信息，如发出一个轻微的声音或者轻微的震动，这就是利用了人与人交流过程中反馈的原理。只有对之前的操作给予一定的反馈，才会让用户有像是在和有生命的物体进行互动的情感体验，才会激起用户的情感一致性，让其知道刚才的操作成功了，可以进行下一步的操作了。

2.1.5 美学

与前面几个学科相比，美学可以说是最复杂、最说不清道不明的学科了。首先对于什么是美就是个仁者见仁智者见智的问题，每位哲学家对这个问题都有不同见解，当然，这并非是个看起来那么简单的问题，通过它可以辐射出对世界的本源性问题的讨论。从古至今，从西方到中方，对"美"的诠释就很复杂。例如，古希腊的柏拉图说：美是理念；中世纪的圣奥古斯丁说：美是上帝无上的荣耀与光辉；俄国的车尔尼雪夫斯基说：美是生活；中国古代的道家认为：天地有大美而不言；而《美学原理》则告诉我们，美只有在审美关系当中才能存在，它既离不开审美主体，又有赖于审美客体，美是精神领域抽象物的再现，美感的世界纯粹是意象世界。

对于美学的研究对象，有以下三种不同的观点。

（1）第一种观点认为：美学的研究对象就是美本身。在持这种观点的人看来，美学要讨论的问题不是具体的美的事物，而是所有美的事物所共同具有的那个美本身，那个使一切美的事物之所以美的根本原因。鲍姆嘉通说过："美，指教导怎样以美的方式去思考，是作为研究低级认识方式的科学，即作为低级认识论的美学的任务。"也就是说，作为低级认识论的美学，它的任务就是研究感性认识方式的完善，也就是美。

（2）第二种观点认为：美学的研究对象是艺术，美学就是艺术的哲学。这个观点在西方美学史上得到了相当一批美学家的认同。黑格尔认为：美学的对象就是广大的美的领域，说得更精确一点，它的范围就是艺术，或毋宁说，就是美的艺术。

（3）第三种观点认为：美学的研究对象是审美经验和审美心理。这种观点随着19世纪心理学的兴起，主张用心理学的观点和方法来解释和研究一切审美现象，把审美心理和审美经验置于美学研究的中心。

美学由德国哲学家鲍姆嘉通在1750年首次提出，是研究人与世界审美关系的一门学科，即美学研究的对象是审美活动，而审美活动是人的一种以意象世界为对象的人生体验活动，是人类的一种精神文化活动。说得简单点，美没有具体的标准，对于同一事物，不同的人会有不同的看法，有人会觉得很美，有人却不以为然。就拿很多模特时装展中展出的时装来说（见图2-14），用平常人的眼光来说可能觉得很奇怪，认为这样的衣服怎么能穿得出去，但在业内人士的眼里却是很有美感、非常时尚的。

可能有人会质疑：人机交互主要讲究的是功能、易用，一个产品只要有用就可以了，好看不好看又不重要，然而事实并非如此。随着人们日常生活水平的提高，对于产品的要求已不再是简单的基本功能需求，有时候一个产品的外观设计直接影响用户的体验。可以这样说，美学是人机交互设计的基础，只有掌握了一定的美学知识和审美能力，才能设计出符合大众审美的东西，特别是人机交互设计，其目标人群是普通大众，所以只有设计出来的东西符合大多数人的审美标准才算是成功的设计作品。

图 2-14　关于美学的服装展示

2.2　交互设计中的认知因素[1]

　　认知是我们在进行日常活动时发生在头脑中的过程，涉及感知、视觉、记忆、注意、思维等众多活动，诺曼将这些不同的活动划分为两个模式：经验认知与思维认知。其中经验认知是指有效、轻松地观察、操作、响应我们周围的事件，并要求达到一定熟练的程度，如驾驶、阅读等；思维认知涉及思考、决策、解决问题，是发明创造的来源，如写作、学习、设计等。两种模式在日常生活中缺一不可，相互影响、相互协作，共同为人类活动提供支持。

2.2.1　感知因素

　　感知是我们对周围世界产生的最开始、最基本的认知，但这种感知并不是对周围世界的真实描述，更大程度上来说是我们所期望感知的，而我们的预期又受到过去、现在、将来的影响。其中，过去指我们所获得的经验，现在指当前所处的环境，将来指我们的目标，这三种因素交互地甚至共同地影响着我们对周围世界的感知。例如，图 2-15 中的一串字母，由于上下文以及整体的影响，我们会很自然地将第二个字母认为是"H"，而将第五个字母认为是"A"，但如果将这两个字母单独列出来的话，就很难说明到底是"A"还是"H"了。

THE CHT

图 2-15　同样的字符因其周围字母的影响而分别被认成"H"和"A"

　　由此可知，我们的感知是主动而非被动的，我们移动眼睛、鼻子、嘴巴、耳朵、手去感知我们想要或者希望去感知的事物，感知受我们所获得的经验、当前所处环境以及目标的影

---

1 Johnson J. 认知与设计——理解 UI 设计准则[M]. 2 版. 张一宁，王军锋，译. 北京：人民邮电出版社，2014.

响，因此在设计用户界面时必须确保信息易于察觉和识别。

感知

（1）更加关注避免歧义，如计算机上经常将按钮与文本输入设置成看起来高于背景的部分，这其实是为了符合大多数用户习惯于光源在屏幕左上角的惯例。

（2）注重一致性，在一致的位置摆放相同功能的控件与信息，方便用户很快找到并使用它们。

（3）理解目标，用户去使用一个系统或者应用程序总是有目的的，而设计者就需要了解用户的这些目的，并认识到不同的用户目标很有可能是不同的。

2.2.2　视觉因素

视觉因素应该说是交互设计中最为关注的一个点，因为一般而言，交互设计的好坏在很大程度上由视觉开始，并由视觉结束。早在 20 世纪早期，一个由德国心理学家组成的研究小组就试图去解释人类视觉的工作原理。他们发现：人类的视觉是整体的，视觉系统自动对视觉输入构建结构，并在神经系统层面感知形状、图形及物体，这就是非常著名的格式塔（Gestalt）原理，为图形和用户界面设计准则提供了有用的基础，上一节中的有些原理就是以格式塔原理为基础的。

当前许多出色的用户界面设计都是将格式塔的接近性、相似性、连续性、封闭性、对称性、主体/背景、共同命运等原理综合起来使用的。图 2-16 为一个网站的首页设计。

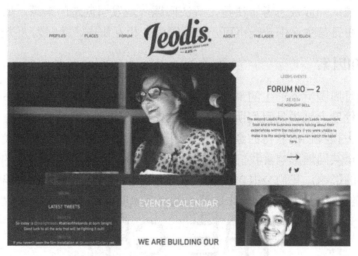

图 2-16　Leodis 网站首页界面

这个网站的设计用到了上述七个原理中的多个原理，使得整个网站看起来井然有序，内容丰富而不凌乱，漂亮的图片被置于简约的排版中，引人入胜，令网站真正与众不同的是它的配色，强烈的对比令网站的色彩不再"扁平"，这种错落令人着迷。而在当前主流操作系统中（见图 2-17），当用户拖曳选中的文件夹时，共同的亮度和运动使得所有被选中的文件夹看起来是一组的，这就很好地利用了相似性和共同命运的原理。

图 2-17 当前主流操作系统的文件管理界面

格式塔原理的运用很好地说明了我们的视觉系统是如何被优化从而感知结构的，感知结构使我们能够更快地了解物体和事物，而结构化的呈现方式更有利于人们理解和认知。很简单的一个例子：苹果手机在显示 11 位电话号码时是以 3-4-4 的形式呈现的，还有众多银行卡上的银行卡号，也都是以多个短数字串的形式呈现的，这种结构化的呈现形式提高了用户浏览数字串的能力。还有一种很有用的结构化呈现方法——视觉层次，将信息分段，显著标记每个信息段和字段，用层次结构来展示层次及其子段，使得上层的段能够比下层更重点地表示出来，如图 2-18 所示的两种表现形式，如果让你找出关于"显著程度"的信息，在哪种显示方式下可以尽快找到？结果是毋庸置疑的。

构建清晰的视觉层次	构建清晰的视觉层次
用尺寸大小、显著程度和内容关联对页面内容进行组织和排序。让我们更仔细地看这些关系。一个标题越重要、用的字体尺寸也就越大。粗大的标题能够抓住用户在浏览网页时的注意力。一个标题或者内容越重要，就该摆在页面中越高的位置。最重要或者最时髦的内容应该总是被显著地摆在靠近页面顶端的位置，这样用户不用下拉就能看到。通过将内容以类似的视觉风格或者在清晰设定的区间展示，对相似的内容类型分组。	用尺寸大小、显著程度和内容关联对页面内容进行组织和排序。 让我们更仔细地看看这些关系： ☐ **尺寸大小** 一个标题越重要，用的字体尺寸也就越大，粗大的标题能够抓住用户在浏览网页时的注意力。 ☐ **显著程度** 一个标题或者内容越重要，就该摆在页面中越高的位置。最重要或者最时髦的内容应该总是被显著地摆在靠近页面顶端的位置，这样用户不用下拉就能看到。 ☐ **内容关联** 通过将内容以类似的视觉风格或者在清晰设定的区间展示，对相似的内容类型分组。

图 2-18 关于信息显示的两种不同形式

设计暗示

视觉

（1）信息的显示应醒目，以便执行任务时使用。

（2）可使用以下技术达到这个目的：使用动画图形、彩色、下划线，对条目及不同的信息进行排序，在条目之间使用间隔等。

（3）避免在界面上安排过多的信息。

（4）有时候朴实的界面更容易使用，如百度、Google 等搜索引擎，主要原因是用户可以很容易找到输入框并进行所需的操作。

2.2.3 注意因素

我们的大脑有多个注意机制，其中一些是主动的，一些是被动的，而且非常有限，当人们为实现某个目标去执行某项任务时，大部分的注意力是放在目标以及与任务相关的东西上的，很少注意执行任务时所使用的工具，但当你将注意力放在工具上时就无法顾及任务的细节了。例如，你在割草时，割草机突然停止工作了，此时你会马上停下来将注意力集中到割草机上，因为重新启动割草机成了你的主要任务，你更多地关注割草机而较少地注意草地了，当割草机重新工作时，你重新开始割草，但你多半忘记了刚才割到了什么地方，但草地会提示你。这就是为什么大多数软件设计准则要求应用软件和网站不应唤醒用户对软件或网站本身的注意，而是应该隐入背景中，让用户专注于自己的目标。

正如之前说过的，人们的感知受目标因素的影响，其注意力也总是放在目标或者与目标相近的事物上，这种现象被称为"跟随信息的气味靠近目标"。人们只会注意到屏幕上与他们的目标相匹配的东西，如当你准备去自动柜员机存款时，如果屏幕上少了"取款"这一项，你可能很难发现，而如果少了"存款"这一项，你会很快发现。同样地，如果你在网站上想要取消一次预定或者一项付款时，你希望弹出的对话框是下面哪一种呈现方式呢？答案是可想而知的（见图2-19）。

图 2-19　网站上关于"取消"的两种不同对话框显示界面

由于注意力的有限性，在实现某个目标时，只要有可能，特别是在有压力的情况下，我们更愿意采用熟悉的方式去实现目标，而不是探索新路。例如，你赶时间去赴约，你一般会选择熟悉的路径，而不是利用导航选择最近的路走。

设计暗示

注意

对于交互设计来说，用户对这种熟悉和相对不用动脑子的路径偏好说明：

（1）有时不动脑子胜过按键。

（2）引导用户到最佳路径。

（3）帮助有经验的用户提高效率。

（4）界面设计应能激发用户探索界面的使用。

（5）需及时帮助用户完成相应的扫尾工作。

2.2.4 记忆因素

人类的记忆被分为短期记忆和长期记忆，其中短期记忆涵盖了信息被保存从几分之一秒至一分钟的情况，而长时记忆则从几分钟到几小时、几天、几年甚至一辈子，这种将记忆分为短期记忆和长期记忆的区分同样也体现在计算机上，如中央处理器中的计数器就属于短期记忆存储，而像硬盘、优盘、光盘等外部存储设备属于长期记忆存储。当前在记忆和大脑方面的研究更是明确地表明：短期记忆和长期记忆是由同一个记忆系统实现的，这个系统与感知相联系，并且比之前理解的更加紧密[1]。

与长期记忆的易产生错误、受情绪影响、追忆时可改变等特点相比，短期记忆的准确性更高，因为短期记忆其实是我们注意的焦点，即任何时刻我们意识中所专注的事物。现代将短期记忆视为当前注意焦点的表达更清楚：将注意转移到新的事物上就得将其从之前关注的事物上移开。而在进行人机交互的过程中更加注重的是人的短期记忆，因为短期记忆的容量和稳定性对人机交互设计影响重大，因此，在进行交互设计时必须考虑到用户短期记忆的容量和稳定性。

制定模式是一种常用的便于用户操作的方法，在带模式的用户界面设计中，允许一个设备具有比控件更多的功能，如在绘图程序中，点击和拖曳通常是在画面上选择一个或者多个图形对象，但当软件处于"画方框"模式时，这两个动作变成了在画面上添加方框并将它拖至希望的尺寸。由于容量限制，人类无法在短时间内记住大量的信息，正如你问一个朋友去她家的路线，她给了你一长串的步骤，你多半不会费劲儿记下，而是会拿笔记下或者让你朋友用短信或者 E-mail 发给你，等需要的时候再拿出来。类似地，在多步操作中应该允许用户在完成所有操作的过程中随时查阅使用说明，对于这一点，大多数系统会考虑到，但也有些做不到。

> **设计暗示**
>
> #### 记忆
> （1）应充分考虑用户的记忆能力，切勿使用过于复杂的任务执行步骤。
> （2）善于利用用户长于"识别"短于"回忆"的特点，在设计界面时应使用菜单、图标且保持一致。
> （3）为用户提供多种电子信息呈现方式，并通过易于辨别的方式，如不同颜色、标识、时间戳等，帮助用户记住其存放位置。

2.2.5 思维因素

思维是人们在头脑中对客观事物的概括和间接的反应过程。不同的人对同一事物有不同的思维方式，如对于情人节送花一事，一般女生会觉得很浪漫，可以增进彼此的感情；而大多数男生觉得很浪费，鲜花开不了几天就谢了，还不如买吃的实惠，前者就是很明显的感性思维方式，而后者则是典型的理性思维方式。

---

1 Jonides J, Lewis R L, Nee D E, et al. The mind and brain of short-term memory[J]. Annual Review of Psychology, 2008, 59(1): 193-224.

不同的思维方式同样会影响交互设计的用户体验，因此在做交互设计时，需要具体分析主要用户群的思维方式：对于偏感性思维的用户群，交互设计界面应该选择色彩鲜明、多些互动、能够激发共鸣成分的；而对于偏理性思维的用户群，应注重内容的条理性，界面应尽量简单利索，如当前比较流行的扁平化设计。

设计暗示

思维

（1）应设计不同的界面版本供用户选择，如 QQ 邮箱有简单模式与复杂模式。

（2）为用户提供不同的显示方式，如允许用户自由放大文字，更改字体、颜色等。

（3）在界面中隐藏一些附加信息，专门供那些希望学习如何更有效执行任务的用户访问。

2.3　交互设计中的情感因素[1]

当你收到坏消息时，对你有什么影响？你是否感到沮丧、悲伤、生气或恼火？会让你一整天都心情不好吗？技术如何给你提供帮助？想象一下有一种可穿戴设备，它可以检测你的情绪，并提供相关信息和建议，尤其是当它检测到你心情低落时，可以帮助你改善情绪。你觉得这样的设备对你有帮助，还是会因为机器试图让你重新振作而感到不安？设计一种可以通过面部表情、身体动作、手势等来自动检测和识别情绪的设备，是一个不断发展的研究领域，通常被称为情感 AI 或情感计算。

情感设计是一个不断发展的领域，与能够产生理想情感状态的技术设计有关，例如，使人们能够反思他们的情感、情绪和感受的应用程序。重点是如何设计交互产品以唤起人们的某种情感反应。情感设计还研究为什么人们会对某些产品（如虚拟宠物）产生情感上的依恋，社交机器人如何帮助减少孤独感，以及如何通过使用情感反馈来改变人类行为。在本节中，我们使用更宽泛的术语"情感交互"来涵盖情感设计和情感计算两个方面。

2.3.1　用户与情感的多样性

情感是态度这一整体中的一部分，与态度中的内向感受、意向具有协调一致性，是态度在生理上一种较复杂而又稳定的生理评价和体验。情感包括道德感和价值感两个方面，具体表现为爱情、幸福、仇恨、厌恶、美感等。《心理学大辞典》中认为："情感是人对客观事物是否满足自己的需要而产生的态度体验。"同时，一般的普通心理学课程还认为："情绪和情感都是人对客观事物所持的态度体验，只是情绪更倾向于个体基本需求欲望上的态度体验，而情感则更倾向于社会需求欲望上的态度体验"。

用户是产品的最终使用者和体验者，一个产品的好坏取决于其是否满足了用户的需求，是否使得用户拥有良好的情感体验。一个产品的用户定位是该产品是否取得成功的基本前提，那到底怎样去进行用户定位呢？用户可以分为专家型用户、了解型用户及普通大众型用户，

1（日）原研哉. 设计中的设计[M]. 朱锷, 译. 济南：山东人民出版社，2006.

对于专家型用户而言，可能只占整个用户组成的5%左右，他们了解并精通产品的所有功能及应用，知道该领域的专业术语、知识，因此产品可以以专业、深层的形式呈现，并应该提供深入挖掘、探究的功能；对于了解型用户，他们对产品有一定的接触和了解，能够利用一些较复杂的功能流程，这部分用户占了20%；而绝大部分用户都属于普通大众型，他们不了解产品的工作原理，不懂具体的专业知识、术语，甚至不懂功能的实现方法，因此，对于这类用户，产品越简单易懂、越容易操作越好，最好是用户不需要任何思考就可以实现他们的目的。而一个好的产品，应该将普通大众型用户作为它的目标用户，而不是以专家型、了解型用户为主要服务对象。

情感是一个非常抽象的词汇，它没有具体的形态，没有具体的测量标准，因此很难准确捕捉到，也无法精确地去测量。不同的人对于不同的事物、状态有不同的情感体验，在不同的时间段和不同的情境、状态下就算是同一个人也还是有不同的情感体验的，这就需要设计人员在进行交互设计的过程中充分考虑不同用户的不同需求及其使用情境，必须充分考虑到用户的情感体验，以用户为中心是交互设计应该遵循的根本准则。

2.3.2 情感与用户体验

考虑人们在日常活动中所经历的不同情感，如在线购物。首先，意识到需要或想要的物品。其次，产生购买它的愿望和预期。通过访问众多网站（如比较网站、评论、推荐和社交媒体网站），了解更多有关可用产品的信息，并决定从数百甚至数千种产品中选择一种，这种喜悦或沮丧随之而来。这需要将你能得到的与你喜欢或需要相匹配，以及考虑是否能负担得起。决定购买的兴奋感可能很快就会被价格太贵的失望所取代，不断查看和重新访问网站可能会令人沮丧。再次，当做出决定时，常常会感到如释重负。然后是点击各种选项（如颜色、尺寸、保修等），弹出在线支付表单，这可能很乏味，而且需要填写的许多细节会增加出错的可能性。最后，当订单完成时，你可能发出一声长叹。这种过山车般的情感是许多人在线购物时所经历的，尤其是对于大件商品，有无数可选择的选项，并且你希望做出正确的选择。

情感交互关注的是什么让人们感到快乐、悲伤、恼火、焦虑、沮丧等，然后利用这些知识来指导用户体验设计。然而，这并不简单，例如，是当检测到人们在微笑时将界面设计成使其更开心，还是当检测到人们皱眉时尝试将其从消极情绪转变为积极情绪？检测到情感状态后，必须决定向用户呈现什么信息或如何呈现信息，考虑是否尝试通过使用某种界面元素（如表情符号、反馈和图标等）来"微笑"回应，界面应该具有怎样的表现力，这取决于用户体验或人们手头的任务是否需要特定的情感状态。广告公司已经开始利用许多技巧影响人们的情感，例如，在一个"牵动人心"的网站上展示一张可爱的动物照片或一个饥饿的大眼睛孩子的照片，目的是让人们对所观察到的事物感到悲伤或不安，并让人们想要做一些事情来提供帮助（如捐赠）。

理解情感是如何工作的，提供了一种方法来考虑如何设计用户体验以触发情感。例如，唐•诺曼认为，积极的心态可以使人们更具创造力，当一个人心情好的时候，可以认为他会更快地做出决定。他还指出，当人们感到快乐时，更有可能忽视和处理在使用设备或界面时遇到的小问题。相反，当一个人焦虑或生气时，他们可能不那么宽容。他还建议设计师特别注意完成手头任务所需的信息，尤其是在为重要任务设计应用程序或设备时，界面需要清晰可见并提供明确的反馈，标准是"在有压力的情况下使用的东西需要更加小心、更加注重细节"。

2.3.3 界面（表现力）与情感

在人机交互设计中，首先与用户接触并产生情感交流的就是用户界面，现在有一个非常流行的名称——情感化界面（emotional interface），情感化界面要求设计师在开始制作界面的时候思考：我所设计的界面能和用户产生情感共鸣吗？要怎么才能和用户的情感形成共鸣呢？如果设计师只是投入工作的热情，而不投入自己的感情，或者只是把握自己的感情而不在意用户的感情，这样带着主观色彩设计出来的产品是无法与用户的情感产生共鸣的，生成的界面也许会是优秀的作品，但肯定不是完美的产品界面。通过图2-20所示的网易微博改版前后的注册页面可以发现这一特点。

（a）改版前   （b）改版后

图 2-20　网易微博改版前后的注册页面

图2-20（a）简洁干净，除了一些必要的基本信息，没有任何干扰用户填写的视觉多余信息，但这种界面无法与用户产生情感上的共鸣，用户在填写信息的时候难免会感觉枯燥乏味；图2-20（b）所示背景中较多的卡通图形确实增加了界面使用时的视觉噪声，可能会影响用户填写信息时的注意力，但背景图的趣味性同时也带动了用户的情绪化反应，使得用户在注册时不会感到太枯燥。界面中的颜色、排版、装饰等都会影响用户的情感化反应，当然如果在相应的节日、节气时添加一些相关的小图标、小游戏，如中秋节点灯、春节放鞭炮等（见图2-21），是非常能引起用户情感共鸣的方式。

从这个角度上来讲，"Less is more"的观点有些偏颇了，因为功能不仅包括了实用性功能，还应该包括审美性功能、环境性功能等，它绝不是孤立存在的，一个真正优秀的界面应该是以功能性为基础，情感性为重心，环境性为前提的，三者是相互联系、相互影响的关系，其中情感部分可以使用户更直观、更准确并愉快地了解和使用界面。

图 2-21　网易微博节日时的背景动画

2.3.4　情感化设计

原研哉在他的《设计中的设计》一书中介绍过这样一个案例：日本机场原来是用一个圆圈和一个方块表示出入境的区别，形式简单并且好用，但设计师佐藤雅彦却用一个更"温暖"的方式来重新设计了出入境的印章：入境章是一架向左的飞机，出境章则是一架向右的飞机（见图 2-22）。

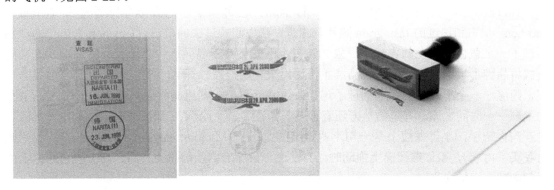

图 2-22　日本机场出入境印章前后对照

通过一次次的盖章，将这种"温暖"的情绪传递给每一位进关的旅行者。在他们的视线与印章相交的那一刻，会将这种温暖转化为小小的惊喜，而不由自主且充满善意的"啊哈"

一下。一千一万次的"啊哈"就会伴随着这一千一万次对旅行者的善意，这便是产品中的细节与用户直接情感化传递的结果，因此，友善的交互即便在当时可能得不到回应，但请相信你已经在用户的心中溅起涟漪，下次在选择的时候，会大大增加用户选中的概率。

再如设计师深泽直人的果汁盒作品（见图2-23），将人们熟悉的利乐包设计成了水果的样子，如香蕉、草莓、猕猴桃等，这种设计让人感觉直接将吸管插到了水果中，直接吸取果汁，相信因为唤起了人们的情感，饮料喝起来也更有味道了。

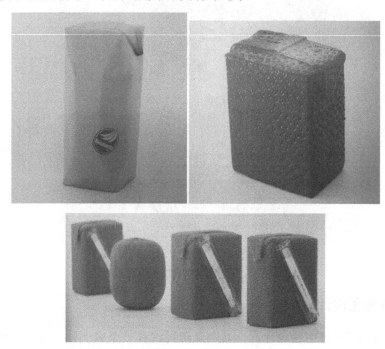

图 2-23　设计师深泽直人的果汁盒作品

1. 情感化设计可以加强用户对产品气质的定位

Timehop 是一款让你回顾那年今日的 App，它可以帮你把去年今日写过的 Twitter、Facebook 状态和拍过的 Instagram 照片翻出来，帮你回顾过去的自己。Timehop 为自己的产品塑造了一个蓝色小恐龙的吉祥物形象。许多小恐龙贯穿于界面之中，用吉祥物加幽默文案的方式将品牌形象的性格特点和产品气质传达出来。用户在打开 App 时就能感受到小恐龙的存在，闪屏中一个小恐龙坐在地上说了句"Let's time travel"，立马将用户从情感上带入了 App 的主题——时间之旅。有趣的地方还有很多，如图2-24所示，在默认情况下是露出一半的恐龙在向你招手，小恐龙边上是一句不明意义的文案 "My mom buys my underwear"（我妈妈给我买了内衣），当你继续向上拖动时，会发现一只穿着内衣的恐龙，用户马上就会明白上面那句幽默文案的含义。

一个产品能获得用户的青睐不仅要有强烈的需求、优秀的体验，更主要的是要让产品与用户之间有情感上的交流，有时对细节的巧妙设计会极大地加强用户对产品气质的定位，产品不再是一个由代码组成的冷冰冰的应用程序，而是拉近了与用户的情感距离。

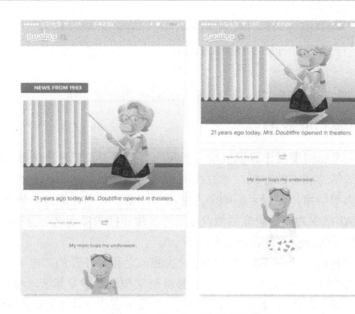

图 2-24　Timehop 动画主页设计

2. 情感化设计帮助用户化解负面的情绪

情感化设计的目标是让产品与用户在情感上产生交流，从而产生积极的情绪，这种积极的情绪可以加强用户对产品的认同感，甚至还可以提高用户使用产品时的容忍能力。注册登录是让用户很头疼的流程，它的出现让用户不能直接地使用产品，所以在注册和登录的过程中很容易造成用户的流失，巧妙地运用情感化设计可以缓解用户的负面情绪。例如，在 Betterment 的注册流程中，在用户输入完出生年月日后会在时间下面显示距离下次生日的时间，一个小小的关怀马上就让枯燥的注册流程有了惊喜，如图 2-25 所示。

图 2-25　Betterment 注册流程的出生年月日输入界面

注册和登录对于一个互联网产品来说都是相当烦琐但又缺失不了的部分，这些流程阻碍着用户不能直接使用产品。对用户来说这便是在使用产品时的"墙"，在这些枯燥的流程中赋予情感化的元素，将大大减少"墙"给用户带来的负面情绪，同时加强用户对产品的认同感，并感受到产品给用户传递的善意与友好。除了这些温暖人心的设计，也有一些小技巧可以借鉴，如《细节决定成败！提高用户登录体验的 5 个细节》中提及的细节方式。

3. 情感化设计可以帮助产品引导用户的情绪

在产品的一些流程中，使用一些情感化的表现形式能对用户的操作提供鼓励、引导与帮助。可以用这些情感化设计抓住用户的注意，诱发那些有意识或者无意识的行为。在 Chrome 浏览器的 Android 版中，当你打开了太多的标签卡时，标签卡图标上的数字会变成一个笑脸，如图 2-26 所示，用细微的变化友善地对用户的操作进行引导。

图 2-26　Chrome 浏览器 Android 版的地址栏设计

2.3.5　情感计算和情感 AI

情感计算研究的是如何使用计算机以与人类相同的方式识别和表达情感（Picard，1998）。它包括设计人们交流情感状态的方式，通过使用新颖的可穿戴传感器，分析人们的表情和对话来评估沮丧、压力等情绪，还探索影响个人健康的因素。目前，通过分析面部表情和声音以推断情感的情感 AI 已成为一个研究领域，可用许多传感技术实现这一目标，如预测人们在感到悲伤、无聊或快乐时最有可能在网上购买什么。

自动面部编码的使用在商业环境中越来越受欢迎，尤其是在营销和电子商务中。例如，Affectiva 的 Affdex 情绪分析软件采用先进的计算机视觉和机器学习算法，通过网络摄像头捕获用户的情感反应，并对其进行分类，以分析用户对数字在线（如电影、在线购物网站和广告）的参与程度。

用于揭示情绪状态的其他间接方法包括眼动追踪、手指脉搏、语音以及人们在线聊天或发布到微博时使用的单词/短语。用户在使用社交媒体时所表达的情感水平、使用的语言以及表达的频率都可以反映出他们自己的心理状态、幸福感和个性的各个方面。公司可能会尝试综合使用这些"衡量标准"，如一些公司会关注人们上网时的面部表情和使用的语言，而其他公司可能只关注一个方面。

人类是地球上最具情感的动物，人类的行为也常常受到情感的驱动。在界面上融入情感化元素，引导用户的情绪，使其更有效地引发用户某些无意识的行为，这种情感化的引导比单纯地使用视觉引导更有效果。

一个优秀的产品应该是有人格魅力且让人愉悦的，这种让人愉悦的积极的情绪便是由产品中那些多多少少的情感化细节来表现的。那些让用户"啊哈"的细节，都将会成为积极的情绪传递下去，影响千千万万用户的体验与口碑。

2.4　交互设计中的社交因素

人天生就是社会性的：我们一起生活、一起工作、一起学习、一起玩耍、彼此互动。许多技术产品已经专门开发出来并成为社会结构的一部分，使我们能够在彼此分离的情况下保持社交，其中包括智能手机、视频聊天、社交媒体、游戏和短信的广泛使用。为了更好地为"社交"技术的设计提供信息，从而更好地支持和扩展它们，需要关注人们如何在社交、工作和日常生活中进行面对面和远程的交流和协作。

2.4.1　社交

社交是日常生活的基本组成，人们不断地更新关于某个项目、活动、人员或事件的新闻、变化和发展。例如，朋友和家人会互相通报工作、学校、餐厅或俱乐部和新闻中发生的事情。同样，一起工作的人也会让彼此了解自己的社交生活和日常事件以及工作中发生的事情，如一个项目即将完成的时间，新项目的计划、截止日期，等等。

虽然面对面的对话交流仍然是许多社交互动的核心，但社交媒体的使用已经急剧增加。人们现在每天花几个小时在网上与他人交流——发短信、发电子邮件、发微博、发微信等；在工作中，人们通过微信群或 QQ 群等通信工具相互保持联系也是一种常见做法。主流生活中几乎普遍采用社交媒体，这导致大多数人现在以多种方式与时间和"空间"建立联系——这在 20 年前是不可想象的。人们联系的方式、保持联系的方式、联系的人以及维护社交网络和家庭关系的方式都发生了不可逆转的变化。在过去 20 年左右的时间里，社交媒体、电话会议和其他基于社交的技术（通常称为社交计算）也改变了人们在全球范围内协作和工作的方式——包括灵活和远程工作的兴起、广泛使用共享日历和协作工具以及专业网络平台等。

"社会媒体和其他社交计算工具的普遍采用"提出的一个关键问题是，它如何影响人们相互联系、工作和相互交流的能力。社交媒体互动中是否采用了在面对面互动中建立的维护社会秩序的惯例、规范和规则，或者是否出现了新的规范？特别是那些让人们知道在社交群体中应该如何表现的既定的会话规则和礼仪，是否也适用于在线社交行为？或者是否为各种社交媒体发展了新的对话机制？例如，人们是否以相同的方式互相问候，取决于他们是在网上聊天还是在聚会上？人们在网上聊天时是否像面对面交谈时那样轮流聊天？在各种各样的工作和社交活动中，人们是如何选择社交应用程序的？回答这些问题可以帮助我们理解现有工具是如何支持沟通和协作工作的，同时有助于为新工具的设计提供信息。

在规划和协调社交活动时，群体经常从一种模式切换到另一种模式。大多数人倾向于发送短信而不是打电话，但他们可能会在计划外出的不同阶段使用电话。但是，在讨论要做什么、在哪里见面，以及邀请谁的对话可能会产生成本：有些人可能会被打断，有些人可能不会回复，并且有些人可能会花费大量时间在不同的应用程序和线程之间来回切换。此外，有些人可能不会及时查看通知。更糟糕的是，人们通常要等到活动临近时才做出承诺，以防其他朋友"邀请他们去做一些对其来说更有趣的事情"。尤其是青少年，通常会在最后一刻与朋友微调他们的安排，然后再决定做什么。

社会越来越关注人们花多少时间看手机——与他人互动、玩游戏、发推文等。一份关于"智能手机十年"影响的报告（Ofcom，2018）指出，英国人平均每周上网一天以上。通常，这是他们醒来后做的第一件事，也是他们睡前做的最后一件事。此外，很多人不能长时间不看手机。Sherry Turkle（2015）哀叹这种日益增长的趋势对现代生活产生的负面影响，她指出，很多人会承认更喜欢发短信，而不是与他人交谈，因为它更容易、更省力、更方便。虽然在线交流在社会中占有一席之地，但现在是恢复对话的时候了，人们应更频繁地放下手机并（重新）学习自发地相互交谈的艺术和乐趣。

另外应该强调的是，目前有一些技术来鼓励社会互动，并产生了良好的效果。例如，亚马逊 Echo 设备的智能音箱附带的语音助手提供了大量"功能"，旨在支持多个用户同时参与，让家庭成员一起玩。一个例子就是"打开魔法门"，它允许团队成员（如家庭成员）通过选择不同的叙述来选择他们在故事中的道路。当智能音箱被放置在家里某个地方（如厨房柜台或客厅书柜）时，它的可视性可能会进一步鼓励社交活动。特别是它在这个共享位置的物理存在上提供了共同的所有权——类似于其他家庭设备（如收音机或电视）。这与其他支持个人使用的手机或笔记本电脑上的虚拟语音助手不同。

活动

　　想象一下您与朋友见面并在咖啡馆里闲聊的那段时光。将此社交场合与您在智能手机上与他们发短信时的体验进行比较。这两种对话有何不同？

　　点评：

　　交流对话的性质可能非常不同，每种方式都有其利弊。面对面的交流会不由自主地从一个话题转到下一个话题，在此过程中可能会有很多笑声、手势。当别人开始说话时，所有的目光都转向他。通过眼神交流、面部表情和肢体语言可以产生很多亲密感。这与发短信者间歇性地来回发送信息形成鲜明的对比。发短信更有预谋：人们决定要说什么，并可以回顾他们所写的内容；可以编辑他们的消息，甚至决定不发送它，尽管有时人们按下发送按钮而没有过多考虑它对对话者的影响，可能会导致事后后悔。

　　另一个不同之处在于，人们在面对面交流中会说一些他们永远不会通过短信说的事情，也会问对方一些事情。一方面，这种坦诚和直率可能更吸引人和令人愉快；但另一方面，有时也会令人尴尬。

2.4.2　面对面的对话

　　说话是一件毫不费力的事情，对大多数人来说都是自然而然的。然而，进行对话是一项高度熟练的协作成就，具有音乐合奏的许多特质。在设计与聊天机器人、语音助手和其他通信工具进行的对话时，理解对话如何开始、进行和结束是非常有用的。特别是它可以帮助研究人员和开发人员了解对话的自然程度、人们在与数字代理交谈时的舒适度，以及遵循人类对话中对话机制的重要性。

　　对话一般以相互问候开始，然后参与对话者轮流提问、回答与陈述。然后，当一名或多名参与者想要结束对话时，他们会使用含蓄的暗示或明确的信号。一个含蓄暗示的例子是当参与者看手表时，间接地向其他参与者表明希望结束对话，其他参与者可能会选择承认这个提示，也可能继续并忽略它。参与者也可以发出明确的信号，说："好吧，我现在必须走了"，"我有很多工作要做"。其他参与者承认这些暗示和明确的信号之后，对话结束。

　　会话机制使人们能够协调彼此的对话，让他们知道如何开始和停止。在整个对话过程中，还要遵循进一步的"轮流发言"规则，让人们知道什么时候该听，什么时候该说话，什么时候该停下来让其他人说话。为了便于遵守规则，人们用不同的方式来表示他们将要谈论多长时间和什么话题。例如，说话人可能会在对话开始的时候说他有三件事要说。发言者也可以明确地要求更换发言者，对听众说："好吧，关于这个问题，我想说的就这些了。"更微妙的暗示是让别人知道他们该结束谈话了，包括提高或降低声音来表示问题的结束，或者使用像"你知道我的意思吗？"或者简单地说"OK？"另一种对话协调和连贯的方式是使用邻接对。话语被认为是成对出现的，其中第一部分建立了对接下来将要发生的事情的预期，并指导了接下来将要发生的事情被听到的方式。

2.4.3 共在

共在（co-presence）一词是由 Goffman（1963）提出的，它被定义为一种在虚拟环境中共处的感觉[1]。人们对增强"共在"很感兴趣，即当人们在同一物理空间交互时支持人们的活动。已经开发出的许多技术，使得多人可以同时使用它们，这样做的目的是为了在工作、学习和社交时，让团队能够更有效地协作。支持这种并行交互的商业产品包括使用多点触控的 Smartboards 和 Surfaces，以及使用手势和对象识别的 Kinect。要了解它们的有效性，重要的是需要考虑"人们在面对面互动中已经使用的协调和意识机制，然后看看这些机制是如何被技术调整或取代的。"

1. 身体协调

当人们紧密合作时，会相互交谈、发布命令，并让其他人知道他们的进展情况。例如，当两个或更多人合作移动钢琴时，他们会互相喊出指令，例如"向下一点，向左一点，现在直走"，以协调他们的行动。也经常使用很多非语言交流，包括点头、握手、眼神会意和举手。

对于时间紧迫和常规化的协作活动，特别是在由于身体条件而难以听到其他人的声音的情况下，人们经常使用手势（尽管也可以使用无线电控制的通信系统）。各种各样的手势已经进化出自己的一套标准化的语法和语义。例如，指挥家的手臂和指挥棒的动作可以协调管弦乐队中的不同演奏者，而机场地面人员的手臂和橙色指挥棒的动作则可以告诉飞行员如何将飞机带入指定的登机口。人们在日常生活中也会使用通用手势，如招手、挥手和停顿的手势。

2. 意识

意识包括知道谁在周围、正在发生什么，以及谁在与谁交谈。例如，在参加聚会时，人们在物理空间中走动，观察正在发生的事情以及谁在与谁交谈，偷听他人的谈话，并向别人传递八卦。一种特殊的意识是外围意识，是指一个人通过关注他们视野周边正在发生的事情，保持并不断更新对物理和社会环境中正在发生的事情的感知能力，包括通过人们说话的方式注意到他们的心情是好还是坏，饮料和食物消耗的速度有多快，谁进出了房间，有人缺席了多久，以及角落里孤独的人是否和某人交谈了，等等。直接观察和外围监测相结合，可以让人们了解和更新世界上正在发生的事情。

另一种已经研究过的意识形式是情境意识，指的是意识到周围正在发生什么，以便了解信息、事件和自己的行为将如何影响正在进行的和未来的事件。在技术丰富的工作领域（如空中交通管制或手术室）中，良好的情境感知至关重要，在这些领域中，需要及时了解复杂且不断变化的信息。密切合作的人们也会根据对其他人正在做什么的最新认识，制定各种策略来协调他们的工作。对于相互依赖的任务尤其如此，如在演出时，表演者会不断监视彼此的动作，以便有效地协调他们的表演。

3. 可共享的界面

许多技术旨在利用现有的协调和意识机制，其中包括电子白板、大型触摸屏和多点触控

---

1 Goffman E. Behavior in Public Places[M]. Washington DC: Free Press,1963.

桌，这些工具可以使多人在与屏幕上的内容交互的同时进行协作。研究表明，与单用户界面相比，可共享界面为灵活的协作提供了更多机会，因为它可以使位于同一地点的用户同时与数字内容交互，在公共显示器上使用手指或笔进行的输入可以被其他人看到，从而增加了建立情境和周边意识的机会。可共享的界面也被认为比其他技术更自然，诱使人们触摸它们而不会因其行为的后果而感到害怕或尴尬。例如，与坐在显示器前排成一列相比，小团队发现在桌面上一起工作更舒适。

通常在会议上，一些人占主导地位，而另一些人则很少说话。虽然这在某些情况下是可以的，但在其他情况下，每个人都有发言权被认为更可取。是否可以设计可共享的技术，以便人们可以更平等地参与其中？许多研究表明这是可能的，最重要的是界面是否邀请人们从显示器和设备中选择、添加、操作或删除数字内容。一项用户研究表明，与仅通过桌面上的触摸图标和菜单允许数字内容输入相比，允许小组成员使用物理令牌添加数字内容的桌面会导致更公平的参与。这表明通常在群体中害羞的人更容易为任务做出贡献。此外，在选择、添加、移动和删除选项方面，发言最少的人对桌面设计任务的贡献最大，这揭示了改变人们与界面交互的方式是如何影响群体参与的。关于围绕桌面协同合作的各种用户研究表明，设计可共享的界面以鼓励更公平的参与并非易事，提供关于某人在小组中发言多少的实时反馈，可能是向每个人展示谁说得多的好方法，但对于那些说得太少的人来说可能会生畏。允许以谨慎和可访问的方式在可共享的界面上为正在进行的协作任务添加和操作内容，可能会更有效地鼓励那些通常觉得公开讲话困难或根本无法进行口头表达的人更多地参与（如口吃者、害羞者或非母语者）。

IBM 公司不仅开发了提供参与者动态可视化的早期通信工具 Babble，还开发了许多虚拟空间，提供关于人们在做什么、他们在哪里的动态，以及可用的意识机制，旨在帮助人们感觉联系更加紧密。在远程团队中工作可能会让人感到孤立，尤其是当他们很少与同事面对面时。当团队不在同一地点工作时，他们也会错过面对面的协作和构建团队一致性的有价值的非正式对话，这就是"在线办公室"概念的由来。例如，Sococo 是一个在线办公平台，它弥合了远程办公和协同办公之间的差距，使用办公室平面图的空间隐喻显示人们所处的位置，谁在开会，谁在和谁聊天。Sococo 地图提供了团队在线办公室的鸟瞰图，让每个人都能一目了然地了解团队成员的可用性以及组织中正在发生的事情。Sococo 还提供了在实体办公室中感受到的临场感和虚拟"运动"——任何人都可以突然进入房间，打开他们的麦克风和摄像头，并与团队中的另一名成员会面。团队可以通过项目进行工作，从管理层那里获得反馈，并在他们的在线办公室中进行临时协作，而不管实际位置如何，这允许组织利用"分布式工作"的好处，同时也为团队提供了一个中央在线办公室。

2.4.4 社交参与

社交参与（social engagement）是指参与社会团体的活动，通常它涉及某种形式的社会交换，人们从他人那里给予或接受某些东西。越来越多的不同形式的社交参与都以互联网为媒介，例如，现在有许多网站通过提供旨在帮助他人的活动来支持亲社会行为，最早的此类网站之一 GoodGym，将跑步者与孤独的老年人联系起来，跑步时，跑步者会停下来与注册了该服务的老年人聊天，帮助他们做家务，健身的动机是帮助有需要的人，任何人都可以加入。

互联网不仅使当地人结识了原本不可能认识的人，而且已被证明是一种强大的方式，将数以百万计有着共同利益的人以一种以前无法想象的方式联系在一起。一个例子是转发一张能引起大批观众共鸣的照片，他们觉得该照片很有趣，并希望进一步转发。例如，2014 年转发量最多的自拍是艾伦·德杰尼勒斯（美国喜剧演员和电视节目主持人）在奥斯卡金像奖颁奖典礼上在一群星光熠熠、面带微笑的演员和朋友面前拍的自拍照，它被转发了超过 200 万次（在发布推文的前半个小时转发就超过了 75 万次）。

甚至还有一场"史诗般的推特大战"。一位来自内华达州的少年 Carter Wilkerson 问温迪快餐店，需要多少次转发才能获得一整年的免费鸡块。餐厅回复"1800 万"。从那一刻起，他的这条推文迅速走红，很快被转发了 200 多万次。艾伦的记录突然岌岌可危，她进行了干预，在她的节目中提出了一系列要求，让人们继续转发她的推文，这样她的记录就会得到保持。在"推特大战"期间，Carter 利用自己的新名声创建了一个网站，销售 T 恤来宣传他的鸡块挑战。然后，他把所有的销售收益捐赠给了一个他很关心的慈善机构，这家餐厅还给了他一年的免费鸡块供应——尽管他没有达到 1800 万的目标。不仅如此，餐厅还向该慈善机构捐赠了 10 万美元，以纪念 Carter 创造的新纪录。这是一个双赢的局面。

2.5　交互设计的模型

在人机交互界面设计中有三种模型，即用户模型（user's model）、系统模型（system model）和设计师模型（designer's model）。

2.5.1　用户模型

用户模型是指用户根据经验认定的系统工作方式，以及他们在使用机器时所关心和思考的内容。用户模型通常关注目标、信心、情绪等。

阿兰·库珀指出："人们在使用产品时，并不需要了解其中实际运转的所有细节，因此人们创造出了一种认知上的简洁的解释方式。这种方式虽然并不一定能够反映产品的实际内部工作机制，但对于人们与产品的交互来说已经足够用了。比如，很多人想象当他们将真空吸尘器或者搅拌机接到墙上的电源插座上时，电流会像水一样通过黑色的电线从墙里流向电器。这种心理模型对于使用家用电器产品已经完全够用了，但实际上家用电器的实现模型并不涉及什么液体类的东西在电线中流动。而且电流实际上每秒还会反转上百次，尽管电力公司需要知道这些细节，但这些细节与用户无关。"

唐纳德·A·诺曼进一步指出，用户的"心理模型"正如沉入海洋的冰山，通常是较难被直接观察到的，而且也往往最容易被忽略。

2.5.2　系统模型

系统模型是指系统完成其功能的方式和方法，也是系统的实施者所直接关心的内容。阿兰·库珀等人倾向于用"实现模型"（Implementation Model）这个术语来代替诺曼的"系统模型"或"系统表象模型"，因为实现模型描述了程序用代码来实现细节，更多地关注数据结构、算法、数据库等界面实现时要考虑的问题。大多数计算机软件系统的实施者就是程序设计师和编程人员，他们精确地了解软件的工作原理，由他们设计的用户交互界面合乎逻辑，但并不能提供对用户目标和用户要达到这些目标需要完成任务的一致反映。阿兰·库珀指出，工程师开发软件的方式通常是给定的，并且常常受制于技术、业务上的限制。

对于软件应用来说，用户模型和实现模型之间的差异非常明显。例如，Windows 操作系统中，如果你在同一个硬盘上的不同目录之间拖放文件，系统将此解释为"移动"，这意味着从原来的目录中删除文件，并将文件放到新的目录中，这和心理模型一致。然而，如果你把文件从 C 盘拖到 D 盘，这种行为被解释为"复制"，意味着该文件将被添加到新的目录中，但不会从原来的目录中删除。这是按照系统实现模型来设计的。对于用户而言，几乎是一样的两个操作，计算机的反应却不一样，这就容易给用户造成明显的认知失调。为此，为了符合用户的心理模型，即使违背了实现模型，操作系统也应该删除原来的文件。

2.5.3 设计师模型

设计者将程序的功能展示给用户的方式称为"设计师模型"（唐纳德·A·诺曼）或"表现模型"（阿兰·库珀）。设计师模型是指人机交互设计人员在设计过程中考虑的内容，即实现"开发出了什么"和"提供了什么"的分离，设计师模型通常关注的是对象、表现、交互过程等。

设计师模型（表现模型）和其他两个模型不同，这是设计者可以轻易控制的一个模型。设计者最重要的目标之一就是使设计师模型和用户模型尽可能地接近，如果用户模型和设计师模型有较大差距，用户的感受就不好（见图 2-27）。交互设计中也一样，如果接近用户认为的操作方式，这样的产品就能减少用户的学习和记忆负担，用户会感觉它是一个易用、好用的产品。相反，用户会觉得这是一个不好用的产品。因此，设计师能否详细地了解目标用户如何使用产品非常关键。

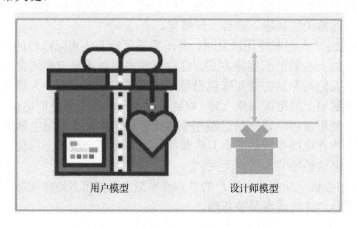

图 2-27　用户模型与设计师模型的关系

界面开发过程应该综合考虑三种模型。但是由于很多软件项目缺少界面设计阶段，或者界面设计是由开发人员在编码阶段即兴发起的，往往导致界面效果偏向于实现模型，或仅仅反映了科技内容，忽略了用户模型。例如，我们会看到有些系统的界面有很多冗余对象是用户用不到的，究其原因就是开发人员为了重用某个界面的设计，直接继承了界面父类，这些明显是过分考虑实现模型而导致的后果。

这三个模型之间的关系如图 2-28 所示。设计师模型越接近于用户模型，用户就会感觉到产品越容易使用和理解。通常，在用户操作任务的用户模型不同于系统的实现模型的情况下，设计师模型如果过于接近技术框架的实现模型，就会严重地削弱用户学习和使用该软件的能力。需要说明的是，人们的心理模型往往比现实更简单。

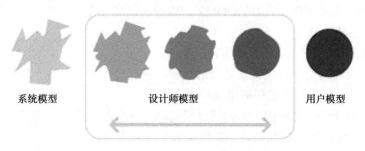

系统模型　　　　　设计师模型　　　　　用户模型

图 2-28　三个模型之间的关系

如果设计师模型比实际的实现模型更为简单，便可帮助用户更好地理解。例如，踩下汽车的刹车踏板，可能让你想到压住控制杆，以摩擦车轮来降低车速，而实际的机制包括液压缸、油管以及压挤多孔盘的金属板。我们的想象简化了这一切，我们创造了虽不精确但更有效的心理模型。对于软件实际运行机制的了解会有助于人们使用软件，但这种理解通常代价很大。"计算机最能够帮助人类的一个重要方面就是将复杂的过程和情况隐藏在简单的外表下，所以和用户模型一致的用户界面远远比仅能够反映出实现模型的界面要卓越得多"。

2.5.4　分级设计

一种有吸引力且易于理解的人机交互模型是四级的概念、语义、句法和词法模型：①概念级是交互系统的用户"心智模型"；②语义级描述由用户的输入和计算机的输出显示所传达的意义；③句法级定义如何把传达语义的用户动作装配成命令计算机执行某些任务的完整句子，如删除文件动作，可以通过将一个对象拖动到回收站，随后在一个确认对话框中点击来调用；④词法级处理设备依赖用户指定句法的精确机制（如功能键或 200 毫秒内的鼠标双击）。

1983 年 Card、Morgan 和 Newell 提出的 GOMS 模型，是关于用户在与系统交互时使用的知识和认知过程的模型。GOMS 是在交互系统中用于分析用户复杂性的建模技术，采用"分而治之"的思想，它把目标分解成许多操作符（动作），然后再分解成方法。

GOMS 是一种人机交互界面表示的理论模型，主要用于指导第一代（命令行）和第二代（WIMP）人机交互界面的设计和评价。GOMS 模型通过目标（Goals）、操作（Operations）、方法（Methods）及选择规则（Selection Rules）四个元素来描述用户的行为。

（1）目标（Goals）：就是用户执行任务最终想要得到的结果，它可以在不同的层次中进行定义。

（2）操作（Operations）：是任务分析到底层时的行为，是用户为了完成任务必须执行的基本动作。

（3）方法（Methods）：是描述如何实现目标的过程。一个方法本质上来说是内部的算法，是用来确定子目标序列及完成这些目标所需要的操作。

（4）选择规则（Selection Rules）：是用户要遵守的判定规则，以确定在特定环境下所使用的方法。当有多个方法可供选择时，GOMS 中并不认为这是一个随机的选择，而是尽量来预测会使用哪个方法，这需要根据用户、系统的状态、目标的细节来预测要选择哪种方法。

当用户是专家和常用用户时，因为这些用户的注意力完全集中在任务上，并且不犯任何错误，所以 GOMS 方法工作得最好。GOMS 的倡导者已经开发了软件工具，来简化和加速建模进程，以期增加使用。

GOMS 模型的局限性主要表现为以下三点。

（1）GOMS 没有清楚地描述错误处理的过程，它假设用户完全按一种正确的方式进行人机交互，因此它只针对那些不犯任何错误的专家用户。

（2）GOMS 对于任务之间的关系描述过于简单，任务间只有顺序和选择关系。另外，选择关系通过非形式化的附加规则描述，实现起来也比较困难。

（3）GOMS 把所有的任务都看作面向操作目标的，忽略了任务的问题本质及用户的个体差异，它的建立不基于现有的认知心理学，无法代表真正的认知过程。

本章小结

本章讨论了交互设计涉及的相关学科，并讨论了交互设计中的认知因素、情感因素和社交因素。认知包括许多过程，如思考、注意力、记忆、感知、学习、决策、计划等，界面的设计方式可以极大地影响人们感知、参与、学习和记住如何执行任务的能力。交互设计中的认知因素描述了人们如何进行日常活动的相关发现和理论，以及如何从中学习以帮助设计交互产品，说明了在设计系统时要考虑用户会发生什么，以及用户不会发生什么。

思考题

请结合具体案例，简要阐述该案例是如何体现交互设计中认知因素、情感因素和社交因素的，并简要论述一下对自己的启发。

拓展阅读

（1）（美）唐纳德·A·诺曼. 设计心理学套装[M]. 北京：中信出版集团, 2016.

（2）（日）原研哉. 设计中的设计[M]. 朱锷, 译. 济南：山东人民出版社, 2006.

（3）（英）贾尔斯·科尔伯恩. 简约至上：交互式设计四策略[M]. 2 版. 李松峰, 译. 北京：人民邮电出版社, 2021.

（4）（日）田中一光. 设计的觉醒[M]. 朱锷, 译. 桂林：广西师范大学出版社, 2009.

第3章

用户研究简述

关于用户研究中的"用户"，Edward R. Tufte 曾有句著名的话："只有两个行业会将他们的客户叫作'用户'：计算机设计和毒品交易。"[1] 交互设计关注这两类客户中的第一类——任何想通过某些软件、网站或机器完成某些任务的人。用户研究中的"研究"广泛而又模糊——它是在研究经费允许的情况下，用户、研究方法和研究人员的混合反应。Schumacher（2010）认为[2]，用户研究是对用户目标、需求和能力的系统研究，用于指导设计、产品结构或者工具的优化，提升用户工作和生活体验。

无论是产品还是服务，最根本的就是要满足目标用户的需求，提高用户体验度。满足需求的前提是要知道用户的需求是什么，知道用户需求的前提是真正了解用户。所以，先了解用户，再明确需求，最后满足需求增强用户体验，这就是一个产品或服务价值实现的过程。相较于"用户研究"术语的定义，我们更关注对用户行为的量化，这是产品经理、设计师、可用性专家和开发人员都需要关注的。

3.1 用户研究之前

研究的目的是"为了学习之前从未知道的东西；为了对先前尚无结论的重要议题提出建设性意见；并且通过收集和阐释相关数据来找到那个问题的答案"。对于交互设计师来说，将正式的研究囊括设计过程，能帮助设计师更好地理解自己的任务，做出明智的选择，找到更有效的设计解决方案。

3.1.1 定义研究问题

每一个设计项目的核心都有一个问题。理解这一问题的能力是该项设计最终能否成功的关键。如果不能确切地理解这个问题，那就无法设计出解决这一问题的方案，因此，对设计问题下一个清晰的定义是设计过程中的第一个要求，这个设计问题也是一个研究问题。

在定义研究问题之前，有必要记住两件事情：应该提出的是在某种程度上"与众不同"的问题；你的研究应该为你所在的领域生成新的知识。如果出于研究目的来思考一个问题，

---

1 Tufte E R. The visual display of quantitative information. (2nd edition)[M]. Cheshire: Graphics Press, 2001.

2 Schumacher R. The handbook of global user research[M]. Boston: Morgan Kaufmann, 2010.

就应当避免以下几种情况。

（1）研究问题不是用于实现"自我启蒙"，而是为了获得某方面的知识和信息收集，这有别于为了解决问题而观察数据。例如，为获知某件事物如何运行或如何构建就不是一个研究问题。

（2）比较两组数据，或计算两者的关联，从而得出两者的关系，这样的问题也不是一个恰当的研究问题。这种问题要求不高，不需要什么批判性思维。这种问题中没有"原因"，充其量是一种统计性的操作行为，不是研究问题。

（3）最终得出"是"或"非"的问题，也不是恰当的研究问题。这类情况仅仅触及问题的表面，不能引发真正所需要的深入研究。

为了找到合适的研究问题，要先对自己的兴趣点有足够的认识。如果对要研究的领域不熟悉，就不会知道这一领域的局限是什么，有哪些问题需要解决。

通常情况下，人们都可以通过文献综述来获取产品领域的相关知识。可以免费访问一些文件和专利数据库，可以使用学术刊物搜索数据库来理解某个产品领域，对研究方向内的知识有更深入的了解，并加速产品开发。如果视野足够开阔，甚至有可能成为该领域的专家。注意，不是收集或创作自己的数据，而是要运用别人收集、记录、分析得出的既有数据。为此，需要透彻地了解所在领域内已有的发现，找到需要做进一步研究的方面，然后基于自己的发现来提出主张。你的主张应该是理性的，是基于证据的。这样一个过程也就是通常所说的"找空白"。

3.1.2　理解产品[1]

在真正接触用户之前，需要尽可能多地了解领域知识。在开展用户研究活动之前做好功课是强调再多也不为过的必要准备。在接触用户之前，需要回答很多问题：你的产品未来预期和目前可用的功能点是什么？产品的竞争对手有哪些？产品存在哪些已知的问题？产品的目标用户是谁？这些知识除了可以帮助你收集有效的需求外，也将令你获得产品团队必要的尊重和信任。

如果你的产品有相关的数据，则这些信息能够帮助你更多地理解产品。如果没有，你可能会受限于文献综述和竞品分析。

1. 产品使用体验

了解产品最好的方法就是使用它（如果你的产品已经存在）。以旅行应用程序为例，你应该使用它的各种功能，如查询酒店和航班、预订、取消、客服支持等，尽可能多地试用该产品的各个功能。请务必记录使用过程中的痛点，以便在用户研究过程中观察参与者是否遇到了类似的问题。你已经有的一些想法，有助于在实际的用户研究中挖掘规律。

2. 人际关系网络

如果周围有熟悉产品或领域知识的人，你只需要认识他们。例如，你在一家公司工作，可以了解这家公司在过去是否进行过相关的用户研究（自己执行或聘请供应商），阅读已有的

---

1 （美）凯茜·巴克斯特，凯瑟琳·卡里奇，凯莉·凯恩. 用户至上：用户研究方法与实践[M]. 2版. 王兰，等译. 北京：机械工业出版社，2017.

研究报告来了解是否有关于已知问题或用户需求的输入，深度联系这些报告的作者、用户手册作者和网站，或应用的在线支持负责人，并询问有哪些是比较困难的记录，究其原因是该问题难以表达清楚，还是产品本身过于复杂导致难以解释。

3. 客户支持意见

如果你负责的是一款已经上市的产品，并且你所在的公司有客户支持团队，则可以通过访问该部门来更好地了解产品。如果你是独立工作，通常也可以在网上找到客户评论。通过分析客户问题和抱怨的历史数据，可以总结出用户在使用产品过程中可能会在哪方面遇到问题，导致这些问题的原因可能是用户手册或帮助不够详尽，或者是产品存在质量测试中发现的问题，也可能是用户并不喜欢某个功能。这些发现有助于集中精力提升产品体验。

用户可能无法准确地描述他们遇到的问题，同样，客户支持可能无法为仍在讨论中的产品提供建议。如果客服人员不熟悉产品问题，他们可能会错误地诊断问题原因。这意味着一旦获得客户反馈日志，可能仍需要进行访谈或实地研究来全面理解用户需求。

4. 竞品分析

当你开始筹划一款新产品或者进入全新的产品领域时，开展竞品分析会非常有价值。当你发现自己的产品差强人意，而竞争对手的产品一枝独秀时，竞品分析可能会为你带来有效的策略。定期查看竞争对手在市场上的表现是非常明智的做法，要密切关注你的产品与同期竞品的差距。

在竞品分析时可以列出竞品的功能点（一般功能、独特功能）、优势、劣势、用户群（用户特征、用户群大小、忠诚度等）、可用性和价格等。它不仅包含产品的直接体验，同时还关注用户评论和外部专家或贸易刊物的分析。如果打算自行评估竞争对手的产品，应该建立核心任务框架来对比自家产品（如果已有）和竞品。考虑其他竞品的功能点非常重要，因为可以了解某个功能是否正常。在进行评估时，要多截屏和拍照来记录产品的交互流程。

不要局限于直接竞争对手，还需要同时关注替代产品，这些产品可能尚未与你的产品有直接竞争关系，但却具备类似的功能点，因此仍需要仔细研究其优劣势。例如，打算在你的旅行应用中添加购物车功能，可以研究其他类似应用是如何实现该功能的，即便有些并不与你有直接竞争关系（如网上书店）。有些人错误地认为其产品或服务非常创新，业内没有人在做，然而事实却是不存在如此革新性的产品，都是互相借鉴的产物，而非凭空而出。

目前有很多工具（Bizrate Insights、OpinionLab、User Focus）可以衡量网站的可用性或用户满意度，它们可以帮助你测试网站或竞争对手的网站。这些工具将实际用户或目标用户引向某一网站，然后收集用户在自然环境下完成任务而产生的定性、定量和行为数据。大多数工具比较简单，可以让你对评估过程中收集的数据进行定量和定性分析。这种方法虽然很有价值，但往往很贵，并且要求用户能够容易地访问某网站。

3.1.3 理解用户

为什么在设计过程中需要时时以研究用户作为基础呢？原因在于，用户是产品成功与否的最终评判者。实际上，任何一名产品的设计开发人员都会在工作的过程中自觉或不自觉地、或多或少地考虑与用户相关的问题，但最终的产品却往往仍然存在着不同程度的用户接受性问题。

当着手开展一个新项目时，第一要务通常是了解产品（如果已经存在）及其涉及的领域和目标用户。在项目初期尽可能多地理顺现有产品及其领域知识、竞争对手和客户至关重要。

但在客观现实中，人们常常会忽视用户研究的重要性。一个常见的错误观点是认为自己就是用户之一，或者对产品的使用情况已经足够了解，所以可以想象用户的期望。这些人假设自己能够使用的产品其他人也能使用，自己喜欢的性能其他人也喜欢。但设计和开发人员不能代表最终消费者的意见，你的意见也不是产品成功与否的最终评判。

在很多情况下，如果产品的设计与开发人员能够在产品研究和开发的不同阶段有效地与用户进行沟通，使设计建立在深入、细致、准确地了解用户情况和需求的基础上，就可以避免上述问题的发生。在整个产品设计和开发过程中要执行以用户为中心的原则，时刻考虑用户的需求和期望。

1. 三种用户

Giles Colborne 在《简约至上：交互式设计四策略》[1]中把用户分为三种类型：专家型用户、随意型用户和主流用户（最大的一个用户群体）。Alan Cooper 则把用户分为：新手型用户、专家型用户和中间用户。主流用户（或者说中间用户）占绝对的主体地位，专家型用户和新手型用户相对而言是极少的。

专家型用户持续且积极地学习更多的内容，希望看到为他们量身定做的前所未有的技术，他们舍得花时间研究新产品、新功能。然而，专家型用户并不是典型用户，他们追求主流用户根本不在乎的功能，他们不会体验到主流用户遇到的问题。专家型用户也是非常重要的人群，因为他们对缺少经验的用户有着异乎寻常的影响。当一个新用户考虑产品时，会更加信赖专家型用户。

新手型用户是敏感的，而且很容易在开始时有挫折感，没有人希望自己永远是新手。新手型用户很快会成为主流用户，或者干脆放弃。作为交互设计师，最好把用户（尤其是新手型用户）想象成非常聪明但非常忙的人，他们需要一些指示，但不是很多，学习过程应该快速且富有针对性。在向新手型用户提供帮助时，标准的在线帮助是一个很糟糕的工具，因为我们知道，帮助的主要功能是为用户提供参考，而新手型用户不需要参考信息，他们需要概括性的信息，比如说一次全局性的界面导游。

给新手型用户提供受限的、简单的一组动作即可很好地满足他们的需求。但随着用户经验的增加，他们对于扩展功能和快速性能的要求也在增加。分层或分级结构的设计，是便于用户平滑地从新手型用户过渡到专家型用户的一个方法：当用户需要更多功能或者有时间学习这些功能时，他们就能上升到更高的层次。

Larry Constantine 最早揭示了为中间用户设计的重要性，他把那些用户称为"不断提高的中间用户"；Alan Cooper 则称之为"永远的中间用户"。主流用户使用某产品的目的是完成某项任务，他们会掌握一些重要功能的使用方法，但永远不会产生学会所有功能的想法。主流用户知道如何使用参考资料，只要不是必须一次解决所有问题，他们就有深入学习和研究的动机，这意味着在线帮助是主流用户的极佳工具。主流用户通常知道高级功能的存在，即使

---

1 Giles Colborne.简约至上：交互式设计四策略[M]. 李松峰，秦绪文，译. 北京：人民邮电出版社，2011.

他们可能不需要。

- 主流用户最感兴趣的是立即把工作做完，专家型用户则喜欢首先设定自己的偏好；
- 主流用户认为容易操控最有价值，专家型用户则在乎操控得是不是精确；
- 主流用户想得到靠谱的结果，专家型用户则希望看到完美的结果；
- 主流用户害怕弄坏什么，专家型用户则有拆解一切、刨根问底的冲动；
- 主流用户觉得只要合适就行了，专家型用户则想着必须精确匹配；
- 主流用户想看到示例和故事，专家型用户想看的则是原理。

交互设计师必须为专家型用户提供的功能，也必须为新手型用户提供支持。但更重要的是，必须把大部分的才智、时间和资源为主流用户设计，为其提供最好的交互。

交互设计的目标在于：首先让新手型用户快速和无痛苦地成为主流用户；其次避免为那些想成为专家型用户的用户设置障碍；最后也是最为重要的是让主流用户感到愉快，因为他们的技能将稳定地处于中间层。

2. 用户特征

交互设计必须努力使产品的大多数用户（主流用户）达到相当满意的程度，这就要清楚地认定谁是目标用户，交互式产品应提供哪些支持。某一产品的用户常常是一个具有某些共同特征的个体的总和。表 3-1 列出了一些常用的描述用户特征的方面。

表 3-1 用户特征的主要方面

1．一般数据	年龄 性别 受教育程度 职业 ……	5．对产品相关知识的现有了解程度和经验	阅读和键盘输入的熟练程度 类似功能的系统的使用经验 与系统功能相关的知识 ……
2．性格取向	内向型/外向型 形象思维型/逻辑思维型 ……	6．与产品使用相关的用户特征	公司内部/外部 使用时间、频率 ……
3．一般能力	视力、听力等感知能力 判断和分析推理能力 体能 ……	7．产品使用的环境和技术基础	网络速度 显示器分辨率及色彩显示能力 操作系统及软件版本 软硬件设置 ……
4．文化区别	地域 语言 民族习惯 生活习惯 代沟 ……		

在实际开展用户分析时，应当根据产品的具体情况定义最适合的用户特征描述。

显然，对于每个产品来说，定义用户不需要对所有用户特征都进行描述，但逐一审视用户特征将有助于全面把握设计的可用性，避免遗漏重要的用户特征。

3.2 理解定性研究与定量研究

设计师需要了解以下用户研究方法：日记研究、访谈、问卷、眼动实验、卡片分类、焦点小组等。定性研究和定量研究是根据研究方式来分的；用户的观点和用户的行为是根据用户的表现来分的，如图 3-1 所示。

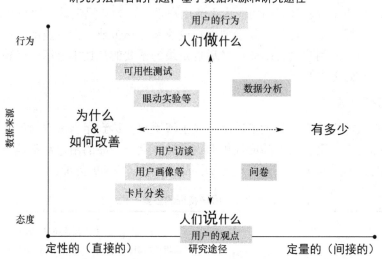

图 3-1　用户研究方法

定性研究的目的是深度挖掘用户行为背后的原因。对研究人员的专业能力具有一定的要求，考验研究人员对信息归纳总结的能力和观点抓取的能力。

定量研究是通过数据形式了解普遍的现象。对研究人员而言，必须具备数据采集和数据分析的能力，从客观的角度让数据具有说服力，并且有效地帮助企业提升产品的综合实力。

假如在一定的人群中进行调查，看看在某一项设计中有多少人偏爱红色，那么定量研究能告诉你的是这些人的占比，而定性研究则会告诉你背后的原因。换一个角度来说，你可以用定性研究来理解不同的颜色偏好背后潜在的心理学意义，用定量研究来找出哪一个颜色最适合你要做的包装或产品。结合这两种方法，常常有助于加深对问题的理解。

3.2.1　定性研究

定性研究关注的是"真实世界"（自然情境下的）发生的事情，并研究这些情况的复杂性，所做的是发掘问题的各个维度和层面。因此，作为设计师，当需要就某个特定问题获得新的或深度理解的时候，应使用定性研究。

对定性研究最好的描述是"深度研究"。如果研究主题的相关信息不多，或者相关的理论基础不足或缺失，就可以使用定性研究。在大多数情况下，定性研究是用于构思一般的研究问题的，或针对已研究的现象提出一般的疑问。定性研究从各类来源中收集各类数据，从多个角度检验数据，可以说定性研究的目的是为复杂多面的情境勾勒一幅多彩而有意义的图画。

下面这些议题可以作为定性研究的问题。

- 老年人在日常生活中会碰到什么问题？
- 我们怎样减少大都市中的浪费？
- 我们怎样设计更好的医疗体系？
- 我们怎样设计更好的工作环境？
- 我们怎样创建更好的回收过程？
- 用什么方法来推广健康的生活方式是最有效的？

尽管在研究的初始阶段，这些议题是比较宽泛的，但随着研究的深入，议题也会变得越来越精准，并且构建起越来越合理的假设，这是研究过程的一部分。随着研究的推进，对这些议题的理解也越来越深刻。定性研究是基于开放性议题的，因此，要在研究开始前找到合适的方法有时并不容易。另外，定性研究需要大量的准备和计划。

3.2.2 定量研究

定量研究是一种通过数值和可量化的数据来得出结论的实证研究。这类研究所使用的数据是可以测量的，也是可以被单独验证的。定量研究中的结论或基于实验，或基于客观系统化的观察和统计。因此，定量研究常常被视为是"独立"于研究者的，因为它依据的是"对现实的客观测量"，而非研究人员的个人阐释。

可以用定量研究来进行各类用于设计或市场研究目的的调查，也可以用来为新产品或新应用进行用户测试。例如，一些定量研究会提出如下的问题。

- 青少年使用手机的习惯是怎样的？
- 年长者对于退休住房的态度如何？
- 一个新的网页交付对一般用户而言有怎样的效果？
- 人们怎样看待新的产品特性？

和定性研究的议题相比，定量研究专注于更具体的事物，也就是能被衡量或量化的事物。例如，我们可以量化青少年使用手机的频率、使用时间的峰值等信息；也可以通过调查来了解老年人对于退休住房的态度，调查能告诉我们有百分之多少的老年人反对或接受将退休住房作为一个选项。

定量研究需要留心两个关键事项：场景，也就是在何处、以何种方式进行研究；抽样，即怎样选择参与者。对场景和抽样的选择都会对研究结果产生很大的影响。

3.2.3 定性研究与定量研究的差异

下面以"是否要养一只狗"为例来理解定性研究与定量研究。小明想要说服妈妈让他养一只狗，于是从网上找了一堆资料和数据，并且找了几位养狗的同学做了一番调查，最终整理出 10 条养狗的理由。

（1）狗是最普遍的宠物，几乎每个人都想有 1 只。

（2）寄养一只狗的花费平均在 21～45 元/天。

（3）每只狗的平均花费：狗粮 324 元/年，医疗美容 248 元/年。

（4）很容易找到寄养狗的地方而且价格不高。

（5）46%的家庭至少会有一只狗。

（6）养一只健康的狗花费不会太贵。

（7）一只狗对独居者而言就像建立了一个家庭。

（8）养一只狗会让主人更勤于到屋外去运动。

（9）55.6%的狗主人不会超重或达到肥胖阶段。

（10）90%的狗主人认为他们的狗是家庭的一分子。

由于不清楚这些观点的来源与收集方式，仅以文字表述的侧重点来区分的话，其偏向如表 3-2 所示。

表 3-2　定性研究与定量研究的差别

	定性研究	定量研究
	狗是最普遍的宠物，几乎每个人都想有一只	寄养一只狗的花费平均在 21～45 元/天
	很容易找到寄养狗的地方而且价格不高	每只狗的平均花费：狗粮 324 元/年，医疗美容 248 元/年
	养一只健康的狗花费不会太贵	46%的家庭至少会有一只狗
	一只狗对独居者而言就像建立了一个家庭	55.6%的狗主人不会超重或达到肥胖阶段
	养一只狗会让主人更勤于到屋外去运动	90%的狗主人认为他们的狗是家庭的一分子
优势	结论具有代表性，可以反映普遍的现象	通过深度挖掘，结论具体且深入，反映现象背后的意义
劣势	宏观分析，广而不深	微观分析，深而不广

3.2.4　行为与态度

尽管态度与行为是关联的，但由于多种原因，它们并不总是一致的。正因如此，需要决定行为和态度在你的研究项目中哪个更受关注。如果想知道人们对一个组织或符号的感受，那应更关注他们的态度；如果想知道人们更愿意点击写着"购买航班"还是"带我飞"的按钮，则应更关注用户的行为。一些测量方法（如问卷调研）更适合于度量态度；而另一些方法（如实地调研），则允许你观察用户的行为，但需要记住态度和行为是关联的。

与态度和行为问题相关的是研究中的研究者和参与者角色。一些方法完全依赖于自我报告，这意味着一个参与者需要基于自己的记忆或经验来提供信息；另外一些方法基于观察，观察性的研究依赖于研究者的看、听和其他感知，而不是报告他做了什么或在思考什么。

3.2.5　选择研究路径

理想情况下，研究人员熟知所有可能的方法，而且能根据不同的情况做出不同的选择。但现实情况是大多数的研究人员只熟悉几种有限的方法。需要注意的是，在处理一个问题或收集数据的时候，有很多不同的方法可以选择。

选择用户研究方法的关键是依据你要回答的问题，以及根据约束条件调整你可以完成的研究的规模，提前知道这些限制可以帮助你选择最好的方法。在做用户研究计划时，最好先停下来想清楚到底想知道什么，再确定哪种方法最合适。具体如表 3-3 所示。

- 用户访谈：对用户目标和观点进行定性的观察和发掘；
- 调查问卷：用于测试和验证这些发现；
- 行为实验：如可用性测试，对用户的行为进行定性的观察；
- 日志分析：通过大量的数据来确保这些行为模式具有统计意义上的真实性。

表 3-3　研究方法间的差异总结

研究方法	行为与态度	研究及参与者角色	定性与定量	样本量
日志分析	均可	自主报告	均可	中或大
访谈	态度	自主报告	定性	小或中
问卷调查	均可	自主报告	定量	大
卡片分类	行为	观察	定量	小
焦点小组	态度	自主报告	定性	中等
田野研究	均可	观察	均可	中等
评估	行为	观察或专家评估	均可	小或中

3.2.6　研究的三角互证

进行用户研究时，运用多个来源的证据总是有好处的。这种使用交叉引用的过程称为"三角互证"，它能帮助你建立起可信、有效、可靠的研究实践。罗伯特·K·殷指出，有四种对研究进行三角互证的方式（见图 3-2）。

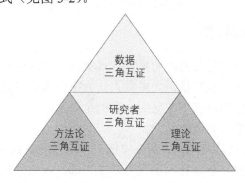

图 3-2　三角互证模型图

数据三角互证：将各种数据来源汇总在一起。

研究者三角互证：聘请不同的研究人员来处理同一个问题。

理论三角互证：以不同的视角检验同一组数据。

方法论三角互证：将各类不同的方法汇总到一起。

方法论三角互证这种研究方法也被称为"多方法研究""混合方法研究"。多方法研究基于这样一个理念：在收集数据时，或在研究的分析阶段，使用多种方法要比使用单一方法来得有用。这种研究路径能使你以全新而独特的方式来结合数据，以此探索新的理论，提出新的假设，或对假设进行验证。这种研究的运作方式是：使用定性信息来找到具体问题或现象，然后使用定量研究，或者反过来执行。使用多方法研究也能在回答确认性问题的同时，回答解释性的问题。

合理地运用多种研究方法，综合性地看待设计问题，往往可以得到更加科学的论证结果。

3.3　避免走入用户研究的误区[1]

用户研究穿插在产品设计的各个阶段，其两个核心的价值是"发现问题"和"解决问题"。对于设计师来说，用户研究这项技能会让沟通变得简单的同时，也会让设计变得更加可靠。

在做用户研究时，必须留心以下事项，避免与研究的目标越走越远，如图 3-3 所示。

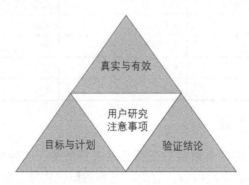

图 3-3　用户研究的注意事项

3.3.1　真实性与有效性

无论是定性研究还是定量研究，如果没有真实性与有效性的前提，那么研究结论就不成立。定量研究有时会一味追求数量，大多数人认为在样本数量越多的情况下，结论就越具有代表性。但在有一定数量的前提下，更应注重的是质量，一旦质量有了偏差，研究结论的误差率反而会因为数量的增加而增加。

以 1936 年的美国总统选举为例，两位候选人分别为民主党的罗斯福和共和党的兰登。当时最具权威的《文学摘要》杂志社为了预测谁能当选，以信件投递的方式展开了一次调研。他们以电话簿上的地址和俱乐部成员名单上的地址发出了 1000 万封信，收到回信约 2000 万封。在调查史上，样本容量这么大的调查是极其少见的，杂志社花费了大量的人力和物力完成了统计工作。他们预测兰登将以 57% 对 43% 的比例获胜，但最终的选举结果是罗斯福以 62% 对 38% 的巨大优势获胜。

这一失败正是由抽样方式不准确所导致的。该调查的样本并非是从总体中随机抽取的，而是从一些中产阶级中抽取的。1936 年的美国，有私人电话和参加俱乐部的家庭，都是比较富裕的家庭。而 1929—1933 年发生世界经济危机，美国经济遭到了严重的打击，当时在位的

1　陈抒，陈振华. 交互设计的用户研究践行之路[M]. 北京：清华大学出版社，2018：51-56.

罗斯福总统运用了行政手段"罗斯福新政"来干预市场经济，损害了部分富人的利益，但广大的美国人民却从中得到了好处。所以从这部分富人中抽取的样本严重偏离了总体，导致预测结果的误差率也相当大，使得整个调查结论不具有代表性。

3.3.2　调研目标与计划的制订

明确的目标是高效、准确完成设计研究的基础。花时间来确立正确的方向，可以规避风险，节约人力与物力，有效避免折返重来或无价值的调研。在制订计划时，也需要在明确目标的指导下，决定采用哪些研究方式，了解研究对象的要求。

例如，携程国际 APP 改版时，设计人员想针对酒店预订的流程做一次可用性测试，在正式研究之前，研究人员和项目参与人员必须明确以下几点。

研究的目的：在上线或者开发之前，想通过可用性测试发现一些问题。

研究的方式：邀请几位用户进行可用性测试，包含任务设定、眼动实验、用户访谈。

研究的对象：8 位携程现有的用户。分别抽取 4 位有过预订的用户，以及 4 位已注册但还未发生订单的用户。抽取的所有用户均需为外籍人士。

一旦决定进行用户研究，就应该写一份研究计划。研究计划是要采用的所有行动的路线。做研究计划的目的是给每个人都确立一个要解决的工作范围。制订完整的研究计划，有助于项目团队按照计划有序地进行。

研究计划清楚地列出要进行的研究活动和收集的数据类型，此外，还要分配研究活动的职责、设定时间表以及相关交付物。这对于准备一个需要多人参与的研究活动来说是很重要的。研究计划相当于一份非正式合约，帮助你确保每一位参与者都明确他们的职责和截止时间，通过对即将进行的研究活动、参与的用户、准备收集的数据的详细说明，避免产生意外、假设和误解。

3.3.3　研究验证同样重要

调研结论是具备设计指导意义的，其有效性更具实际价值。当调研的结论帮助设计优化之后，请不要以为就此结束了，而应该返回到线上去，看看结论实际运用得如何，是否真如预期那样，改善了设计。

例如，在一次用户研究中，发现一类用户的画像——"机酒"用户，这类用户的特点是喜欢 DIY 旅行产品，所以会经常为了一个行程反复对比机票和酒店的搜索列表页，研究中发现这类用户对价格比较敏感，会因为价格尝试不同的产品组合，如不同日期的价格比较或不同航班组合的价格比较等。相关人员通过研究这类用户的操作行为发现，他们尤其喜欢查看特价或低价组合类产品。因此大胆提出了一个产品设计建议：在机票或酒店的搜索列表页中增加"机酒"组合的特价产品推荐。研究人员认为这类低价推荐肯定会受到"机酒"用户的青睐。

设计人员开始研究如何在页面中增加一个不同业务类型的产品，并且能够不影响其他类型用户的浏览。考虑一般情况下机票购买先于酒店预订，若在酒店搜索列表页增加推荐，可能会损失一部分已经购买了机票的用户，所以决定在机票搜索列表页增加推荐。上线后，通过数据分析发现，机票、酒店订单转化率上升了 3.8%，效果比较明显。

贯穿用户研究的关键因素有以下三点。

（1）真实性与有效性：追求质量而非数量，采集的数据来源需要可靠、真实。

（2）调研目标与计划的制订：要有长远的计划与缜密的逻辑思考能力。

（3）验证同样重要：挖掘事实背后的原因，可以有一些主观的、没有依据的推论，但需要通过后期验证来确保结论的客观与公正。

本章小结

本章讨论了开展用户研究的目的，讨论了什么是定性研究，什么是定量研究，定性研究与定量研究的区别，进行用户研究时的注意事项。

思考题

1. 定量研究与定性研究的区别是什么？
2. 选择用户研究方法的依据是什么？

第4章

用户研究方法

交互设计是一种让产品易用、有效且让人使用产品的过程变得愉悦的技术。它致力于把握目标用户和他们的期望，分析人本身的心理和行为特点，设计或改善用户在同产品交互时彼此的有效行为和各种有效的交互方式，并对它们进行增强和扩充。

交互设计产品的成败都必须由其最终在多大程度上满足了用户，或者实现了多少委托开发组织的需求来判断。无论设计师多么熟练和富有创造力，如果没有清晰而详细的关于目标用户、问题的约束条件的认识，则其成功的概率会很小。

用户研究用于了解人们的想法、行为以及感受，用于指导设计最好的交互体验，可以回答如下问题。

- 用户想要或者需要什么？
- 用户怎么看这个话题或者他们的心智模型是怎样的？
- 用户讨论这个话题时都用到哪些术语？
- 文化还是其他什么因素影响了用户对产品的卷入度？
- 用户面对的挑战和痛点有哪些？

人们最终可能会对"用户研究"这一术语失去关注，但不会对用户研究的数据失去兴趣。在用户研究数据的基础上，结合定性研究方法，以丰富且多元的形式详细回答"什么是""怎么样"，以及"为什么"等问题，能够帮助我们更好地理解产品的问题域、情境和约束条件。

4.1 问卷调查

问卷调查是指通过拟定一系列的问题，在一定范围内发放并回收，统计用户反馈信息的方法。通过问卷可以获知用户的态度和观点，分析用户人群的习惯与特征。问卷调查是非常高效的数据收集方法，能在短时间内完成大样本的数据收集工作。

无论是为全新产品还是产品的新版本进行市场调研，问卷都是非常有效的工具。对于全新产品，问卷的用途如下。

- 确定目标用户；
- 确定产品能满足的用户痛点和需求；
- 确定用户当前的任务完成模式。

对于已有产品，问卷的用途如下。

- 了解目前用户群体的特征；
- 追踪用户的情感演变过程，找出用户喜欢/不喜欢的功能；
- 了解用户的产品使用方式。

问卷调查一般需要经历准备阶段、设计阶段、实施阶段与回收统计阶段。

4.1.1　问卷调查的准备阶段

充分的准备工作是确保研究可靠的基础。准备阶段，主要确定问卷的目标与方向，需要考虑以下问题。

- 通过问卷达到怎样的目标？例如，是对产品的满意度调查，还是对用户的消费习惯调查？
- 调查的目标对象是谁？他们是网站的注册用户吗？是否是产品的用户？他们是某类特定人群吗（如大学生）？
- 要获取哪些信息？
- 问卷发放的形式（电话问卷、纸质问卷、在线问卷）是什么？
- 需要哪些人的参与？

这些问题的答案对于问卷的准备非常重要。问卷调查是一项资源密集型活动，和所有用户研究活动一样，应当在活动方案中明确陈述研究目标、预期交付成果和时间表。因此，从开始阶段就进行合理的计划是非常重要的。

4.1.2　问卷设计与开发

选择合适的问题和提问方式非常关键，缺乏设计的问卷可能导致获取的数据无效或不准确。

1.　问卷的构成要素

一份基本的问卷由标题、卷首语、问题与答题项、结束语组成。

（1）标题应简单易懂，直抒主题。例如"关于 XXXX 的问卷调查"。

（2）卷首语要表明调查者身份、问卷的内容与目的。也可以包含感谢语、保密措施、完成问卷所需耗时等。例如："您好！我们是……，正在进行一项有关……使用行为习惯的调研，希望您能如实填写，您的反馈有助于我们了解现状，从而为您提供更优质的产品。完成本次问卷预计花费 3 分钟，对于您的个人资料，我们会严格保密，调查数据只作为研究之用。谢谢您的支持与合作!"

（3）问题与答题项是问卷的主体部分。列出你的问题并确定问题与选项的类型，这需要根据问题的目的以及数据收集的意义而定，如单选题、多选题、排序题等；问题的类型可以分为开放型、封闭型、混合型。最后调整问题的排列顺序，使其符合用户的思维习惯。

（4）结束语应为填写者提供有效的反馈，有始有终。

2.　问卷设计中的注意事项

问卷设计讲究合理性，一份合理的问卷可以加快填写者完成的速度，降低完成的难度。在问卷设计阶段，需要注意以下事项。

（1）问题设计需要注意一问一事。例如"您认为新版优惠活动专区中左侧的活动推荐和活动排行是否实用？"这样的问题将使答题者无法区分问题究竟是对"活动推荐"的态度还是对"活动排行"的态度的提问。因此，此问题的统计结果缺乏有效性。

（2）避免答非所问，选项与问题应相符。如图 4-1 所示，这个问题与选项存在两个问题，首先问题针对的是满意度而选项却并非是满意与否；其次，选项的选择方式为单选，无法进行多选。

您认为这次的服务还满意吗？

○口味　　　　○质量　　　　○员工友好　　　　○服务速度　　　　○物有所值

图 4-1　问卷设计中存在的问题

可以修改为图 4-2，这样问题更明确。

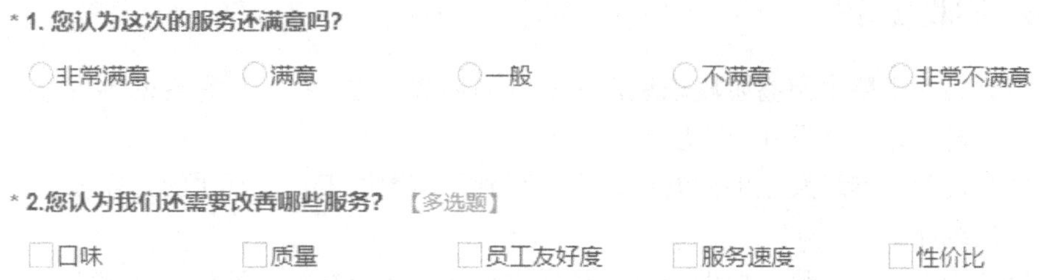

＊1. 您认为这次的服务还满意吗？

○非常满意　　　　○满意　　　　○一般　　　　○不满意　　　　○非常不满意

＊2.您认为我们还需要改善哪些服务？ 【多选题】

□口味　　　　□质量　　　　□员工友好度　　　　□服务速度　　　　□性价比

图 4-2　修改后的题目更明确

（3）提问要具体，避免笼统与抽象。例如，"您对投资理财的了解程度是？"这里的"投资理财"范围太宽泛，没有具体指明哪项投资理财，过于笼统。

（4）提问方式要精简，避免使用否定词提问。例如，"请问您现在最主要的是在以下哪种形式的非 4S 店进行维修或保养？"，这里用了"非 4S 店"这个否定词，加上问题本身比较长，使得阅读不顺畅，增加了理解的难度。

（5）答案设计要严谨，考虑选项的穷尽性。选项的设置应覆盖问题涉及的所有内容，力求让每一位被访者都有一个适宜自己的选项，如果被访者在多个问题里都没有找到属于自己的答案，他们可能会随便选择一个与自己真实情况不相符的答案，影响回答的有效性。

（6）避免带有指向性的提问方式。例如，"如果您在本店购物满意，是否愿意再购买或推荐给您的同事或朋友前来本店购物？"该问题带有指向性，明显诱导受访者对购物体验做出满意的反馈。

（7）问题按相似、相近排列，封闭式题目优先于开放式题目，从易到难。

4.1.3　问卷预测试与发放

问卷一旦发出就无法再进行修改，所以在分发之前要找出问卷存在的所有问题。预测试的测试项目有以下几项。

● 拼写错误和语法错误；

- 问卷完成时间（时间太长时需要缩减篇幅）；
- 问卷格式、说明、问题的易理解性；
- 问题的逻辑性与选项的逻辑性；
- 在线问卷需要测试是否存在链接失效和访问错误、提交的数据格式是否符合要求的问题。

预测试结束后要对参与者针对答题结果进行访谈，还可以询问他们对问卷的直观感受。预测试环节非常重要，通过有瑕疵的问卷所获得的答案毫无价值。

问卷发放形式有纸质问卷、电话问卷和在线问卷方式。前期成本并不是影响选取问卷分发方式的唯一因素，还应该考虑回复率。不同分发方式结合使用能够更大范围覆盖不同类型的回复者，如果需要收集尽可能多的样本数据，通常采用混合模式问卷（采取多种模式进行问卷调查）。

4.1.4　回收统计

回收统计相对于整个问卷阶段来说，是最难的环节，与数据分析有着密不可分的关系。回收统计阶段需要经历以下几个阶段。

（1）回收问卷。网络发放的问卷可以直接得到反馈数据表，而纸质的则需要整理成电子文档以便之后统计。

（2）剔除无效问卷。最先要做的是进行样本统计，区分有效、无效、测试样本。所有后续的统计都需要在有效样本的基础上进行。

（3）统计样本信息，从整体感知样本用户的特征。

（4）分别进行问题与答案的统计，了解单个问题、关联问题之间的数据结果。

（5）对已掌握的数据进行分析，提炼结论。

问卷统计也可以分为定量与定性两种方法。

定量统计即对于问题选项的统计，其结论一般以百分比、平均值等一些数据结论来表现。简单的数据统计可以使用 Excel 来计算，而复杂的数据统计则需要借助专业的统计软件（如 SPSS、SAS 等）。

定性统计则表现为对于自定义问题的统计，或结合定性研究的方法共同进行。这部分的统计考验研究人员归纳和提炼信息的能力。

4.1.5　问卷的问题设计影响数据分析

不同的问题设计会影响可执行的数据分析和结论类型。为了说明这一点，假设已经进行了一些问卷调查来评估一款新的应用程序，该应用程序可让用户试穿虚拟衣服并通过 3D 全息图实时呈现，提出的问题之一是："您对这款新应用有何看法？"受访者对此问题的回答会有所不同（如觉得很酷、令人印象深刻、现实、笨重、技术复杂等），这就需要对回答进行定性处理，意味着数据分析必须考虑每个单独的回答。如果只有 10 个左右的回答，这可能还不算太糟糕，但是如果有更多回答，则处理信息将变得更加困难，并且难以总结调查结果。这是典型的开放式问题，也就是说，答案不可能是同质的，因此需要单独处理。相比之下，封闭式问题的答案可以定量处理，封闭式问题为受访者提供了一组固定的可供选择的选项。例如，不问"您对虚拟试穿全息摄影有什么感觉"，而是问"根据您的经验，虚拟试穿全息摄影是真实的、笨重的还是扭曲的"。这显然减少了选项的数量，并且回答将被记录为"现实的""笨拙的"或"扭曲的"。基于这样的问题，我们可以得出如 26 名受访者中有 14 人（54%）认为虚拟试穿全息摄影是真实的，有 5 人（19%）认为虚拟试穿全息摄影是笨拙的，有 7 人（27%）认为虚拟试穿全息摄影是扭曲的这样的结论。

另一种在问卷中可能使用的替代方法是根据李克特量表来表述问题，如图 4-3 所示。这样再次改变了数据的种类，从而也改变了可以得出的结论。

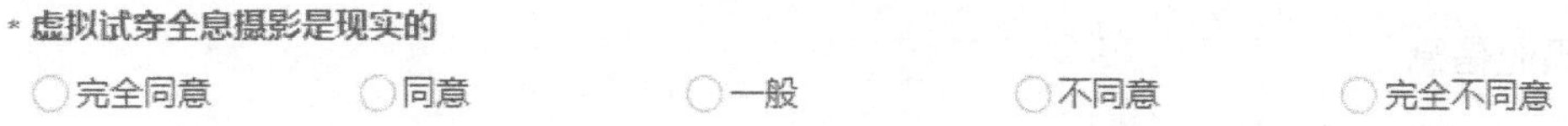

* **虚拟试穿全息摄影是现实的**

○ 完全同意　　○ 同意　　○ 一般　　○ 不同意　　○ 完全不同意

图 4-3　李克特量表设计

在这种情况下，收集的数据类型发生了变化，无法说明受访者是否认为虚拟试穿全息摄影笨重或扭曲，因为这个问题并没有被问到，我们只能得出如 26 人中有 4 人（15%）不同意虚拟试穿全息摄影是真实的，其中 3 人（11.5%）强烈反对这样的结论。

附：用户调研参与问卷

如果您有兴趣参与我们的用户体验项目，请拿出大概 5 分钟时间完成这份调查问卷。所有的信息都将保密，并不会出售给任何第三方。感谢您的参与。

联系方式

姓名：_____

通信地址：_____

电话号码：_____

电子邮箱：_____

背景资料

最高学历（请选择一项）：
　　○ 高中或高中以下
　　○ 中专
　　○ 大专
　　○ 大学本科
　　○ 研究生

年龄组：
　　○ 18 以下
　　○ 18～29
　　○ 30～44
　　○ 45～60

○ 60 以上

性别：

    ○ 男

    ○ 女

    ○ 保密

你有手机吗？

    ○ 有   ○ 无

如果有，手机能上网吗？

    ○ 能   ○ 不能

职业信息

领域（请选择一项）：

○ 广告/营销/公共关系	○ 互联网供应商
○ 航空航天	○ 法律
○ 建筑	○ 工业设计：计算机/通信设备
○ 生物技术	○ 工业设计：软件
○ 化工/石油/矿山/木材/农业	○ 工业设计：其他
○ 教育	○ 制药
○ 娱乐/传媒/电影	○ 不动产
○ 金融/银行/会计	○ 零售
○ 政府服务	○ 服务：业务（非计算机）
○ 健康/医疗	○ 服务：数据处理/计算机
○ 保险	○ 公共事业/能源相关
○ 交通/运输/航运	○ 经销联盟/分销商/其他经销商
○ 旅游	○ 其他_____

公司名称：_____

公司规模：

    ○ 小型（1~49 人）   ○ 中型（50~500 人）   ○ 大型（500 人以上）

工作职能（请选择一项）：

○ 主管/高管	○ 运营主管
○ 人力资源/人事	○ 设备主管
○ 财务/会计	○ 制造业
○ 行政/文员	○ 采购
○ 收发货	○ 咨询
○ 市场营销/销售/公关	○ 其他_____

感谢您付出的宝贵时间！

4.2 用户访谈

访谈是用户研究中最常用的方法之一。广义上的访谈是指为了从他人处获取信息而进行的引导性谈话。访谈的应用非常灵活，既可以作为一个独立研究活动，也可以和其他研究活动组合使用（如在卡片分类法后使用，或与情境观察法组合使用）。

用户访谈有三个重要阶段：在进行访谈之前需要进行充分的准备；访谈期间，则需要主持人注意一定的访谈技巧，并由记录员做好记录工作；访谈之后，需要对访谈内容进行分析与提炼。

4.2.1 访谈准备

访谈准备阶段的工作包括确定研究目标、选择访谈类型、撰写访谈问题、进行问题测试，以及确定活动参与者。

1. 确定研究目标

拟定访谈问题时，不同利益相关方（产品团队、管理层、合伙人）的访谈需求往往导致比较多的问题。因此，各方需要在研究开始前就研究目标达成共识。研究方案中要包含利益相关方认可的所有目标，并由各方签字通过。在确定访谈类型和进行头脑风暴时，要以研究目标为导向。如果访谈类型或问题不符合研究目标，就不能采用。研究方案确定后就要开始上述工作，而不要等到活动进行到一半时再做。

2. 选择访谈类型

访谈法（interview method）是由访问人根据研究所确定的要求与目的，按照访谈提纲或问卷，通过个别面访或集体交谈的方式，系统而有计划地收集资料的一种方法。它主要有三种类型：或非结构化（开放式）访谈、结构化访谈、半结构化访谈。具体应采用何种访谈技术取决于评估目标、待解决的问题和选用的评估模型。例如，如果目标是大致了解用户对新设计构思（如交互设计）的反馈，那么非正式的非结构化访谈通常是最好的选择。但如果目标是搜集关于特定特征（如新型 Web 浏览器的布局）的反馈，那么结构化的访谈或问卷调查通常更为适合，因为它的目标和问题更为具体。

1）非结构化访谈

就访问人对访谈过程的控制而言，非结构化访谈是一个极端情形，它更像是围绕特定问题的对话过程，通常也可以进行深入讨论。访问人提出的问题是开放式的，也就是说，它不限定回答的内容和格式。受访者可以自行选择是详细回答还是简要回答。访问人和受访者都可以引导访谈过程。因此，在进行这一类型的访谈时，访问人应确保能够收集到重要问题的回答，这是访问人必须掌握的技巧之一。事先准备好需要了解的主要事项并且有组织地进行访谈是明智的方法，不准备议程而期望完成目标是不可取的。

非结构化访谈能够产生大量数据，这是它的好处。而且，受访者也经常会提到并且探索一些访问人没有考虑到的问题。但是，也有不利的一面。由于生成了大量非结构化的数据，会造成分析过程非常费时而且困难。此外，访谈过程不可重复，因为每次访谈的形式都是独一无二的。

在评估过程中，评估人员通常不详细分析访谈过程，而是把重点放在记录或录音上，之后着重分析主要问题。

在进行非结构化访谈时，需要记住以下主要事项：

- 明确研究目标和问题（利用 DECIDE 框架），准备访谈议程；
- 在访谈中，应抓住有益的问题线索展开讨论；
- 应签署协议书，并留意道德问题；
- 取得受访人的认同，让受访人感觉自在。如穿相似的服装，花一些时间了解他们；
- 应鼓励受访人，不要把自己的意思强加给他们；
- 在开始和结束每个访谈阶段时，应向受访人说明；
- 在访谈之后，应尽快组织、分析数据。

2）结构化访谈

结构化访谈是根据预先确定的一组问题（类似于问卷调查的问题）进行访谈，是一种对访谈过程高度控制的访问，适用于研究目标和具体问题非常明确的情形。为了达到最佳效果，问题应简短、明确。受访者可以通过选择选项作答（选项可以列在纸上，也可以由访问人报出）。在初步确定问题之后，应邀请其他评估人员进行检查并且进行小规模试验，以便修改完善问题。这些问题通常是封闭式的，要求准确回答。结构化访谈是标准化的研究过程，对每一位受访者都应提出相同的问题。

3）半结构化访谈

半结构化访谈结合了非结构化访谈和结构化访谈的特征，它既使用开放式的问题，也使用封闭式的问题。访问人应确定基本的访谈问题以保证访谈的一致性，即同每一位受访者讨论相同的问题。访问人可从预设的问题开始，引导用户提供进一步的信息，直到无法发掘出新信息为止。例如：

你最经常访问哪些网站？<回答>为什么？<回答，列举了几个网站，强调喜欢……>
你为什么喜欢这个网站?<回答>能否详细谈谈……? <沉默片刻后回答>
还有其他因素吗？<回答>
谢谢。有没有遗漏其他原因呢？

在设计问题时，应注意不要暗示答案，以免冒犯访问人，这很重要。例如，"你似乎喜欢这些颜色……"这句话假设了一个事实，因此受访人很可能回答"是的"。儿童最容易受到这类诱导。访问人的肢体语言，如微笑、皱眉、不以为然等，对受访人也有很大的影响。

此外，访问人应适当保持沉默，不应进行得过快，应给予受访者说话的时间。访问人可以使用"探测问题"，尤其是中性的探测问题，如"还有其他因素吗"，以搜集更多的信息。另外，也可以考虑提示受访者。例如，若受访者在谈论计算机界面时，一时想不起关键菜单项的名称，你就可以提醒他，从而使访谈更富有成效。但是，半结构化访谈的目的是要使得访谈过程在很大程度上是可以再现的，因此，"探测问题"和"提示"只用于帮助访谈的进行，而不应引入偏见。

表 4-1 展示了三种访谈类型的优、缺点。

表 4-1 三种访谈类型比较

访谈类型	数据收集类型	优 点	缺 点
非结构化	定性数据	● 可获得丰富数据 ● 对所有问题可以细致追问，充分挖掘信息 ● 访谈过程灵活 ● 对答案没有预期时尤其适用	● 数据难以分析 ● 访谈主题和问题前后不具有一致性
结构化	定量数据	● 数据分析便捷 ● 参与者的回答具有统一性 ● 与非结构化访谈相比可以设置更多问题	● 对于某些数据无法理解，因为受访者没有机会解释其选择理由
半结构化	定性数据+定量数据	● 可以同时获得定性和定量数据 ● 受访者有表达更多意见和细节的机会	● 需要更多时间分析受访者意见 ● 访谈主题和问题不像结构化访谈那样具有严格的一致性

4）访谈途径

不管选择哪种访谈类型，可供选择的执行方式是多种多样的。在无法面谈的情况下，电话访谈是很好的方法。除了不能使用肢体语言，电话访谈和面对面的访谈基本相同。此外，也可以使用在线访谈进行异步（如通过电子邮件）或同步（如通过网络交谈）的访谈。涉及敏感问题的访谈通常应采用异步的问答方式而不是面谈的方式。电视访谈适用于必须进行面对面的访谈，以及由于地理位置的限制而无法实现的情形。另外，也可通过客户服务热线、客户讨论组、在线客户支持等途径搜集用户对产品的反馈。

在设计的各个阶段，可以同少数用户进行简短的访谈（类似于对话过程），征求用户意见，快速搜集反馈，这个方法非常有效。在实地研究之后，也可以同观察对象进行回顾式访谈，以确保正确理解了观察现象。访谈的途径如表 4-2 所示。

表 4-2 访谈的途径

方 法	目 的	特 点	数据输出
深度访谈	了解用户的主观意识和思维；专业评估人员发现问题	数据详细深入	观察结果、访谈记录、照片、录像
网络访谈	深访、电访的有力补充	快速；成本低；不受环境限制；可灵活安排时间	文字访谈记录、截图、语音资料
焦点小组	借由受访者之间的互动来激发想法和思考，从而使讨论更加深入、完整	6~12 人；成组讨论；实验周期短；快速；成本较低；多思路	问题卡片、讨论录像
入户访谈	了解用户的生活方式、态度，使用户行为与产品设计建立联系	时间较长；资料较全；能发现设计的不同契机	观察结果、访谈记录、照片、录像
街头拦截	用户填写问卷、吸引用户参加焦点小组	周期短；成本较低	问卷、访谈记录、录音
电话访谈	深访的有力补充	成本低；快速	电话录音、文字访谈记录

3. 撰写访谈问题

确定访谈主题后，就可以着手草拟问题初稿。首先将访谈流程划分为数个标准阶段，拟定符合各阶段目标的问题，然后对问题的用词进行审核，确保问题清晰、可理解、中立。表 4-3 展示了理想的访谈流程。

表 4-3　理想的访谈流程

问题类型	阶段目标	问题范例
打破僵局	与受访者建立信任关系，使受访者在轻松、开放的氛围下开始交谈	你叫什么名字？来自哪里？
介绍	引出访谈主题，将谈话焦点转向产品	谈谈你去过的一个特别喜欢的旅行目的地
深度关注	收集有价值的信息，完成研究目标	只使用手机预订旅行的情况常见吗？ 谈谈你最近一次使用手机预订旅行的体验
回顾	以更广阔的视角考虑"深度关注"阶段的问题	回顾我们今天讨论的所有内容，哪一个问题是你认为最重要的？
结束	访谈结束	是否存在你想补充的没有谈到的问题

在设计访谈的问题时，应确保问题简短、明确，此外也应避免询问过多的问题。以下是一些指导原则。

（1）避免过长的问题，因为它们不便于记忆。

（2）避免使用复合句，应把它们分解成几个独立的问题。例如，应把"这款手机与你先前拥有的手机相比，你觉得如何？"改为"你觉得这款手机怎么样？你是否有其他的手机？若是的话，你觉得它怎么样？"后一种问法对于受访者较为容易理解和接受，而且也便于访问人做记录。

（3）避免使用可能让受访者感觉尴尬的术语或他们无法理解的语言。

（4）避免使用有诱导性的问题。例如，"你为什么喜欢这种交互方式？"若单独使用这个问题，它就带有一种假设，即受访者喜欢它。

（5）尽可能保证问题是中性的，避免把自己的偏见带入问题。

4. 进行问题测试

访谈前需要对问题进行测试，检验问题是否包含了所有目标话题、哪些问题较难理解、问题的表述是否符合原意。如果进行非结构化访谈，需要对所有话题进行演练；如果是结构化访谈，每个问题和其附带的追问都要进行测试。选择团队中未参与准备工作的成员进行测试，测试标准是他们是否能给出预期的答案。如果他们提供的信息并不是你需要的，则需要重新编写并调整问题内容。请有访谈或调查经验的同事协助审查问题内容是否中立，如果团队中没有这类成员也可向其他机构寻求帮助，直到审查通过为止。

5. 确定活动参与者

1）受访者

受访者需要能代表产品目前的终端用户，或者是未来将使用产品的用户。一般的行业标准是，每种用户类型选取 6～10 名受访者作为访谈样本，回答相同的问题。其他因素也会影响所需人数，包括需要获取的是定性还是定量数据、用户总体规模大小等。

2）访谈者（访谈的主持人）

访谈者的任务包括：与受访者建立融洽关系，获取问题反馈，明确预期的回答内容，审查每一个回答，确保受访者准确表达了自己的原意，有时需要对反馈进行重述，检验是否正确理解了受访者的意图。另外，访谈者要灵活把握访谈节奏，有时可以让讨论偏离"计划路线"，以获取更有价值的信息，发现偏题时则要及时把讨论拉回正轨。

访谈者要有足够的行业知识对讨论的价值进行判断，哪些讨论可以增加价值，哪些是在浪费宝贵的时间。访谈者还要能及时提出跟进问题，以获得更多细节信息，这些信息将帮助团队做出产品决策。

对于访谈来说，需要注意的是偏见和诚实的问题。偏见会影响受访者的回答，作为访谈者应该将自己的创意、感受、想法和期许放到一边，转而从受访者这里获取信息。访谈者应该始终作为中立的评价者，并鼓励参与者诚实交流。

3）记录员

访谈中有一位同事在同一房间协助记录是有帮助的，这样访谈者可以集中精力观察受访者的身体语言，把握追加提问的时机。根据具体情况，记录员可以同时成为访谈的"第二大脑"，根据当时的情境提出主访者没有考虑到的问题。

4）摄影师

如果条件允许，就应该对访谈过程进行视频录制，这项工作需要专人负责。

4.2.2　访谈执行

不管访谈时长是 10 分钟还是 2 小时，按步骤进行才能保证访谈质量。

1. 访谈五步骤

访谈的五个主要步骤如下。

1）介绍

介绍部分时间不宜过长，如果超过 10 分钟，意味着对受访者灌输了太多的指示信息。这里可以对受访者进行首次提醒：鼓励他们诚实回答，对于无法回答的问题可以不回答。

2）暖场

访谈应以简单、让人没有压力的问题开场，受访者能轻松、明确地回答，消除紧张，融入访谈。比如确认受访者的个人基本信息、第一次注意到产品的契机等，甚至可以让受访者列举出产品的五个最喜欢和最讨厌的功能。让受访者专注于产品本身，忘掉环境中的其他干扰信息。

用 5～10 分钟进行暖场一般来说足够了，但如果受访者仍然明显感觉不自在，可以适当延长这部分的时间，暖场部分仍然应该围绕产品进行。

3）访谈主体部分

这部分在整个访谈中所占的比例（80%）最大。要对之前撰写的核心问题进行提问。提问需要按照某种逻辑顺序（如按照撰写的时间顺序），从一般性问题逐渐过渡到细节性问题，避免随意切换主题。

4）冷却

访谈主体部分的访谈节奏通常比较紧张。在访谈的冷却部分，可以调整访谈节奏，提一些一般性问题或对访谈进行总结，还可以根据访谈的具体情况对某些问题进行补充提问。这个环节最常用的问题是，"是否存在你想补充的没有谈到的问题？"这个技巧性问题不仅出现在这个步骤，还可以贯穿整个访谈。

5）结束

这部分向受访者说明访谈临近结束，可以询问他们是否还有问题想问。有些人习惯进行访谈的收尾工作：归置访谈中用到的记录工具，起身离座，关闭录音机和摄像机，对受访者表示感谢，等等。

访谈案例如图 4-4 所示。

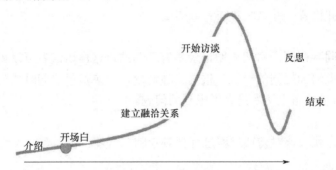

- 介绍："你好，我是一名研究咖啡的某某学校的学生。我很想听听您对咖啡的体验。答案没有正误之分，只是想听听您的想法。"
- 开场白："您喝咖啡吗？"
- 建立融洽关系："您今天喝咖啡了吗？它怎么样？您有喜欢的咖啡吗？"
- 开始访谈："您能描述一下您最难忘的咖啡体验吗？为什么它如此独特？发生了么？……"
- 反思："如果您要根据自己的理想体验设计中级咖啡店……"

图 4-4　访谈案例

2. 访谈者角色定位

访谈者的工作职责类似于教练，辅导受访者提供相关信息。"积极倾听"的含义是：判断受访者对每一个问题反馈的信息量是否充足，探寻哪些领域可以深度挖掘，全程监控与受访者间的访谈关系。

1）控制访谈方向

进行非结构化访谈时很容易偏离访谈主题。受访者可能不自觉地就某个问题讲述了太多无用的细节信息，或者离题千里。访谈者的重要职责是让受访者专注于当前的访谈主题，在收集到所需信息后继续下一个主题。

2）适时保持沉默

适当的沉默对于访谈者来说也是一种访谈"工具"。受访者有时不确定针对某个问题需要提供多少细节信息，在明确访谈者的需求之前，他们倾向于先进行简略回答，然后等待访谈者是否示意继续。如果访谈者没有反应，他们会理解为可以继续下一个主题。不管是继续下一个主题还是探究更多的细节信息，都需要停顿 5 秒钟左右，给受访者充足的准备时间。

3）保持专注

无论是非结构化访谈还是结构化访谈，都需要访谈者全身心地投入，因此，在访谈中应该适时地休息，让精神重新活跃起来。休息结束后，可以让受访者回顾休息前提出的最后一个问题的反馈内容，这么做的目的是帮助受访者重新回到访谈中断的地方，回归访谈主题。

4）善于举例说明

即使问题内容很明确，受访者也可能无法理解你究竟在问什么。这种情况下举例辅助说明比更换表达方式效果更好。考虑到所举的例子可能带有个人偏见，要在确实需要时才使用。

5）注意身体语言

访谈者的语音语调和身体语言会影响受访者对问题的理解，需要注意的是，身体语言也不能带有自己的偏见。

6）完整把握原意

为了确认是否完整把握了受访者的原意，需要不断总结、归纳并及时与受访者核实。目的并不是为了发掘新的细节信息，而是对已掌握的信息进行确认。这个步骤并不是必须的，如果受访者的回答较长、细节很多或者比较含糊，就需要总结并重述以保证正确理解了所有反馈内容。

对受访者的回答进行重述能显示访谈者认真倾听并理解了受访者想表达的内容，这对于建立和谐的访谈关系很有帮助。不仅如此，还可以利用重述的机会获取更多的信息，在对内容进行纠正的过程中，受访者可能会提供新信息。

7）流畅过渡

访谈中问题或话题应该流畅过渡，这样不会打断受访者的思路，交谈过程也会更自然。如果话题无法自然过渡，可以这样陈述："你提供的信息太棒了，我需要记录下来，这期间你考虑一下其他话题吧。"这类提示能让受访者意识到不要在上一个问题做过多的停留。简单的过渡性话语能起到承上启下的作用，使受访者和访谈者的谈话节奏相同，避免受访者感觉困惑或不解。

4.2.3 访谈后的整理与分析工作

用户访谈最终能否产生价值，决定于后期对访谈内容的整理与分析。信息整理时应保持客观与中立，这样才能产生有效的结论和建议。

1. 访谈内容的整理

访谈之后，需要将录音、录像、记录文字进行统一的整理，这些是分析的基础与依据。

（1）将纸质内容整理成 Excel 表格，便于留档和进一步分析。

（2）标准化的访谈只须按顺序记录受访者的表述即可。

（3）开放式的访谈则须分别记录问题以及受访者的表述，以免混淆。

（4）以受访者为单位，分别进行访谈内容的整理。纵向的信息整理，有利于研究人员对每个受访者有更进一步的认识。

（5）以问题为单位，整理所有受访者的表述。横向的信息整理，可以帮助研究人员进行信息的统计、排序、分类等。

分析视频材料

分析视频的好方法是全程观看所记录的内容，同时写下对所发生事件的高级叙述，并记下视频中可能存在的有趣事件的位置，判断是否是有趣事件取决于观察到的内容。例如，在一项发生在开放式办公室的干扰研究中，事件可能是一个人从正在进行的活动中开始休息，如电话响起、有人走进他的小隔间，或收到电子邮件，等等。如果研究的是学生如何使用协作学习工具，诸如轮流发言、共享输入设备、相互交谈以及争夺共享对象等活动就适合记录下来。

时序和视频时间用于索引事件，某些常规活动也会被贴上标签，如午餐时间、咖啡休息时间、员工会议和医生查房。电子表格用于记录事件的分类和对事件的描述，以及关于事件如何开始、如何展开和如何结束的注释。

视频可以通过捕捉屏幕或记录人们与计算机显示器互动的数据来增强记录，有时还需要转录。有各种日志记录和屏幕捕获工具可用于此目的，这些工具允许将交互作为电影回放，显示正在打开、移动、选择的屏幕对象等。然后可以与视频并行播放这些内容，以提供关于谈话、物理交互和系统反应的不同视角，数据的组合可以解释更详细和更细粒度的行为模式。

2. 访谈内容的分析

不同的访谈目的决定了不同的数据处理方式，可以完成所有访谈后再分析数据，也可以在每次访谈结束后及时对数据进行初步分析。

怎样分析访谈的内容，是需要研究人员自行把控的。一般情况下，需要先对信息进行分组，在逐渐清晰的信息中寻找更紧密的关系。例如，利用卡片法，可以进行优先级排序和信息分类；利用用户旅程图，可以梳理场景关系和流程发生的顺序信息等。

分析的意义在于实现研究的目的，不论哪种分析方法，只要能帮助设计和产品部门做出更好的决策，就是合适的方法。

4.2.4 用户访谈的综合运用

在定性研究中，用户访谈可以作为一种独立的研究方法使用，也可以结合其他的研究方法综合运用。

研究方法的综合运用对于研究目标的多维度评估非常有效。最常见的组合方式有：用户访谈+满意度问卷、用户访谈+可用性测试、用户访谈+眼动实验、用户访谈+情绪板调研。

以用户访谈+满意度问卷为例，当满意度问卷与用户访谈相结合后，其研究结论不但能用量化的指标来衡量，而且能深入挖掘用户对产品细节的主观反馈。

不同的研究顺序会有略微的区别。

（1）先问卷后访谈：属于先定量后定性的研究方式。往往是在问卷中询问用户是否愿意参加进一步的面对面访谈，如果用户有意愿，则直接在问卷中留下联系方式。研究员根据用户的基本信息来判断其是否符合访谈的标准。在双方都有意愿做访谈的前提下，邀请成功率较高，且受访者配合程度也会很高。

（2）先访谈后问卷：属于定性研究。为什么有问卷调研还属于定性研究？其实，研究性质是由参与研究的人数决定的。我们知道，访谈参与的人数都不会太多，在访谈的过程中，研究人员会请受访者做一些满意度打分，形式如同填写一份问卷，由于答题的用户数量有限，从量化的角度来看，不足以形成定量研究。

4.3　用户观察

一般而言，观察是与交谈相结合的。观察涉及看和听两个方面。通过观察用户与软件的交互过程，我们可以搜集到大量信息，如用户在做什么、上下文是什么、技术支持用户的程度如何、还需要哪些其他支持等。即便是随意性的观察也能达到这一效果。

我们可以在受控环境（类似于实验室的环境）中观察用户，可用性测试就是如此，也可以在产品的自然使用环境（实地）中观察用户。那么，应如何观察呢？这取决于为什么要进行观察以及采用的观察技术。我们可以选择的观察技术是多种多样的，有些是结构化的，有些是较随意的，也有一些是描述性的。如何选择技术以及如何分析数据，取决于评估的目标、需要解决的具体问题和实际限制。本节将描述如何进行现场研究，以及讨论如何选用适当的观察技术，如何观察，如何分析和表示数据。

4.3.1　目标、问题

目标（或大致目标）可用于指导观察，以免观察者面对众多的现象而感觉茫然无措。目标和问题决定了观察的焦点。即使是随意性的观察也是有目的的，如确定原型的可用性和用户体验目标。所有评估研究都是以目标和问题为导向的。虽然有些评估人员的目标不够明确，但这并不意味着他们没有目标。评测专家有时也并不明确说明自己的目标，但不代表没有目标。其实，他们是有目标的，这种目标可能是发掘尚未意识到的典型行为，也可能是熟悉用户的工作环境。在实地研究和现场研究中，我们既需要目标导向，也应根据实际情形进行相应调整、改进。并且，掌握这方面的技能更离不开经验的积累。

练习

（1）寻找正在使用某种技术设备（如计算机、家用设备或娱乐设备等）的若干用户。用3～5分钟观察他们在做什么，记录观察到的事项。在这个过程中，你有何体会？

（2）如果需要重复这个练习，那么当你再次观察他们时会注意什么？你将如何细化你的观察目标？

解答

（1）他们在做什么？在交谈、工作、玩耍，还是在做其他事情？你如何判断他们在做什么？在观察时，你是否觉得尴尬、难为情？你是否考虑要告诉他们你在观察他们？你在练习中遇到了什么问题？观察并记录他们的每个举动是不是很困难？最重要的事项是什么？你是否想过要着重观察并记录重要事项？是不是不容易记住事件的发生次序？或许你会很自然地拿起笔做记录。如果这样的话，记录是不是不够快？你认为被观察者有何感受？他们知道你在观察他们吗？若知道你在观察他们，他们的举动有何不同？或许有些人会因为反感而离开。

（2）观察重点应更明确。例如，你可能会留意他们在执行什么任务，如何使用技术设备，是不是同时使用了其他设备，这个设备是不是能很好地支持用户目标？

4.3.2 观察什么、何时观察

"观察"适用于产品开发的任何阶段。在设计初期，观察能够帮助设计人员理解用户的需要。在开发过程中，我们也可以进行其他类型的观察，以检查原型是否满足用户需要。

根据研究的类型，评估人员可作为旁观者、参与者或现场研究人员。

深入的观察有助于改进系统的设计。比如，我们为了理解地铁控制员如何工作，还需要了解一些"内部"知识。在观察过程中，评估人员承担的角色有很大差别，一个极端是作为"旁观者"，另一个极端是作为"参与者"。就具体的评估研究而言，评估人员的角色取决于评估目标、实际限制和道德问题。

练习

这个练习能够帮助你了解评估人员的不同角色（由"旁观者"至"参与者"）。阅读以下场景并回答问题。

场景 1：一位可用性顾问作为测试组成员，测试配备了供测试用的预装过测试软件的手机。在测试用户访问华盛顿时，由于不知道下榻的酒店附近有哪些餐馆，于是他们打开软件查找距离酒店不超过 8 千米的餐馆名单。手机列出了几家餐馆。在等待出租车时，他们拨打了几个电话，询问餐馆的菜单。他们选择了一家餐馆并订了座，之后乘车前往。可用性顾问观察到：由于虚拟按键太小，所以在输入指令时会遇到一些问题；手机屏幕也太小，但使用者能够读取所需的信息并且拨打餐馆电话。通过与测试组的讨论，评估人员确定界面存在一些问题，但总的来说，这个软件是有用的，而且测试用户也很高兴在酒店附近找到了一家口碑不错的餐馆。

场景 2：一位可用性顾问在可用性实验室观察用户如何使用测试软件执行特定任务。这项任务是查找某餐馆的电话号码。用户花了几分钟时间完成了任务，但看起来遇到了一些问题。通过研究录像和交互记录，他发现，屏幕太小，不能完整显示所需的信息。而对用户所做的满意度问卷调查证实了这一点。

（1）在哪一个场景中，观察者具有主控权？

（2）这两个类型的观察各有什么优缺点？

（3）这两个类型的观察分别适用于何种情况？

解答

（1）第二个场景中的观察者具有主控权。这项任务是预先确定的，他指定了用户应该做什么。测试是在受控的实验室环境中进行的。

（2）实地研究的优点是，观察者能够了解用户在真实情形下如何使用设备解决问题。从总体上看，用户较为满意，但也遇到了一些问题。通过观察用户如何在"移动"中使用设备，观察者了解了用户的需要和偏好。它的缺点是观察者也是"参与者"，他能否保持客观？数据是定性的，情景描述也很有说服力，但它们可用于评估吗？

观察者的判断可能有失客观性，可能没有注意到负面意见或其他人的抱怨。可考虑再次进行实地研究以进一步了解使用详情，但实地研究不可能重复完全相同的试验，而实验室研究是可重复的。

在实验室研究中，不同的用户能够执行相同的任务，这是实验室研究的优点，因为这便于我们比较不同用户的执行效率，并计算其平均值。另外，由于观察者的身份是"旁观者"，所以他能够保持客观。但是，实验室研究的内容是人为设想的，不能反映设备在真实环境下的使用情形，这是它的缺点。

（3）这两种类型的研究都有各自的优点，哪一个方法更为适用取决于研究的目标。实验室研究适用于详细检查交互模式，以找出并更正界面的可用性问题，比如按钮设计的问题。实地研究揭示了用户在实际环境下使用手机的情形，从中我们可以了解它对用户行为的影响。若不进行这项研究，开发人员就很可能无法了解用户使用手机的热情。因为，实验室测试的回报不如一顿丰盛的大餐那么诱人！

表 4-4 概括了关于旁观者和参与者的讨论，说明了观察类型与环境类型之间的关系，以及评测过程中的控制权问题。

表4-4 观察的类型

观 察	受控环境（类似于实验室环境）	真实环境（自然环境）
作为旁观者	可用性测试中的快速观察	实地研究中的快速观察
作为参与者	无	参与式观察（现场研究）

4.3.3 观察方法

观察者在真实环境和受控环境中都可作为"旁观者"进行观察。在受控环境中，观察者不能作为参与者，而在实际环境中，他们既可作为旁观者，也可作为参与者。理解这些差别的最好方法就是实践。

1. 快速观察

我们在任何时候、任何地点都可进行"快速观察"。例如，评估人员经常在学校、家里、办公室观察用户，并与用户交谈，以获取关于原型或产品的第一手反馈。评估人员本身也可作为测试用户，即作为"参与者"。快速观察不拘泥于形式，适合快速了解应用情形。

2. 可用性测试中的观察

录像和交互记录能够捕捉用户执行可用性测试任务的细节，包括按键、单击鼠标和对话等。观察人员可通过墙镜或远程监视器进行观察。基于观察数据，我们可分析用户在做什么，并统计用户花在各个部分任务上的时间。此外，也可了解用户的情感反应，如叹气、皱眉、耸肩等，这些动作体现了用户的不满和受挫情绪。虽然测试环境是受控的，但用户通常会忘记自己正在被观察。另外，实地观察也可作为实验室观察的补充。

3. 实地研究中的观察

如前面所述，在实地研究中，观察者既可作为旁观者，也可作为参与者或现场研究人员。观察者的角色将影响搜集的数据类型、数据的收集方法以及数据的分析和表示方法。Colin Robson 把观察者的不同参与程度概括为：完全参与、部分参与、既观察又参与、只观察不参与。

观察者对参与者的影响取决于观察类型和观察技巧。观察者应尽量避免干扰参与者。若观察者只对用户的某些行为感兴趣，那么这就是一种作为旁观者的观察。例如，在研究男生和女生在教室里使用计算机的时间差异时，观察者可站在教室后面，在数据表格上记录使用计算机的学生的性别以及使用时间。但如果目标是了解计算机及其他设备如何影响学生们的交流，那么更好的观察方法就是作为参与者进行观察，观察者在观察的同时，也可同学生们交谈，这就结合了观察者和参与者的角色。

内部观察有两种形式，即参与式观察和现场研究。在参与式观察中，评估人员通过与用户的合作，了解他们在做什么、如何做、为什么这么做等。"完全参与"的观察者以"用户"的身份从内部进行观察。这意味着，他不仅需要体验真实环境，而且需要学习观察对象的文化，包括信仰、礼仪、服饰要求、社交惯例、语言的使用和非语言交流等。在参与式观察中，观察者参与观察对象的生活，同时以专业人员的眼光进行全面观察、记录。

那现场研究是否属于参与式观察呢？对于这个问题，每个人的看法不一，现场研究人员本身也在讨论这个问题。有些人把参与式观察等同于现场研究，也有些人把参与式观察视为应用于现场研究的技术，它涉及调查对象、访谈和各种人工物品。现场评估是由现场研究派生而来的。为了深入了解实际应用情形，典型的现场研究往往需要数周、数月甚至更长的时间。在交互设计中，由于受到项目期限的制约，人们有时只能进行简短的研究。

就具体的评估研究而言，是否应采用"快速观察"？是在受控环境还是真实环境中进行评估？观察者是作为旁观者，还是参与者？参与的程度又如何呢？这些问题由评估的目标和问题决定。明确目标（Determine）、发掘问题（Explore）、选择技术（Choose）是 DECIDE 框架中的必要步骤。此外，我们也必须找出实际问题和道德问题（Identify）并决定处理方法（Decide），最后进行评估（Evaluate）。

4.3.4　如何观察

实验室研究和实地研究可使用相同的基本数据搜集方法，如直接观察、笔记、摄像等，但它们的使用方法不同。实验室研究的重点是用户执行任务的细节，而在实地研究中，重要的是应用上下文，它关注的是用户如何与技术、环境和人员交互。而且，实验室研究使用的设备通常是预先设置好的，相对稳定，而在实地研究中，通常需要移动设备。本节先讨论如何进行观察，之后将比较数据搜集工具并讨论它们的适用性。

1. 受控环境下的观察

在受控环境下，观察者的任务首先是收集数据，其次是分析录音、录像或笔记形式的数据。这里，我们需要预先考虑以下实际问题。

（1）选择测试地点，安装测试设备。例如，许多可用性实验室都装备有两三个壁挂式的可调节摄像机，用于记录用户执行测试任务的过程，其中之一用于摄录面部表情，另一个用于摄录移动鼠标和击键的过程，第三个可能从更广的范围捕捉用户的肢体语言。来自摄像机的数据被输入影像编辑分析系统，进行标注、编辑。此外，交互记录汇集了其他形式的数据，包括用户的按键过程。有些可用性实验室甚至是可移动的，可搬到客户处，建立临时的测试环境。

（2）需要预先测试设备，以确保其设置正确，并且能正常工作。例如，把录音设备的音量控制设置在合适的范围，以便记录用户的声音。

（3）应准备一份协议书，供用户在测试之前阅读并签署。也要准备一个脚本，用于问候用户，说明测试的目的、测试时间，并解释他们的权利。此外，应让用户感觉轻松自在，这一点也很重要。

不论是在真实环境还是在实验室环境进行观察，都有可能遇到一个问题，即观察者不知道用户在想什么，而只能根据观察到的现象去揣测。

假设为了评测 Web 搜索引擎的界面，我们需要观察用户的使用过程。用户的任务是查找著名物理学家所写的专著，但用户没有多少使用互联网的经验。他得到的提示是先在浏览器地址栏输入知网网址，再使用自己设想的最佳方法进行查询。在输入了网址之后，用户得到了如图 4-5 所示的屏幕显示。

之后，用户沉默不语。你或许想知道发生了什么，他在思考什么。了解这些问题的一个方法就是使用出声思考式评估（Think Aloud）技术。这是 Erikson 和 Simon 在研究人们解决问题的策略时提出的方法。这个方法要求被测试人说出自己的想法以及想要做的事情，这样评估人员就能了解他们的思考过程。

若使用出声思考式评估技术，在上述例子中，我们可能观察到以下过程：

我正在按照提示输入网址。

然后按"回车键"，对吧？（按回车键）

（暂停、沉默）

系统需要一段时间才能响应。

好了，有了。（屏幕显示截图）

哇，屏幕上的东西还真不少。下一步该做什么呢？

（暂停，阅读屏幕）很可能是"检索"。

"高级检索"和其他项是做什么的呢？

我只需要查找"杨振宁"，对吧？系统应该列出他写的文章。

（暂停）唔，我似乎应该在这里输入他的名字。（把光标移至搜索框，定位光标，输入"杨振宁"，暂停，但未注意"振"打成了"震"。单击"搜索"按钮。）

唔，该有结果了吧……（注视屏幕）有了有了。咦，这是什么？（屏幕显示截图）

沉默……

图 4-5　输入网址后的屏幕显示

由此，我们更详细地了解了用户的想法，但他为什么又再次沉默了呢？我们可以发现，他没有注意错把"振"打成了"震"。那么，他现在在想什么呢？在看什么呢？他是否发现了错误，或注意到屏幕左上角的推荐呢？

练习

练习出声思考式评估技术。打开一个电子购物网站，寻找你想要购买的东西。在搜索时，说出自己的想法并留意自己的感觉和举动。是否很难做到在整个过程中一直保持自言自语？你是否觉得这个方法很笨拙？

在遇到难题时，你是否会停下来？

解答

你很可能感觉有些尴尬、难为情，觉得这个方法很笨拙。有时，你也会忘记说出想法，因为我们不习惯自言自语。你也可能发现，当任务难度增加时，你很难边说边做。

实际上，在执行困难任务时，人们往往会停止自言自语，而这恰恰是评估人员最想知道你想法的时候。这类的"沉默"是出声思考式评估面临的最大问题之一。

在出声思考式评估过程中，当用户沉默时，评估人员可以提醒他们说出想法，但这可能会干扰用户。另一个方法是让两位用户共同合作，以便他们互相讨论、相互帮助。合作的方式通常更为自然，而且能揭示许多信息，尤其适合评估面向儿童的系统。在评估供团队共享的系统时，如共享的书写板系统，这个方法也非常有效。

2. 实地观察

不论观察者是作为旁观者还是参与者，实地研究过程发生的事件都非常复杂且变化迅速。评估人员需要考虑许多事项，为此，许多专家提出了观察框架，用于组织观察活动和明确观察重点。这类框架可以非常简单。例如，以下的"实践者框架"就只关注三个易记的事项。

- 人员，即在某个时刻谁在使用技术设备；
- 地点，即技术设备的使用地点；
- 事物，即使用设备完成什么任务。

这类框架能够帮助观察者专注于特定的目标和问题。有经验的观察者可能会采用更为详细的框架。

以下是由 Goetz 和 LeCompte 于 1984 年提出的框架，它注重事件的上下文、涉及的人员和技术。

- 人员——有哪些人员在场？他们有何特征？承担什么角色？
- 行为——发生了什么行为？人们说了什么？做了什么？举止如何？是否存在规律性的行为？语调和肢体语言如何？
- 时间——行为何时发生？是否与其他行为相关联？
- 地点——行为发生于何处？是否受物理条件的影响？
- 原因——行为为何发生？事件或交互的促成因素是什么？不同的人是否有不同的看法？
- 方式——行为是如何组织的？受哪些规则或标准的影响？

Colin Robson 在 1993 年提出了类似的框架。

- 空间——物理空间及其布局如何？
- 行为者——涉及哪些人员？人员详情？
- 活动——行为者的活动及其原因？
- 物体——存在哪些实际物体（如家具）？
- 举止——具体成员的举止如何？
- 事件——所观察的是不是特定事件的一部分？
- 目标——行为者希望达到什么目标？
- 感觉——用户组及个别成员的情绪如何？

练习

（1）考虑 Goetz 和 LeCompte 提出的框架，它除了比第一个框架更为具体，两者还存在什么主要差别？

（2）比较 Goetz 和 LeCompte 提出的框架与 Robson 提出的框架。后者的哪些事项是前者没有明确强调的？

（3）在这三个框架中，你认为哪一个最容易记忆，为什么？

解答

（1）Goetz 和 LeCompte 提出的框架更注重观察事件的上下文。

（2）这两个框架在许多方面是相同的，只是措辞不同。两者的主要差别是，Robson 提出的框架包括了用户的情绪因素。

（3）第一个框架很容易记忆。Goetz 和 LeCompte 提出的框架也容易记忆，因为它使用的是常用的组织方法，即"人物、行为、时间、地点、原因、方式"。Robson 的框架包含两个较不明显的附加事项，显得不易于记忆，但一旦了解了它们，记忆也就不成问题。具体应采用哪一个框架取决于研究目标和所需的细化程度，此外，它在某种程度上也取决于个人的喜好。

这些框架不仅能帮助我们专注于某些问题，也有助于组织观察和数据搜集活动。以下是计划实地研究活动时需要考虑的问题清单。

● 明确初步的研究目标和问题。

● 选择一个框架以指导实地研究活动。

● 决定如何记录观察，是使用笔记、录音、摄像，还是结合这三种方法。确保设备到位并能正常工作。准备合适的记录本和笔。便携式计算机或许有用，但可能过于笨重。虽然这是观察过程，但照相、摄像、访谈记录等技术也有助于解释、说明观察到的现象。

● 在评估之后，应尽快与观察者或观察对象共同检查所记录的笔记和其他数据，研究细节，找出含糊之处。由于人的记忆能力有限，所以这项工作应尽快进行，间隔时间越短越好。基本要求是在 24 小时内回顾数据。

● 在记录和检查笔记的过程中，应区分个人意见和观察数据。明确标注需要进一步了解的事项。在实地研究过程中，数据的搜集和分析工作在很大程度上是并行的。

● 在分析、检查观察数据的过程中，应适当调整研究重点。经过一段时间的观察，应找出值得关注的现象并逐步明确问题，用于指导进一步的观察（可观察同一组用户，也可观察新用户组）。

● 考虑如何取得观察对象的认可和信任。应花一些时间培养良好的合作关系。穿相似的服装，了解观察对象的兴趣，对他们的工作表示赞赏，这些都有助于建立良好的合作关系。安排固定的时间、场所进行会面也有助于增进彼此的了解。此外，有些人比其他人更容易接近，因此，观察者应避免只关注这些人，而应注意小组的每一位成员。

● 考虑如何处理敏感问题，如观察地点等。在观察便携式家用通信设备的可用性时，在客厅和厨房进行观察、研究通常是允许的，但在卧室和浴室进行观察就不太合适。观察者应做到随和、通融，确保观察对象感觉舒适。用于搜集数据的设备也可能让观察对象产生被冒犯的感觉。

● 注重团队协作，它的好处是便于比较观察结果，而且，通过比较不同评估人员的记录，我们能得到更为可信的数据。此外，评估人员也可分工观察不同的测试对象或应用环境的不同部分。

● 应与观察对象或小组成员共同检查观察记录，以确保理解了各种现象并做了正确的解释。

● 应从不同的角度进行观察，避免只专注于某些特定行为。例如，许多公司的结构都是层次化的，包括最终用户、业务人员、产品开发人员和产品经理等。从不同的层次进行观察，你将有不同的发现。

3. 参与式观察和现场观察

参与式观察和现场观察涉及上述所有步骤，尤其重要的一点是，观察者应融入观察对象组中。Nancy Baym 于 1997 年列举了一个参与式观察的例子。为了解在线社团的运作情况，她加入了一个肥皂剧在线社团。她向社团说明了自己的目的，并提出愿意与社团分享她的研究发现。她的诚意使得她取得了社团的信任，社团也为她提供了支持和建议。在参与社团活动的过程中（超过一年的时间），她了解了整个社团，包括它的关键特征、成员如何交流、价值观和讨论类型。她把所有的信息作为数据保存起来供日后分析使用。她也改进了访谈和问卷调查技术，用于搜集辅助信息。她把整个数据搜集过程概括如下：

这项研究的数据来源于三个渠道。1991 年 10 月，我保存了电子布告栏上的所有信息……1993 年，我搜集了更多数据。共有 18 位用户回复了我在布告栏上张贴的问卷调查……通过电子邮件与 10 位成员交流……社团成员提供了进一步信息。我在布告栏上贴了两份通知，以解释这个研究项目，并说明用户有权不参与该项目，但没有人拒绝参与研究。

Baym 使用这些数据研究了社团的技术结构、组织结构、社团惯例和技术的使用方法。在研究过程中，Baym 随时向社团成员通报研究进展，社团成员也提供了许多支持和帮助。

练习

根据你使用电子邮件、电子布告栏、新闻组或聊天室的经验，说明在线形式的参与式观察与面谈形式的参与式观察有何不同？

解答

在在线的情形下，你不必注视用户，可以消除他们的疑虑或揣摩他们对你的看法（这些是面谈情形下需要做的事情）。而且，你的穿着、神情、语调也关系不大。但是，你所说的内容、措辞等将直接影响人们对你的响应。在线观察只能了解用户的部分情况，通常无法了解人们的具体行为、表情、肢体语言和个性等。你也无法了解那些只阅读但不参与讨论的用户。

如前面所述，现场研究和参与式观察并不是泾渭分明的。有些现场研究人员认为，现场研究法是开放式的解释性方法，评估人员应关注所有现象，也有些人更注重理论指导。例如，斯坦福大学的 David Fetterman 认为："在着手实地研究之前，研究人员应准备好问题，选择理论或分析模型，研究、设计并决定数据搜集技术、分析工具和写作形式。"这似乎是要求研究人员带着"偏见"进行研究，其实不然，通过变换观察角度，我们可以消除这些所谓"偏见"带来的影响。现场研究是一个"解释性"方法，它允许对现实进行多种解释。数据搜集和分析通常是并行的。随着对实际情形的深入了解，我们应逐步细化调查问题。

以下是 Fetterman 提出的关于现场研究的问题清单，它类似于前面提到的观察框架。

● 明确研究重点或目标，并确定需要调查的问题。是否需要选择支撑理论取决于你对现场研究的看法。前面提到的观察框架有助于明确研究重点，设计相关问题。

● 实地研究的最重要部分是进行现场观察，询问问题，记录你的所见、所闻。需要留意观察对象的感受，妥善处理敏感问题（如观察地点等）。

● 搜集各种形式的数据，如笔记、静态图像、录音、录像和人工制品等。访谈是最重要的数据搜集技术之一，它有多种形式，包括结构、半结构或随意性的访谈。在观察之后，应进行所谓的"回顾访谈"，以确保所做的解释是正确的。

● 在实地研究过程中，应变换观察角度，了解总体情况和具体问题。先从总体上进行观察，然后从各个当事人和参与者的角度进行观察。早期的问题往往是一般化的问题，随着观察的深入，应逐步发掘更为具体的问题。

● 从整体上分析数据，即根据上下文分析、理解观察到的现象，这就是"上下文研究"。为此，首先需要综合观察记录（最好是在观察的当天完成），之后，应与其他人员合作检查观察描述是否准确。分析过程通常是迭代式的，每一轮的分析是建立在前一轮的分析结果上的。

练习

比较上述的现场研究步骤和实地观察中的观察框架，两者有何异同点？

解答

两者都强调随着研究的进行，应重新组织观察并细化目标和问题。它们使用相似的数据收集技术，而且都强调应取得观察对象的信任，并且与他们合作。现场研究人员往往需要与观察对象组融为一体，而实地研究人员不一定要采取这种方法。有些现场研究人员（如 David Fetterman）注重理论指导，也有些人持不同看法，认为现场研究应该是开放式的。

在过去 10 年中，现场研究方法已成为交互设计的可靠方法。为了使产品能够应用于各种环境，设计人员需要了解应用的上下文和环境的变化情况。然而，对于那些不熟悉现场研究或实地观察技术的人来说，存在着两个难题，其一是"何时终止观察"，另一个是"如何根据紧凑的开发期限和开发人员的技能相应地修改现场研究技术"。

两个难题

何时终止观察

在进行任何类型的评估时，"何时终止观察"对于新手们来说都是一个难题。在实地观察和现场研究中尤其如此，因为它不存在明显的结果标记。项目期限通常决定了何时应终止研究。此外，当你无法再发掘新情况时也应终止研究。有两个标志可以表明你已进行了充分的观察，其一，你观察的只是重复的行为模式；其二，你已听取并理解了所有当事人的意见。

如何根据紧凑的开发期限和开发人员的技能相应地修改现场研究技术

Ann Rose 及其同事在为少年司法部门开发项目时，设计了一个现场研究过程，供没有受过现场研究训练的技术人员使用。用户研究往往面临时间紧迫的问题，而这个方法通过合理组织研究过程，能够节约研究时间。这个方法强调有必要花一些时间了解错综复杂的系统，这能够增加评估的可信度，并且能够使实地研究过程更有成效。他们的方法是高度结构化的，从表面上看，它与常规的现场研究方法似乎有冲突之处，但它适用于许多项目的开发。这个方法包含以下 4 个阶段。

（1）准备。

理解组织策略和组织的文化；

熟悉系统及其历史；

设立初步目标，准备问题；

取得观察和访问许可。

（2）实地研究。

与经理、用户建立良好的关系；

在工作场所观察用户，对用户进行访谈，收集数据；

深入探究观察过程中发现的问题；

记录观察发现。

（3）分析。

编辑收集的数字、文字和多媒体数据；

量化数据并进行统计；

精简并解释数据；

调整研究目标和过程。

（4）报告。

考虑多听众和多目标；

准备报表，说明观察发现。

练习

Rose 等人提出的研究阶段与 Fetterman 提出的步骤有何主要差别？

解答

在 Rose 等人的方法中，评估人员与研究对象的关系不如 Fetterman 方法要求的那么紧密。它的一个目的是要节省研究时间，以适应快速的系统开发期限，另一个的目的是要精简数据，以便于开发人员处理。

4.3.5 间接观察：追踪用户的活动

直接观察的方法不适合于某些情形，因为它可能影响用户，或者评估人员无法在现场进行研究。这时只能采取间接的方法记录用户行为。日志和交互记录是其中的两种方法。评估人员可根据搜集的数据，推断实际情形，并找出可用性和用户体验方面的问题。

1. 日志

日志记录了用户的行为、行为时间和对交互过程的看法。这种方法适用于用户分散、无法当面测试的情形，许多互联网应用和网站设计项目都采用这种评估方法。日志研究的成本低，无须特别设备或专门技能，而且适合于长期研究。我们可创建在线模板，作为标准的数据格式，并把数据直接输入数据库进行分析，这些模板类似于在线问卷调查中的问题。但是，日志研究能否成功取决于参与者是否可信、能否提供完整的记录，因此有必要采取一些激励措施，而且整个过程应简单、快速。另一个问题是参与者可能夸大或缩小问题，增加或减少时间。

Robinson 和 Godbey 曾研究了美国人用在各种活动上的时间。他们要求参与者每天临睡前完成研究日志。通过分析这些数据，他们了解了电视对人们生活的影响。在另一项日志研究中，惠普公司的 Barry Brown 和他的同事们收集了 22 位参与者的日志，研究人们如何收集不同类型的信息（如笔记、场景、声音、电影等），何时收集，为什么要收集。他们为每一位参与者提供了照相机，要求他们每当需要捕捉信息时，就拍一张照片。这项研究持续了 7 天。之后，研究人员与参与者进行了半结构化访谈，要求参与者根据照片详述当时的活动。他们共记录了 381 项活动。这些照片提供了有用的上下文信息。根据这些数据，惠普公司设计了新式的数字照相机和手持式扫描仪。

2. 交互记录

在可用性测试中使用交互记录已有多年的历史，它记录的是按键、移动鼠标或使用其他设备的操作过程。评估人员通常需要同步交互记录和摄像或录音数据，以分析用户的行为，理解用户如何执行任务。评估人员可使用专门的软件工具搜集和分析数据。交互记录带有时间戳，可用于计算用户执行特定任务的时间，统计用户浏览网站的某个部分的时间或计算使用软件特定功能的时间。

许多网站都带有用于统计访问次数的计数器。根据这些数字，我们可以决定是否要进行维护或升级。假设你想为电子商务网站增加一个电子布告栏，期望它能够增加访问次数。结果是否如你所愿呢？你就需要比较增加电子布告栏前后的数据流量。此外，也可以通过追踪用户的 ISP（Internet 服务提供商）地址，计算人们在网站逗留了多长时间，浏览了哪些网页，访问者来自何处等。美国南加州大学的研究人员在研究一个交互式艺术博物馆时就使用了这种方法分析服务器记录，以统计访问者的情况。在 7 个月的时间里，他们收集了各种信息，包括访问者何时访问该网站，索取了哪些信息，浏览每个网页的时间，使用何种浏览器，来自哪个国家，等等。他们使用 Webtrends 软件（一个商务分析软件）进行了数据分析，发现这个网站在工作日晚上最为繁忙。在另一项研究中，研究人员希望了解在线论坛上的"潜伏行为"（只阅读但不发表言论）。在 3 个月的时间里，研究人员把论坛上发表的信息与会员名单相比较，以了解讨论组中的潜伏行为的差异。

交互记录的一个优点是不影响用户（但这也带来了一些需要认真考虑的道德问题，详见以下"两难问题"对暗中观察的讨论）。另一个优点是可自动记录大量数据，但我们需要强大的分析工具对数据做定性、定量的分析。人们已经开发了许多可视化分析工具，WebLog 便是其中之一，它能够动态显示网站的受访情况。

两难问题

用户不知道我们正在观察，是否应该告诉他们

如果你有合适的算法和足够的计算机存储容量，有条件收集大量的有关互联网应用的数据，并且能够让用户无法察觉。一旦你告诉了用户你正在记录他们的行为，他们就可能抵制或者改变行为。在这种情形下，你该怎么办呢？这取决于上下文，包括需要收集哪些个人信息。现在，许多公司会事先声明，可能需要记录你的电话和在计算机上的行为用于质量保证或其他目的。大多数人并不反对这种做法。但是，我们是否应该记录个人信息呢（如关于健康或财务的信息）？是否应考虑用户的权利？虽然我们有能力记录用户在访问网站时的行为，但是，该如何利用这个能力，同时又不侵犯他人的权利呢？而且，如何划定这个界限呢？

4.3.6 分析、解释和表示数据

至此，读者应已了解到，大多数观察研究将产生大量不同形式的数据，如笔记、草图、相片、访谈或事件的录音和录像、日志和交互记录等。大多数观察数据是定性的。而数据分析过程通常是解释用户做了什么，说了什么，或者在数据中寻找固定模式。有时，我们也需要对定性数据进行分类，以便于量化或统计具体事件的发生次数。

处理大量的数据（如数小时的影像数据）是非常繁重的工作。因此，在进行观察研究之前，我们需要精心计划。DECIDE 框架指出首先应明确目标和问题，因为它们有助于决定应收集什么数据，如何分析数据。

在分析任何类型的数据时，首先要做的是仔细观察数据，看是否存在固定的模式或重要的事件，是否存在能够回答具体问题或证明理论的明显证据。接着，应根据目标和问题进行分析。以下将围绕三种类型的数据展开讨论。

- 用于描述的定性数据，解释这些数据的目的是描述观察到的现象；
- 用于分类的定性数据，可使用各种技术（如内容分析技术）进行分类；
- 定量数据，把交互记录或摄像记录中捕捉的数据，表示为数值、表格、图形，用于统计目的。

定性分析：描述

分析描述性数据的主要目的是提供有说服力的例子以证明观察要点，并为开发小组提供可靠的设计依据。记录了用户与技术设备交互过程的录像片段和情景说明则极具说服力。

在每个观察期结束时，应检查收集的数据，讨论观察的事项，并根据观察数据组织情景说明。随着数据量的逐渐增大以及了解的逐步加深，该情景说明也逐步趋于完善。在这个过程中，团队合作非常重要，因为它提供了不同的观察视角，便于比较。分析工作的很大一部分是为了综合反映相同问题的事件和场景。例如，若多个用户在不同时间都提到在某些工作情形下很难找到经理，那么就充分说明，有必要改进工作中的沟通方式。

处理定性数据并生成情景说明的过程主要涉及以下活动。

- 在每个观察期结束时，检查数据，确定主要问题并综合观察数据；
- 以一致且易于变更的方式，记录主要问题并提供例证。使用便条虽然易于整理，便于组合相似的问题，但容易丢失，而且不便于传输。因此，应以其他形式记录主要问题，如记在纸上、存在便携式电脑中或者使用录音；
- 记录分析数据的日期和时间（原始数据也应注明日期、时间）；
- 在找出主要问题后，与被观察者共同检查你的理解是否正确；
- 重复上述过程，直至情景说明正确反映了观察现象，并且已提供了适当的例子作为佐证；
- 向开发组报告你的发现（口头报告或书面报告）。报告的形式是多样化的，但在开场白部分即应简明扼要地概述你的主要发现。

分析和报告现场研究数据。现场研究可采用类似方法，但它强调的是在事件发生的上下文中理解事件。数据来源包括参与式观察、访谈和手工记录。数据分析注重的是细节。现场研究人员

应根据观察数据提出详细描述。在这些描述中，使用引证、图像、场景等有助于增强说服力。分析现场研究数据的主要过程与上述的步骤相似，但强调的是细节（Fetterman，1998）。

- 找出观察对象组中的关键驱动事件；
- 研究各种情形和不同的观察对象，从中找出行为模式。现场研究人员需要通过实践，掌握各种技能，包括询问、聆听、探索、比较和对照、合成及评估信息等方面的技能；
- 比较不同的数据来源，找出一致的解释；
- 最后，如实报告观察发现。写报告属于分析的一部分，应做到明确、有说服力。

研究人员可使用软件工具（如 NUDIST 和 Ethnograph）记录研究笔记和描述，以便排序、检索。例如，NUDIST 允许通过关键字或短语检索研究记录，它可列出这些关键字或短语的所有出处，并且可以树形方式显示各出处之间的关系。同样，NUDIST 也可用于搜索文本，寻找预定义的类别或词组，用于内容分析。研究记录越复杂，NUDIST 之类的工具就越有用。而且，研究人员也可以使用这些工具进行探索性的搜索，以测试对不同数据类型所做的假设。

也存在其他一些支持基本统计分析的软件工具。例如，可使用统计测试工具（平方阵列表分析工具或秩相关分析工具）分析某些数据，以确定特定的数据走向是否重要。

定性分析：分类

我们可使用不同方法分析由出声思考式观察、摄像和录音方法收集的数据。分析分为粗略分析和详细分析（分析每个词、短语、每句话、每个动作）。有时，结合行为的上下文研究具体动作就足够了。本节将讨论一些分析技术，其中一些常用于科学研究，另一些则更常用于产品开发。

寻找关键事件或定式。若要仔细研究每句话、每个动作，即使是半小时的摄像数据分析也需要很长时间。这类详细分析通常并不必要。常用的方法是找出关键事件，如用户遇到困难的地方。这些事件往往存在某些特征，如用户发表评论、保持沉默或表露出迷惑的神情等。评估人员可着重研究这些情形，而把其余的摄像数据作为分析的上下文根据。

不论是粗略分析，还是详细分析，也不论是使用理论指导，还是简单地观察事件和行为定式，我们都需要处理数据并记录分析过程。

许多工具可用于记录、处理和检索数据。前面已提到了 NUDIST，此外还可借助 Observer VideoPro 工具（观察者视频工具）。研究人员通常把分析报告和录像片段一起反馈给开发组。

数据分类。"内容分析法"是一个可靠的系统化方法，可用于详细分析录像数据。它把数据内容划分为一些有意义且互斥的类别——不能以任何方式相互重叠，这是这个方法的最困难之处。内容类别通常由评估问题决定。

在使用这种方法时，需要解决的另一个问题是选择合适的"粒度"。此外，内容类别也必须可靠，即应保证分析过程是可重复的。我们可以用一个例子来说明什么是"可靠性"。假设你训练另一位研究人员使用你定义的内容类别，在训练结束后，你们两人分析相同的数据。如果你们的分析结果存在很大差异，那么就需要找出原因，要么是训练不足，要么是分类不当，需要改进。如果研究人员不知道如何进行分析，那么就是训练的问题。如果确定是分类的原因，那么就需要改进分类方案，并且再进行比较测试，以确定分类的可靠性。

我们可以根据上述比较测试的结果,把"可靠性"量化为"可靠性指标",即结果相符的类别数与总数之比。"可靠性指标"反映了这项技术和内容类别的有效性。

话语分析(discourse analysis)是另一种分析录像、录音数据的方法,它关注的是话语的意思,而不是内容。话语分析是解释性的,注重上下文,它不仅把语言视为反映心理和社会因素的媒介,也把它作为解释工具。话语分析的基本假设是不存在客观的科学真理的,语言是社会现实的一种形式,可以从不同角度进行解释。从这一层意义上来说,话语分析的基本思想与现场研究是相似的。语言是解释工具,通过话语分析,我们即可了解人们如何使用语言。措辞上的微小改动即可改变话语的意思。以下两段话就说明了这个现象:

当你说"我正在进行话语分析"时,你实际上就是在进行话语分析……

Coyle 认为,当你说"我正在进行话语分析"时,你实际上就是在进行话语分析……

增加了"Coyle 认为"几个字,整句话的权威性就发生了变化,它取决于读者对 Coyle 工作的了解和他的名望。有些分析员也认为寻找话语中的变动性是话语分析的有效方法。

对互联网应用(如聊天室、电子布告栏和虚拟世界)进行话语分析能够增进设计人员对用户需要的理解。这里可以使用"对话分析"(conversation analysis),这是一个非常细致的话语分析方法。对话分析可用于仔细检查语义,它的重点是对话过程。这项技术适用于社会研究,如分析对话如何开始、发言的次序以及对话规则,它也非常适用于研究录像或计算机通信中的对话过程。

定量分析

在可用性实验室搜集摄像数据时,我们通常需要在观察的同时做一些附注。评估小组在远离测试对象的控制室内,通过监视器观察测试过程。当发现错误或异常操作时,评估人员应在摄像数据上做标记并进行简短说明。在测试结束后,评估人员使用经过标注的录像数据,计算用户的执行时间,比较用户使用不同原型的情形。同样,评估人员也可以使用交互记录计算用户的执行时间。通常,评估人员需要对这些数据做进一步的统计分析,如求平均值、标准差、进行 T 检验等。如前面所述,也可以量化分类数据,并进行统计分析。

把结果反馈至设计

前面已提到,我们可以使用不同方式把评估结果反馈给设计组。评估报告应非常明确,为了便于阅读,应在起始处提供概述和详细的内容清单,此外,也应提供充分的参考资料。场景描述、引证、图像、录像片段等都有助于生动地呈现研究结果并激发人们的兴趣,也能使评估报告更具说服力。在做口头报告时,录像片段能够增加说服力。定性和定量的数据分析也非常有用,因为它们采用的是不同的分析视角。

4.4 其他类型的研究[1]

相比其他研究工具,本章所描述的定性研究对于交互设计的帮助在实践中最为凸显。简

---

1 (美)凯茜·巴克斯特,凯瑟琳·卡里奇,凯莉·凯恩. 用户研究方法与实践[M]. 2 版. 王兰,等译. 北京:机械工业出版社,2017.

而言之，定性研究技术使用较少的精力与费用探索产品的全局与功能细节，其他研究技术还无法达到这种程度。因此，本章集中描述的是用户观察、用户访谈等定性研究，目标是服务于后面将用到的收集用户数据。在此基础上，形成交互设计中的关键工具——构造健壮的用户和领域模型。

设计师和可用性工作者还会使用许多其他研究工具，包括任务分析、焦点小组以及可用性测试，其中不少工作同样有助于创造有用并宜人的产品。

Mike Kuniavsky 的著作《观察用户体验》（*Observing the User Experience*）是非常优秀的一本书，其中讨论了很多关于设计和开发过程中可以运用的用户研究方法。作为本书的补充，本节我们主要讨论其中几种比较突出的研究方法，并看其如何切入到整体开发活动中。

4.4.1　焦点小组

焦点小组是对 5～10 人（最好是 6～8 人）进行的访谈活动，由经验丰富的主持人主持，创造开放、客观的讨论氛围。主持人引入话题，围绕话题，大家说出自己的经验和意见，通常持续 1～2 小时，这有利于快速获得用户对特定主题或概念的看法。焦点小组的优点有：团队可以提出你可能从来没有想过的问题，小组的协同作用可以激发新的想法，并鼓励参与者讨论，讨论的事情可能在单独访谈时没有想到。与单独访谈相比，参与者在焦点小组中往往更坦率地讨论他们的经验，并用自己喜欢的语言与同伴交谈。焦点小组的缺点在于：参与者可能更容易受到同伴的影响，并默许特别有影响力的成员的意见。

焦点小组的准备工作包括生成和提炼问题，确定小组成员的特征，招募参与者，邀请观察员，形成活动材料。

1. 编写话题/讨论提纲

提纲包含关键话题和具体问题，主持人可以参考焦点小组的话题/讨论提纲，让调研活动按计划进行（见表 4-5）。讨论提纲仅起指导作用，不能照本宣科，因此主持人可以根据参与者的兴趣和谈话内容转移话题。

表 4-5　讨论提纲

话题	问题	持续时间	目标
介绍（接龙发言形式）	请介绍自己	<2 分钟	让参与者说话，帮助其放松；参与者互相认识
热身练习	请说出你对（要讨论话题）的理解	5 分钟	过渡到要讨论的话题；测评参与者的理解能力
主话题 1：典型的旅游地	去年你去过哪些旅游地？	10~15 分钟	获得问题的回答
主话题 2：对旅游 App 的看法/有用的和缺少的功能	如果你想向朋友介绍旅游 App，你会怎么说？	10~15 分钟	获得问题的回答
主话题 3：使用 App 的障碍/不用它的原因	停止使用该旅游 App 的原因	10~15 分钟	获得问题的回答
小结	我们讨论的这些话题，对你来说，哪个最重要？	约 5 分钟	让参与者回忆讨论/经验；结束讨论

续表

话题	问题	持续时间	目标
总结	总结包含了所有讨论的内容吗?	约5分钟	让参与者验证/反驳主要结论
还缺少什么?	还有哪些事应该知道而没有讨论?	约5分钟	确定参与者感兴趣但没有讨论的话题

编写讨论提纲,需要先确定哪些问题需要回答,然后产生、提炼和限定讨论的话题和问题,最后矫正每一个问题的具体措辞。

2. 编写焦点小组问题

焦点小组特别适合回答这些问题:与态度、感受和信仰相关的话题;有关定量或行为原因的问题;能产生新想法的问题;从小组中而不是个人获得答案的问题。

焦点小组的问题应该是开放式的、措辞明确的、公正的、切中目标的。表4-3中列出了6种类型的问题:介绍、热身、关键话题、小结、总结和缺少什么,这些关键问题包含了大量的信息,活动中需要回答这些关键问题。

下面列举一些关键问题:

- 回顾用户在"典型"的一天或最近一天中所发生的行为(例如,在工作中、在家里,或根据情景决定);
- 列举问题(例如,列出用户执行的任务以及是如何完成的);
- 常规的行业问题(例如,术语、标准程序、行业准则);
- 用户的好恶或优点或缺点;
- 用户对新产品/新概念的反应、意见、疑问或态度;
- 对新产品或新功能的预期。

让参与者讨论"典型"的一天,可以从较高的层面了解参与者常规的工作或活动方式,还可以从更高的层面理解如何完成某些任务、面临的挑战,以及喜欢的事情。

3. 要避免的问题类型

1)敏感或私人问题

不要在焦点小组中讨论政治、性别、道德等极其敏感的或私人的话题。

2)预测性问题

研究发现,参与者并不善于预测实践中有用的产品特性,这就是为什么不建议问参与者他们没有经历过的假设性问题。例如,可以问一个人:"你在工作中面临的最大问题是什么?"用户回答后,接着问"什么会让你的工作变得更容易些?"可以肯定的是,参与者曾想过很多类似的问题,或者这些问题应该得到解决。但不应该问旅行社是否愿意使用语音输入,如果旅行社之前从未见过或使用过这样的系统。

4. 主持人

每个调研的主持人都应推进活动。主持人的工作是从小组中获得有意义的回复,管理团队动态,检查每个答案,确保已经了解了参与者的真实想法,然后复述一下,确保已经理解了参与者的每一个陈述。最后,主持人需要知道什么时候可以偏离提纲,进入有价值的话题,并从毫无结果的讨论中回到正轨。

主持人需要有足够的领域知识，知道哪些讨论有价值，哪些讨论浪费时间。主持人也需要知道后续应问哪些问题，实时关注细节，团队需要这些细节做出产品决策。最后，主持人应该营造一种自由发言的氛围，并让参与者轻松自在。

5. 焦点小组讨论

焦点小组调研是自由发展和相对非固定的。在调研期间，可以展示讨论/话题提纲和问题列表，但有趣的见解可能在意想不到的话题中出现。群体互动是焦点小组的关键点，所以允许新话题出现是非常重要的。

主持人应该鼓励所有的参与者参与讨论，要控制专横的参与者少说话，引导安静的参与者多说话。如果有 10 人参与焦点小组，而只有 5 人积极参与，这基本上把参与者规模削减了一半。

开展焦点小组活动的目的是获得群组的观点，但这并不排除收集个人数据。例如，可以单独要求参与者进行等级选择，或者要求参与者按照自己的喜好投票。也可以事前进行调查或跟踪焦点小组的活动，以解决那些在焦点小组活动中由于时间紧迫而没有解决的问题。

4.4.2 卡片分类

卡片分类法揭示的是人们如何对内容进行组织和命名，经常用于解决产品的信息架构。信息架构是指对产品的结构、内容、标签和信息类目进行组织，对导航和搜索系统进行设计。好的架构可以帮助用户便捷地找到信息，并完成相关任务。

卡片分类是信息架构师常用的技术，用来理解用户是如何组织信息与概念的。尽管存在若干变式，但通常的做法都是要求用户对一叠卡片进行分类，每张卡片都会包含一些关于网站或产品的功能或信息。卡片分类中特别要注意的地方是对结果的分析，分析方式可以是探索其中的趋势，也可以运用统计学分析方法来揭示其中的各种模式与关联。

开始卡片分类活动之前，需要考虑：采用开放式卡片分类法还是封闭式卡片分类法？采用纸质卡片还是使用卡片分类软件？如果使用卡片分类软件，是采取远程还是面对面的方式开展活动？

1. 开放式与封闭式卡片分类法

开放式卡片分类法指参与者可以对信息进行任意分类，并对分类命名。封闭式卡片分类法指参与者只能按照既定目录对卡片进行分类。

开放式卡片分类的两个主要优点是：①参与者能按照自己的想法更为灵活地进行分类，研究结果更准确、直观地反映了参与者的真实心理模型；②参与者可以对分类进行命名，通过命名可以了解参与者的语言习惯。由此可见，开放式分类适用于创建产品信息结构。封闭式分类则更适用于完善产品已有的信息架构。

2. 纸质卡片与卡片分类软件

现今有很多虚拟卡片分类软件可供选择。利用计算机软件开展卡片分类活动在数据分析阶段可以节省时间，因为分类数据自动以设置的格式存储。另一个优点在于用户可以在计算机上同时看到所有卡片。但纸质卡片则不然，除非拥有足够的物理空间，否则无法放置所有的卡片。

卡片分类软件汇总如下。
- UXSORT（免费）；
- uzCardSort（免费、开源）；
- XSort（免费）；
- Tom Tullis 汇总了最新的卡片分类数据分析工具列表。

3. 小组卡片分类

小组卡片分类，是指多人同时参与活动，这样可以在短时间内获取大量数据。在有足够空间的前提下，可以尽可能容纳更多的人参与卡片分类。要注意的是，尽管是同一时间同一地点，每个参与者也要独立完成分类任务。

小组卡片分类的缺点是无法收集参与者的出声思维数据，因此无法得知参与者这样分类的原因，但仍可以从参与者对每个分类的具体描述中充分获取相关信息。

4. 选定内容和定义

获取分类对象（需要分类的信息和任务）和定义的方式有很多，选择哪种方式主要取决于产品所处的阶段，是已有产品还是处于概念阶段的产品。

（1）已有产品。针对已有产品，并且公司里有信息架构师或内容策划师，则可以直接咨询是否已经有可供参考的内容库。如果目标是重构现有架构且没有可参考的内容库，则需要团队确定需要重构的范围及范围内包含的所有对象。如果下一版本产品中删除了某些对象，则需要将这部分对象移出；反之，如果增加了某些对象，则需要将这类对象移入。

（2）处于概念阶段的产品。还处于概念阶段的产品内容和任务可能还未成型。除了保持和开发团队的合作，还需要从市场营销部分和竞品分析处获取补充信息。可以通过访谈或问卷调查的方式了解用户对产品内容或任务有哪些潜在偏好。需要准确理解用户提到的每一项内容，确保定义的概括性。

5. 卡片数量

所需卡片数量（C）的计算公式是待分类的对象数量（O）乘以计划招募的参与者数量（P）。如果有 50 个待分类对象和 10 名参与者，就需要准备 500 张卡片。建议给每位参与者提供 20 张空白卡片备用，有时参与者可能需要增加分类对象或记录分类的相关信息。

6. 收集的主要数据

执行卡片分类的主要目的是了解用户怎样对条目进行分类。在封闭式卡片分类中，由于类目是既定的，研究人员只能了解参与者将哪些卡片归类到了哪个类目下。但在开放式卡片分类中，参与者可以自己创建类目。研究人员不仅可以了解参与者的类目创建思路，还能了解他们的类目命名方式和分类方式。通过这些数据可以获知参与者的用户模型，他们在头脑中是如何组织内容的，以及会使用哪些与内容相关联的词汇。

卡片分类的确有助于理解用户心理模型的某些方面，但前提是用户必须具备精确的组织能力。抽象主题的分类与期望的产品使用方式并非存在一定的关联。弥补这些潜在问题的方法之一便是要求用户根据使用产品完成任务的情况，对卡片进行排序，另一个增强研究效果的方法是事后听取用户的分类依据，以理解其用户模型。

最后要说明的是，通过合理的开放式访谈完全能够了解用户模型的上述方面。恰当地提问，仔细关注被访者如何解释其工作与相关领域，就可以破译在他的头脑中不同功能与信息是如何联系在一起的。

7. 数据分析

分析卡片分类结果的方式有很多，如简单总结、聚类分析、因子分析、多维尺度分析以及路径分析。

当参与者人数（等于或少于 4 名）和卡片数量较小时，可以直接进行人工汇总，甚至只用眼睛扫描就可估算出结果。当参与者人数增加时，人工统计会出现误差。人工汇总的适用前提是：参与者及卡片数量很小，数据分析时间极其有限。

无论数据收集是通过人工还是软件，都建议使用程序进行数据分析。研究表明程序分析比人工分析更快捷高效。以下是目前已发布的可免费使用的两款程序。

- Syntagm's SynCaps；
- NIST's WebCAT。

提供给产品团队的研究结果通常是由程序生成的树状图和一张简单的分类结果表，除此之外还会展示参与者的表格更改情况，以及对产品设计有参考价值的草稿。

本章小结

本章讨论了几种常用的用户研究方法，包括问卷调查、用户访谈、用户观察、焦点小组、卡片分类等，并分析了用户研究方法使用时的注意事项、执行步骤和相应的数据分析方法。

思考题

1. 团队想做知识付费类服务，但不确定目标人群，不确定初期应提供什么服务内容，也不确定体验应该做到什么程度，这时产品经理找到你说："能不能在 2 个月内，做一项研究了解一下知识付费人群？"要求：列出整体思路、调研规划、研究对象、
研究方法和内容等。

2. 亲身实践"实地观察"。

首先，选择一种产品，如移动电话、录像机、复印机、计算机软件或其他类型的技术设备。假设你的任务是改进这个产品，你可以采用两种方法：一是改进产品的设计；二是设计全新的产品。

接着，找出使用该产品的一位或一组用户（可以是家庭成员、朋友、同学或社团成员等），对他们进行观察。

按照以下步骤完成观察研究：

（a）考虑你的基本目标——"改进产品"的含义是什么？你需要询问哪些初步问题？

（b）初步观察用户（组），找出可能面临的问题，及有助于细化问题的信息。

（c）计划研究过程。

● 确定用于指导观察过程的具体问题；

● 决定是作为旁观者，还是作为参与者进行观察；

● 准备协议书和必要的说明（介绍你自己和你的研究项目）；

● 决定如何收集数据。准备必要的数据表格，测试必要的观察设备；

● 决定如何分析收集到的数据；

● 对照 DECIDE 框架，检查是否已准备就绪；

● 进行小规模测试，检验你的观察准备工作。

（d）进行正式观察（可考虑进行为期两个半小时的观察）。

（e）使用你选择的方法分析数据。

（f）编写观察报告，说明观察方法及原因，描述收集到的数据，说明分析过程和观察发现。

（g）提出产品的改进建议。

第5章

人物角色的创建与运用

当你看着那些来自用户访谈、问卷调查、网站流量分析等的原始材料时，通常没时间坐下来好好分析这些数据，找出有用的、可实现的总体主线和联系。恰恰相反的是，总是一个猛子就扎进细节里去了。

这是一种倾向，即把数据错认为真理。对数据不加处理、放任取用是可怕的，它们太容易被当成既定的事实而不是亟待梳理出逻辑的最粗糙的原始材料。当你花费时间把来自用户研究的原始数据整理成有如下性质的内容时，这些数据才是具有价值的：

更全面而不是只关注片面。光知道有 36% 的用户在某个特定的页面上放弃了注册是远远不够的。您需要把它和其他信息放在一起进行综合分析：哪些用户正在离开我们的网站，为什么他们会这样做，有什么办法能改变这种状况？光靠一个统计结果根本无法了解整个事情的来龙去脉。

可以共享。如果人们不能很快看到你的研究结果，他们似乎很难赞同你的结论。将你手中所有的数据一股脑儿地扔给观众，会降低最重要的数据的影响力。要使用户研究成果派上用途，必须要把它们聚焦到一起，并适当精简到易于使用和理解。

容易记忆。一个令人头晕目眩的巨大的电子表格并不代表有效利用数字的用户研究方法。容易记住的数据是那些经过合理、精心地分类组装过的数据，人们在任何需要它的时刻就能立刻回想起来。

可实施。最后，用户研究的结果只有在可实现的时候才是有用的。知道有 22% 的顾客在 30～39 岁，这对你决定如何设计产品并没有任何影响。但是知道由于你不能提供某个特定功能，最重要的顾客中有 22% 不使用你的产品，这才是有价值的结论。做用户研究的目的是希望完成商业目标，而不是出自无聊的好奇心。

即使完成了用户研究，但如果没有给出令人信服、容易记忆以及可实施的结论，那么用户研究是没有用的。如何分享用户研究中得到的发现呢？人物角色概括了用户研究（产品使用者的目标、行为、观点等）的发现，并形成栩栩如生的画像，使枯燥无味的数据转化成能改善用户体验的知识，以此来辅助产品的决策和设计。

5.1 人物角色

人物角色是真实用户的综合原型，代表了一群真实的人物。任何项目都可以有一个或多个人物角色，某个人物角色代表产品的某类特定用户。阿兰·库珀认为，人物角色是把关于某个具体产品的使用模式和行为模式封装为一个独特的集合，这些模式主要通过用户研究获得的数据来支持。

在产品设计开发中需要一个工具，它既能够把抽象的数据形象化、具体化，又能够起到很好的交流作用。人物角色就是一个很好的工具，它把抽象的数据转化成虚拟的人物，来代表个人的背景、需求、喜好等。设计师们可以通过考虑角色的需要，更好地推断一个真实的人的需要。另外，人物角色也在设计的各个阶段起到交流的作用，可以统一众多的参与人员对用户的理解。

5.1.1　人物角色不是什么

（1）人物角色不是用户细分。人物角色看起来像我们比较熟悉的用户市场细分。用户细分是市场研究中常用的方法，通常基于人口统计特征（如性别、年龄、职业、收入）和消费心理，分析消费者购买产品的行为。与消费者-商品的对应关系不同，我们更加关注的是用户如何看待、使用产品，如何与产品互动，这是一个相对连续的过程，人口属性特征并不是影响用户行为的主要因素。而人物角色关注用户的目标、行为和观点，能够更好地解读用户需求，以及不同用户群体之间的差异。

（2）人物角色不是平均用户。某个人物角色能代表多大比例的用户？首先，在每一个产品决策问题中，"多大比例"的前置条件是不一样的。是好友数大于 20 的用户？是从不点击广告的用户？不一样的具体问题，需要不一样的数据支持。人物角色并不是"平均用户"，也不是"用户平均"，我们关注的是"典型用户"或是"用户典型"。创建人物角色的目的，并不是为了得到一组能精确代表多少比例用户的定性数据，而是通过关注、研究用户的目标与行为模式，帮助我们识别、聚焦于目标用户群。

（3）人物角色不是真实用户。人物角色实际上并不存在。我们不可能精确描述每一个用户是怎样的、喜欢什么，因为喜好非常容易受各种因素影响，甚至对问题不同的描述就会导致不同的答案。如果我们问用户"你喜不喜欢更快的马？"用户当然回答喜欢，虽然给他/她一辆车才是更好的解决办法。所以，我们需要重点关注的，其实是一群用户他们需要什么、想做什么，通过描述他们的目标和行为特点，帮助我们分析需求、设计产品。

5.1.2　使用人物角色的目的

人物角色是研究目标受众后得到的结果，能精确地表达用户的需求和期望，是所有后续目标导向设计的基础。

（1）人物角色描述的结果是一个勾勒的原型。人物角色（persona）与用户（user）的含义是不同的。人物角色是一个系统的典型用户，是将与之互动的某类用户的例子。人物角色并不是真实的人，但他们是基于我们观察到的那些真实的人的行为和动机建构的，并且在整个设计过程中代表真实的人，是在人种学调查收集到的实际用户的行为数据的基础上形成的综合原型。要想让人物角色成为设计的利器，必须要十分严格和精细地辨别用户行为中那些显著和有意义的模式，并且把它们转变成能够代表大多数各种类别用户的原型。

（2）人物角色描述的对象是产品的目标群体。通过利用人物角色解答以下这些问题，使产品设计团队能够实际上站在用户角度思考，更好地满足实际用户的需求和期望。

① 他/她为什么用你的产品？

② 什么驱使他/她使用你的产品而不是竞争对手的产品？

③ 在一天中的某个点，用户需要什么信息？

④ 用户一次只关注一件事情吗？

⑤ 在用户的体验中是否经常被干扰？

（3）人物角色描述的内容是目标群体的真实特征。人物角色不是要创建一般性用户，而是标志行为范畴内的可被模仿的行为类型。因为人物角色必须在一定范围内描述用户行为、态度及能力，所以设计师必须定义出与任意给定产品相关的人物角色集合，多个人物角色将连续的行为范围变为离散的行为聚集。不同的人物角色代表不同的相关行为组，而这些相关性是通过分析研究数据得来的。一个产品通常会设计 3～6 个角色代表所有的用户群体。另外，人物角色必须有动机。动机不仅指出了特定的使用模式，也提供了这些行为存在的理由。理解人物角色，以目标方式捕获这些动机非常关键。理解用户执行任务的原因让设计师能够改善甚至消除某些任务，同时仍然能够完成目标。

人物角色的价值在于：

（1）定义特定用户的目标和需求。

（2）给予设计团队有共识的关注点。

（3）发现机遇和产品差距，以发展策略。

（4）专注于为代表更大群体的可应付的对象设计。

（5）不用覆盖整个用户群的需求，大大减少用于获得用户需求所需的时间和成本。

（6）帮助设计者以同理心的角度（以用户姿态）理解用户的行为、动机和预期。

（7）有助于为设计元素定出优先级，以经济的方式解决设计意见的冲突。

（8）能够在人物角色的基础上对设计不断进行评估和确认，以减少可用性测试的频率。

5.1.3　人物角色的好处

人物角色是非常强大的多用途设计工具，能够有效地克服当前数字产品设计开发中的很多问题。阿兰·库珀把人物角色的好处归纳为以下三个方面。

（1）帮助团队成员共享一个具体的、一致的对最终用户的理解。有关最终用户的复杂数据可以被放在正确的使用情景中和连贯的故事里，因此很容易被理解和记忆。

（2）可以根据是否满足各个角色的需要来评定和指导各种不同的解决方案，并根据在多大程度上满足一个或多个角色的需求，来评定产品功能的优先级。

（3）在抽象的设计和开发过程中加入一张真人照片，可以让设计、开发人员和决策者设身处地地为人物角色着想。

1. 人物角色带来专注

人物角色的第一信条就是"你不可能建立一个适合每个人的产品"。在大多数的案例中，成功的商业模式通常只会针对特定的群体。适合"每个人"的产品也就意味着为最低的共同标准而设计。一般情况下，给某个特定的群体提供优质的服务远远比给更大数量的人群提供一部分服务要聪明得多。

人物角色有助于防止一些常见的设计缺陷，首先是所谓的"弹性用户"。这是指产品设计开发团队中的每一个人对用户及其需要的不同理解——"用户"一词并不精确严密，在做产品设计决定的时候，"用户"为了适应团队中强势者的观点和假设，很容易被扭曲变形，变为弹性用户。"弹性用户"也有可能给设计工作带来低效率的影响。比如，在设计医疗产品时，可能有些人会考虑设计一个能够满足所有护士的产品，因为她们有着相似的需求。但具备一些医疗知识的人都明白，外科护士、儿科重症护理护士、操作间护士的工作是根本不相同的，每个工种都有不同的态度、专长、需求和动机。

设计师需要认清为谁设计产品，这样才能避免设计一个适合所有人的产品，成功的商业模式通常只会针对特定的群体。创建人物角色会迫使设计师和开发人员把时间花在考虑这类用户的需求上。人物角色的创造意味着用户群已经多多少少被定义了，所以，"用户想要什么"这类广泛而模糊的陈述应该能够被人物角色检验，以避免仅仅使用"用户"这个词来任意提出需求。使用人物角色可以帮助团队有一个对真正用户的共享的理解，用户的目的、能力和使用情景不再空洞而广泛。

2. 人物角色引起共鸣

人物角色的第二信条：专业人员不是用户。产品设计师和开发人员了解自己的业务和运营情况，所以会本能地基于自己的想法做决策。但用户和专业人员不一样，用户没有必要去关心专业人员所关心的那些事。

人物角色可以帮助设计师和开发人员以用户的身份来考虑问题。在使用人物角色时，会把他们当成真实存在的人物来感受。人物角色能够把抽象的数据转换成具体的人物。虽然不是每个人都可以准确掌握抽象的数据，但每个人在日常工作和生活中都要与各种各样的人打交道，看到人物角色中所描述的人，人们会很自然地想了解和认识他/她，这就更容易为人物角色设身处地地着想。

3. 人物角色促成意见统一

绝大部分用户研究的原始数据使不同的人得出不同的结论。一个人抓住其中一部分数据来支持自己的观点，另外一个则使用另一组数据与其争论，在做决策时，每个团队成员可能都会有一个不同的声音，这将导致效率低下，产品前后脱节。

在前期达成意见统一意味着在后期决定细节时不会出现太多沟通上的错误理解。团队之间的这种默契也许是人物角色带来的最为重要的一个好处，因为它有助于在整个团队内部确立适当的期望值和目标。

人物角色也有助于防止"自我参考设计"。自我参考设计是指设计者或者开发人员可能会在不知不觉中，将自己的目标、动机、技巧及心智模型映射到产品的设计中，大多数很"酷"的产品设计可归于此类。用户不会超越像设计师这样的专门人员，参考自己的经验目标这种设计方式仅仅适合很少数的产品，绝不会适用于大多数产品。人物角色提供了实践中的检查，帮助设计人员把设计集中在目标用户可能会遇到的用例中，而不是集中精力在一些通常不会发生的边缘情况。

4. 人物角色创造效率

人物角色确保人们更早做出重要的决定，这样能避免在后期浪费时间和金钱。在项目前期使用人物角色来进行审查，可以使每个人都不得不优先考虑有关目标用户和功能的问题，以减少将来这些议题打乱既定计划的可能性。人物角色几乎不会给整体项目增加费用，反而会节省时间和金钱，因为最初花在人物角色上的时间，换来的是大幅提高的工作效率。

5. 人物角色带来更好的决策

人物角色能帮助每个人做出更好的决策，因为人物角色源于用户研究，所有团队成员都确信这些才是他们的目标用户群，同时每个人都非常清楚如何去满足用户的需求，从而实现预期的商业目标。

设计团队是第一个从中受益的，他们将人物角色作为一种设计工具来决定产品的用户体验。有了人物角色，他们在工作时就能更多地以用户为中心来考虑问题，根据人物角色对他们提出的要求去寻找最佳的设计方案。在确定信息架构和交互设计时，人物角色会在它们的概念设计阶段起到至关重要的作用。另外，人物角色对内容和视觉的设计有很大的影响；最后人物角色对测试计划也很有用。

市场部门对人物角色并不陌生。但与传统的市场细分原则（通常基于人口统计特征和消费心理）不同的是，人物角色的分类法关注的是用户的目标、行为和观点。企业可以根据人物角色的需要，通过多种渠道为用户提供有价值的服务。另外，当市场人员把同样的人物角色用于企业的其他环节时，在"吸引用户使用服务"和"优质地服务于用户"之间形成了一种良好的循环。

在确定商业策略时，人物角色逐渐被用来建立参照标准，这也是人物角色最激动人心的发展方向。这一点充分发挥了人物角色最重要的力量（专注、共鸣、统一和高效），同时又进一步扩大了它的影响力。人物角色已经从一个用来实现战略计划的设计工具，发展成用于确定首要商业策略的战略工具。

5.2 人物角色的创建

人物角色能够被创建出来、被设计团队和客户接受、被投入使用，一个非常重要的前提是：我们认同以用户为中心的设计理念。人物角色创建出来以后，能否真正发挥作用，也要看整个业务部门、设计团队是否已经形成了 UCD 的思路和流程，是否愿意、是否自觉不自觉地将人物角色引入产品设计的方方面面，否则，人物角色始终是一个摆设，是一堆尘封的文档。所以，在创建人物角色之前，我们需要明确几个问题：谁会使用这些人物角色？他们的态度如何？将会如何使用？做什么类型的决策？可以投入的成本有多少？明确这些问题，对人物角色的创建和使用都很关键。

5.2.1 创建人物角色的方法

1. 阿兰·库珀的七步人物角色法[1]

（1）发现并确定用户行为变量。典型用户集群的行为变量集合包括：①用户的活动、使用的频率和工作量。②用户对待产品的态度，是生活必需抑或是提高工作效率，或者是消遣娱

---

1 （美）阿兰·库珀等. About face 3: 交互设计精髓[M]. 北京：电子工业出版社，2012.

乐打发时间。③能力，即用户所受教育和培训程度、自我学习能力。④动机，用户为何会从事该产品领域范围的工作。⑤技能，即用户在什么领域使用产品，有哪些使用技巧和特殊技能。

（2）将访谈主体映射到行为变量。将访谈主体和行为变量一一对应，定位到某个范围的精确点，例如，有 20%的用户看重价格，20%的用户看重功能，60%的用户看重品牌，那么这 60%的用户就是大多数。

（3）识别显著的行为模式。在多个行为变量上看到相同的用户群体，这同一类的用户群体可能代表一个显著的行为模式。如果模式有效，那么行为变量和用户角色就有逻辑关系或者因果关系，而不仅仅是假想的关联。这个模式是形成人物角色的基础。

（4）综合各种特性和相关目标。从数据中综合细节，描述潜在使用环境、使用场景和当前产品的不足等。在这一步中，描述行为特征简略的要点就可以了。在这一阶段，有一个虚构细节是重要的，即人物角色的姓名、年龄和特征，这有助于更好地可视化人物角色。

（5）检查完整性。检查人物和行为模式的对应关系、是否存在重要缺漏、是否缺少重要的典型人物、是否缺少重要的行为模式，以确保人物角色和行为模式的独特性和差异性。

（6）展开属性和行为的叙述。典型人物角色叙述不需要包含每个观察到的细节，只需要简略勾画关注点、兴趣爱好以及工作生活中与产品的直接关系，即叙述应是以一种总结的方式来表达人物角色对产品的需求。

（7）指定人物角色类型。对所有人物角色进行优先级排序，以确定首要的设计对象。

2. Lene Nielsen 的十步人物角色法（见表 5-1）

表 5-1　Lene Nielsen 的十步人物角色法

步　骤	目　标	使用的方法	生成的文档
（1）发现用户	谁是用户？有多少？他们对品牌和系统做了什么？	数据资料分析	
（2）建立假设	用户之间的差异都有什么？	查看一些材料,标记用户人群	大致描绘出目标人群
（3）调研	关于人物角色的调研、关于环境的调研、关于剧情的调研	数据资料收集	报告
（4）发现共同模式	是否抓住了重要的标签？是否有更多的用户群？是否同等重要？	分门别类	分类描述
（5）构造人物角色	基本信息、对待技术的情绪与态度，其他需要了解的方面	分门别类	类别描述
（6）定义场景	这种人物角色的需求适应哪种场景？	寻找适合的场景	需求和场景的分类
（7）验证与支持	你认识这样一个人吗？	阅读并评论人物角色的描述	
（8）知识的传播	如何分享人物角色？	会议、电子邮件、相关活动	
（9）创建情景	在设定的场景中，当人物角色使用产品时会发生什么？	使用人物角色描述和场景形成情景	剧情、用户案例、需求规格说明
（10）持续的发展	新的信息会改变人物角色吗？	可用性测试、新数据	丰满且有真实感的人物角色

3. Steve Mulder 和 Ziu Yarr 的创建人物角色方法

在《赢在用户：如何创建人物角色》一书中，作者把人物角色分为：定性人物角色、经定量检验的定性人物角色、定量人物角色，并描述了三者的研究步骤、优缺点和适用性，如表 5-2 所示[1]。

表5-2 三种创建用户角色方法的比较

	研 究 步 骤	优 点	缺 点	适 用 性
定性人物角色	1. 定性研究：访谈、现场观察、可用性测试。 2. 细分用户群：根据用户的目标、观点和行为找出一些模式。 3. 为每一个细分群体创建一个人物角色	1. 成本小。与 15 个用户访谈、细分用户群、创建人物角色。 2. 简单。增进理解和接受程度。 3. 需要的专业人员较少	1. 没有量化证据。必须是适用于所有用户的模式。 2. 已有假设不会受到质疑	1. 条件和成本所限。 2. 管理层认同，不需量化证明。 3. 使用人物角色风险小。 4. 在小项目上进行的试验
经定量检验的定性人物角色	1. 定性研究。 2. 细分用户群。 3. 通过定量研究来验证用户细分：用大样本来验证细分用户模型。 4. 为每一个细分群体创建一个人物角色	1. 量化的证据可以保护人物角色。 2. 简单。增进理解和接受程度。 3. 需要的专业人员较少。可以自己进行简单的交叉分析	1. 工作量较大。 2. 已有假设不会受到质疑。 3. 定量数据不支持假设，需要重做	1. 能投入较多时间和金钱。 2. 管理层需要量化的数据支撑。 3. 非常确定定性细分模型是正确的
定量人物角色	1. 定性研究。 2. 形成关于细分选项的假说：一个用于定量分析、多个候选细分选项的列表。 3. 通过定量研究收集细分选项的数据。 4. 基于统计聚类分析来细分用户：寻找一个在数学意义上可描述的共性和差异性的细分模型。 5. 为每一个细分群体创建一个人物角色	1. 定量技术与定性分析相结合。模型第一时间得到验证。 2. 迭代的方式能发现最好的方案。 3. 聚类分析可以支持更多的变量	1. 工作量大。7～10 周。 2. 需要更多专业人员。 3. 分析结果可能与现有假设和商业方向相悖	1. 能投入时间和金钱。 2. 管理层需要量化的数据支撑。 3. 希望通过研究多个细分模型来找到最适合的那个。 4. 最终的人物角色由多个变量确定，但不确定哪个是最重要的

表 5-2 中列举了三种创建用户角色方法的流程、优缺点和适用性，下面以定量人物角色为例，总结一下创建人物角色的步骤。

1（美）Mulder S, Yaar Z. 赢在用户：如何创建人物角色[M]. 北京：机械工业出版社，2017.

（1）研究准备。

包括向你的团队介绍人物角色、进行必要的预调研（收集相关资料，向相关部门和人员了解情况）和形成初步假设（大概的用户群可能有哪几类）。

（2）定性的用户研究。

这一阶段的主要目的是获得关于用户目标、行为、观点的列表，形成初步的细分选项，并列出有待定量验证的想法。定性用户研究的方法主要是访谈和现场调查。

其中访谈又包含这些步骤：确定访谈目标；了解、界定访谈对象；招募访谈对象；准备访谈的主题列表；正式访谈；整理访谈的输出资料。

现场调查的步骤大体与访谈相似，研究人员会深入用户所处的现实场景去观察和访谈。

（3）定量的用户研究。

这一阶段的主要目的是验证和修正定性研究的发现，以及提供一些更为精确的细分候选项。方法主要包括调查文件、日志和网站流量分析。

定量研究阶段的步骤包括以下几点。

● 研究计划（目的、数据来源、数据准备、分析方法）；
● 调查准备（建立细分选项清单、列出对应的数据收集方法）；
● 进行问卷调查（确定对象、设计问卷、投放和回收、分析）；
● 分析系统数据。

（4）提炼用户细分选项，创建细分。

这一阶段是在定性和定量用户研究的基础上，提炼出划分人物角色的细分选项。

可以创建定性的细分，例如，根据目标、使用周期、行为和观点的组合等来细分用户群；也可以创建定量的细分：选择属性→选择细分群体的数量（3～6 个）→软件计算得到细分选项→评估细分选项→描绘细分群体。

在提炼时，需要考虑以下问题。

● 这些细分群体可以解释已知的关键差异吗？
● 这些细分群体已经足够不同了吗？——用户的习惯、需求、思考方式。
● 这些细分群体像真实的人吗？——能马上想起某个或某类用户。
● 这些细分群体能很快地描述出来吗？——找出 1～3 个能区分每种细分群体的因素，并略微简化，以提高理解程度。
● 这些细分群体覆盖了全部用户吗？
● 这些细分群体将如何影响决策制定？

（5）对（定性）细分进行定量验证。

例如，使用数据透视表或统计分析进行验证。

5.2.2　人物角色组成元素

一个完整的人物角色主要包括以下内容。

（1）关键差异（与产品或服务相关的明确目标、行为和观点）：如果只给 10 秒钟，我们会怎么描述一个角色？

（2）基本属性：姓名、照片（关键点是用一张真人照片），人口统计学数据（年龄、教育程度、专业背景、种族、家庭状况）。

（3）领域行业信息：过往经历、当前状态、未来计划、动机、抱怨和痛处。

（4）简单描述：设计的产品和服务中与他/她关系最密切或者对他/她影响最大的要点的总结。

（5）用户目标：与设计开发产品或服务相关的目标或任务。

（6）商业目标。

（7）相关属性：计算机和互联网使用情况（程度、目的、每周在线时间、计算机配置、计算机/互联网经验、互联网主要使用方式、喜欢的网站等），用户的使用环境（物理环境、社会环境、科技环境），等等。

当然，也不是说人物角色只能包含这些内容，人物角色中还可以增加用户的内心需求（不等于产品需求）、产品使用频率、周期等。另外还需要注意的是，不是说一个产品就只能有一个人物角色，不同的用户群体是需要分别建立角色模型的。表 5-3 给出了一个珠宝网购的典型人物角色范例。

表 5-3　珠宝网购的典型人物角色

姓名：李 莉 [人物类型]结婚、主要用户	[关键差异] ● 购买用途：结婚 ● 购买品种：戒指（婚戒），钻石定制 ● 有网购经验，喜欢货比三家 ● 有较强消费能力，注重款式、售后服务
[人物简介] ● 李莉是一名经理助理，在外贸公司上班，今年 27 岁。以前在珠宝购物网站购买过手镯。比较喜欢也经常网购，有一定的消费能力。如今正准备挑选一款结婚戒指。因未婚夫最近工作比较忙，而且去商铺挑选比较麻烦，于是决定网购钻戒。 ● 李莉想要购买一款结婚戒指，材质以钻石为主，定制婚戒，款式要求比较时尚精致。	

[个人信息]	[用户行为]	[用户态度和观点]
● 职业：行政管理人员 ● 公司：外贸公司 ● 年龄：27 ● 学历：本科 ● 收入：4000～6000 元	● 预计花费 3001～7000 元 ● 使用珠宝网购的时间：1～2 年 ● 使用过的珠宝网购平台：其他 ● 网购频率：半年及以上 ● 网购珠宝的种类：戒指 ● 网购珠宝的材质：钻石、镶嵌 ● 网购珠宝的用途：结婚	● 网购珠宝的关注点：款式、信誉、售后服务 ● 网购珠宝的原因：方便、好奇 ● 网购珠宝的满意度：不错 ● 网购珠宝担心的问题：商品质量、商品配送 ● 珠宝电子商务的劣势：信心不足、知名度不高 ● 可能会继续网购珠宝
[计算机和上网经验] ● 计算机水平：熟练 ● 上网经验：8 年以上 ● 主要使用方式：信息浏览、资料搜索 ● 每天上网时间：8 小时以上	[用户目标] ● 购买结婚戒指 ● 购买材质：镶嵌（选择钻饰成品或者选钻石、款式定制） ● 购买价格：3001～7000 元	[网站目标] ● 用户购买钻石钻饰：戒指 ● 定制戒指 ● 成为婚钻卡会员 ● 引导用户购买项链、首饰等其他产品

1. 揭示关键差异

如果你有 10 秒钟来向某人描述这个人物角色的话，你会说什么？表 5-3 中的"用户目标"

覆盖了这个人物角色的主要目标以及会影响她达到目标的属性。你不能指望每个人都了解完整的人物角色，所以如果必须要快速吸引人们的注意，这应该是你希望他们了解的几点。在这个例子中，关键差异刚好等于与人物角色目标有关、对他们而言最重要的事情（行为和观点）。

对于撰写人物角色而言，这是最重要的一部分，要把它看成一个反复迭代的过程。写下关键差异的粗略草稿，然后加入人物角色的其他元素，当人物角色在你的脑海中变得越来越真实的时候再回到你

的文字中。所有这些元素相互支持，就能使人物角色越来越真实可信。

2. 取一个名字

给人物角色取一个人人都喜欢的名字会有助于大家把它看成真实的人物，而不仅仅是当成某个细分用户群或用户类型来看待。谈论"李莉"会比只谈论"结婚戒指购买者"更有效果。

当选择名字时，使用一个这种类型的用户真正可能会用的名字。甚至可以使用某个您在用户访谈中遇到的用户的姓名——某个非常符合这种细分用户群的人。无论如何，不要使用任何一个同事的名字，因为它带来的干扰会远远大于帮助。

在为人物角色命名时，可以加以一定的描述，这样就能自动把这个名字和主要的用户差异联系起来。当团队成员开始用名字来称呼人物角色时，那么人物角色就在发挥作用了。

3. 找一张照片

没有照片的人物角色不会栩栩如生。选择照片时，最重要的是找一张真人的照片。不要使用某个模特或任何一个看起来像模特的图片；也要避免使用传统图片库和供市场推广使用的图片。

选择一张照片同时也意味着选择一个年龄范围。正如名字一样，照片应该和正在创建的人物角色性格相吻合。可以在一些提供免费共享照片的网站上下载。

4. 展示个人信息

现在到了可以加入更多细节来激活人物角色的时候了。由于人物角色方法完全是在创作中现实的人物，所以细节造成了全部的差异。这里有一些应该包括的细节。

- 工作和公司；
- 年龄；
- 居住地；
- 性格；
- 家居/家庭生活；
- 爱好。

5.2.3 确定人物角色的优先级别

人物角色的特点在于将事实转化为故事，用丰富的细节来描绘用户的形象，帮助我们聚焦、沉浸在角色的情境中。所以，一些有助于我们理解这个角色（尤其是人物的目标、行为

和观点）的信息，都可以考虑包含在对角色的描述中。

所有的设计都需要一个设计目标——为所关注的用户而设计。通常，目标越具体越好，试图创建出能够满足 3～4 个人物角色的设计方案是相当费力并困难的。为此，必须对人物角色进行优先级排序以确定首要的设计对象。在使用人物角色之前，问一下自己哪一个或哪两个是最需要满足其需求的人物角色。做这个决定最显而易见的方法是看看每个人物角色能为商业带来的价值。阿兰•库珀把人物角色类型分为 6 类，分别是[1]：首要人物角色（第一用户）、次要人物角色、补充人物角色、顾客人物角色、被服务的人物角色、负面人物角色（绝对不会使用你的产品）。

首要人物角色。它是最具有商业价值的人物角色，他的需求凌驾于其他人之上。首要人物角色的选择是一个排除的过程——将每个人物角色的目标与其他人物角色进行比较。如果没有发现明显的首要人物角色，则意味着存在两种可能，即要么产品需要多个界面，每个界面都针对合适的首要人物角色而设计（这种情况通常存在于企业和技术产品中），要么就是产品想实现的目标太多。如果你的产品有多个首要人物角色，产品的服务范围就可能过于宽广了。

次要人物角色。首要人物角色的界面通常满足了次要人物的大部分需求，但是次要人物角色还有一些其他具体的需求也要被满足，同时还不能削弱产品服务首要人物角色的能力。次要人物角色并不是任何情况下都需要，如果发现次要人物角色超过 3～4 个，那么说明产品涉及的范围可能太大、太分散。这时，我们应该先为首要人物角色设计，再调整设计来适应次要人物角色的目标。

补充人物角色。既不是首要人物角色，也不是次要人物角色的人物都是补充人物角色。首要人物角色连同次要人物角色完全可以代表这些补充人物角色，即补充人物角色的目标完全可以被某个主要界面所满足。一个界面的补充人物角色可以有任意多个。

顾客人物角色。顾客人物角色解决的是顾客的需要，而不是最终用户的需要。通常，顾客人物角色被处理为次要人物角色。然而在某些企业环境下，一些顾客人物角色却可能是首要人物角色，因为他们有自己的管理界面。

被服务的人物角色。被服务的人物角色在某种程度上不同于已经讨论过的人物角色，他们根本就不是产品的用户，但他们直接受到产品的影响。接受放射治疗的病人并不是治疗设备机器的使用者，但他会因为一个好的界面得到更好的服务。如果被服务的人物角色为我们提供了一种跟踪产品的方式，那么就可把他当成次要人物角色进行研究。

负面人物角色。负面人物角色用来和利益关系人以及产品团队沟通，他们不是产品所服务的用户。与被服务的人物角色一样，负面人物角色也不是产品的用户。他们的使用纯粹是带修饰色彩的，但也需求单独列出。负面人物角色只是用于和团队中其他成员进行交流，绝不应该成为产品的设计目标。对于商业用户企业产品来说，负面人物角色通常是 IT 专家；而对于消费者产品来说，负面人物角色通常是科技迷并且很早就使用过产品的人。

为此，需要为每个产品创建一个角色表，这并不意味着要为所有的角色设计，这些角色

1（美）阿兰•库珀等. About face 3：交互设计精髓[M]. 北京：电子工业出版社，2012.

只是代表我们关注的人群，每份角色表至少有一个首要人物角色，首要人物角色是设计或服务的中心人物，其目标必须得到满足。

5.2.4　如何应用人物角色

在产品设计的过程中，人物角色所处的位置是：用户研究→细分用户群→人物角色→场景→任务分析/用例→功能设计。从策略指导到产品完成的过程中，人物角色可以[1]：

（1）指导商业策略。策略是一个企业做出的关于如何利用资源来最大化商业利益的决策的总和。将有限的资源投入到为核心用户提供服务中，肯定是保险且有益的选择。策略型的人物角色正是帮助团队进行决策的有效工具。把策略藏在一系列关于用户的故事中，绝对是增进沟通、指导设计的一种非常有效的方式。

（2）定义特性和功能范围。列出人物角色的目标，同时列出对于每个人物角色我们想达到的所有商业目标，让它们关联起来。在进行竞争对手分析时，把人物角色加进去，评估每一个功能能在多大程度上满足每一个人物角色的需求。分析每一个功能的重要性，排出优先级。

（3）指导结构、内容和设计。①在任务分析的基础上，进行信息架构、导航和搜索的设计。②建设内容。理解哪些内容将帮助用户实现目标。与其向用户描述产品，不如告诉他们可以用这些产品"做什么"。③确定视觉设计，为每一个人物角色建立一套风格指南或情绪板。

使用人物角色的案例如图 5-1 所示。

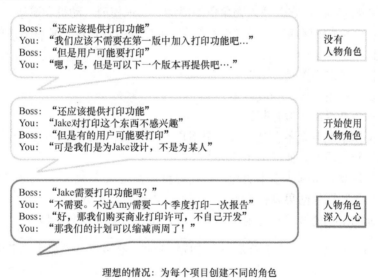

理想的情况：为每个项目创建不同的角色

图 5-1　人物角色使用案例

5.3　场景

场景是人物角色与产品进行交互时的"理想化"情景。场景把用户研究和人物角色驱动

1（美）Mulder S, Yaar Z. 赢在用户：如何创建人物角色[M]. 北京：机械工业出版社，2007.

的决策连接成为一个整体。使用人物角色的目标是让团队的每一个决策都能通过某种可信服的方式与用户联系起来。人物角色可以没有场景独立存在，但是通常场景故事是实际应用人物角色时的第一步。

场景让人物角色生动起来。它们是讲述某个人物角色如何与产品（或服务）进行交互的故事。如果人物角色是一个演员的话，那么场景就是一段情节。人物角色拥有具体的目标、观点和行为，他/她想要做什么和喜欢用什么方式去做都是交互设计师为他们配置好的。场景则讲述了当这些人物角色访问网站时有可能会真正发生的事情。场景可以影响到关于产品的决策，上至整体商业策略和范围，下至信息架构和设计的细节。

"场景剧本"（Scenario）通常是用来解决设计问题的具体化描述，即将某种故事应用到结构性和叙述性的设计解决方案中。基于人物角色的场景剧本是使用产品来实现具体目标的一个或者多个人物角色的简明叙述性描述。这里关注的是人物角色如何思考和行动，而不是科技目标或商业目标。

5.3.1　情境场景剧本

情境场景剧本的概念：随时间推移，捕捉产品、环境和用户之间的理想交互方式，用来在一个较高的层次上探索产品怎样最好地满足用户的需求。情境场景剧本是用来定义和表达需求的，让需求的呈现更丰满生动。情境场景剧本被创造于任何设计开始之前，并且是以某个用户角色的视角写的，它关注人物角色的活动、心理模型、动机和愿望。

情境场景剧本不应该描述产品或交互细节，而应该专注从用户角度描述的高层次的行动。主要解决以下问题。

- 产品使用时的设置是什么？
- 它是否会被使用很长一段时间？
- 人物角色是否经常被打断？
- 单个工作站或者设备上是否有多个用户？
- 和其一起使用的其他产品是什么？
- 人物角色需要做哪些基本的行动来实现目标？
- 使用产品预期的结果是什么？
- 基于人物角色的技巧和使用的频繁程度，可允许多大的复杂性？

情境场景剧本的例子[1]。下面是一个 PDA 和电话合成设备及服务的首要人物角色的情境场景剧本中第一次迭代的例子。人物角色 Vivien Strong 是印第安纳波利斯市的一个房地产代理商，她的目标是平衡工作和家庭生活，紧紧抓住每一次交易机会并且让每一个客户都感觉自己是 Vivien 的唯一客户。

Vivien 的情境场景剧本如下：

（1）在早晨做好准备，Vivien 使用手机来收发电子邮件。它的屏幕足够大，并且网络连接速度很快。因为早上她要匆忙地为女儿 Alice 准备带到学校的三明治，这样手机比计算

1（美）阿兰·库珀等. About face 3: 交互设计精髓[M]. 北京：电子工业出版社，2012.

机更方便。

（2）Vivien 收到一封来自最新客户 Frank 的 E-mail，他想下午去看房子。Vivien 在几天前已经输入了他的联系信息，所以现在只需要在屏幕上执行一个简单的操作，就可以拨打他的电话。

（3）在给 Frank 打电话的过程中，Vivien 切换到免提状态，这样她能够在谈话的同时看到屏幕。她查看了自己的时间安排记录，看看哪个时段自己还没有安排。当她创建一个新的时间安排时，电话自动记录下这是与 Frank 的约定，因为它知道她在与谁交流。谈话结束后，她快速地输入准备看的那处房子的地址。

（4）将 Alice 送到学校后，Vivien 前往办公室收集另一个会面所需的信息。她的电话已经更新了其 Outlook 的时间安排，所以办公室里的其他同事知道她下午在哪里。

（5）一天过得很快，当她前往即将查看的那处房子并准备和 Frank 见面时，已经有点晚了，电话告诉她与 Frank 的见面时间将在 15 分钟之后。当她打开电话时，电话不仅显示了时间安排记录，而且还有与 Frank 相关的所有文件，包括电子邮件、备忘录、电话留言、与 Frank 有关的电话日志，甚至包括 Vivien 作为电子邮件的附件发送的房子的微缩图像。Vivien 按下呼出键，电话自动连接到 Frank，告诉 Frank 她将在 20 分钟之内到达。

（6）Vivien 知道那处房子的大致位置，但不是很确切。她停在路边，在电话中打开存在约会记录中的地址，电话直接下载了从她当前地点到目的地的微缩地理图像。

（7）Vivien 按时到达了访谈处，并且开始向 Frank 介绍这处房子。她听到从手包中呼出的电话铃声，通常当她与客户沟通时会自动将电话转接到语言信箱，但 Alice 可以输入密码跨越这一过程。电话知道是 Alice 打来的，并使用了特别的响铃声。

（8）Vivien 拿起了电话——Alice 错过了公交，需要接她。Vivien 给她的丈夫打电话看他能否去接 Alice，可是访问的是其语音信箱，他不在服务区内。她给自己的丈夫留言，告诉他自己和客户在一起，看他能否去接 Alice。5 分钟后，电话发出了一个简短的铃声，从音调中 Vivien 可以判断出这个短信是她丈夫发给她的。她看到了丈夫的短消息："我会去接 Alice，好运！"

值得注意的是，这里场景剧本中的活动是与 Vivien 的目标相关的，并且尽量除去了尽可能多的任务。

剧本的形式除了文字，还可以用其他方式表达，只要能把故事说出来就可以。一旦设计团队定义好了产品的功能和数据元素，并且开发了一个设计框架，情境场景剧本就连同用户与产品的交互及产品使用语言的详细描述被修改为一个关键线路场景剧本。关键线路场景剧本专注于关键的用户交互，随着开发的进行，会被迭代式地加入更多的细节。

5.3.2　场景剧本的经典元素

创建场景剧本是从人物角色的角度来记录他们的经历，我们需要把注意力集中在人物角色试图完成的核心目标上。创建场景剧本的经典元素有：

（1）设置场景。人物角色在什么地方第一次发现他/她需要使用产品来解决所遇到的问题？什么时候发生的？周围还有谁会影响到他/她的决定？当时还有别的事情发生吗？尽可能具体地创建一个真实可信的故事，就像亲身经历这些细节一样。

（2）建立目标或冲突。我们知道使用产品是由目标触发的动作，所以必须有一些促使人物角色来使用产品的事情发生。那么是什么呢？也许是用典型的叙事风格讲述的，如与别人发生的冲突，或者是他/她自己要解决的内心冲突。要非常清楚地描述人物角色想通过产品做的事情，同时记住他/她可能会有多个目标。

（3）战胜使用中出现的危机。当人物角色使用产品（如访问网站）时，他/她是通过什么途径进入的？在这个过程中，会做出什么样的决定？是怎么找到自己想要的东西的？有任何中间的步骤可以描述吗？人物角色在途中会面临什么样的挑战？而网站可以帮助解决吗？等等。甚至可以写一个理想化的故事，关于自己的产品是怎么完全契合人物角色的需要的，在他/她的实际行为方面要尽量保持真实。

（4）总结。这些人物角色最终是怎么达到他/她的目标的？对于故事的高潮部分，他/她持有什么样的观点？是什么帮助这些人物角色达到目标的最关键因素的？

（5）大结局。成功以后这些人会做什么？人物角色是如何离开网站的？这个故事对他们的工作或生活有什么样的影响？之后他/她有什么样的体会？

场景剧本不一定要覆盖以上所有的元素。使用那些对某个人物角色和故事来讲最有用的元素即可。

一个场景就是一个简短的故事，简单地描述了一个人物角色会如何完成这些用户需求。通过"想象我们的用户将会经历什么样的过程"，就可以找到能帮助他/她顺利完成这个过程的潜在需要。

本章小结

本章主要介绍了什么是人物角色、使用人物角色的目的以及创造人物角色的方法。人物角色是针对目标群体真实特征的勾勒，是真实用户的综合原型。

人物角色第一信条：不可能建立一个适合所有人的产品。

人物角色第二信条：专业人员不是用户。

想得到 50%的产品满意度，需要分离出这 50%的用户，让他们 100%满意。

思考题

1．什么是人物角色？

2．为什么需要创建人物角色？

3．如何创建人物角色？

4．假设有一个"CEO 服装网"，它的主营业务是针对中国的大公司 CEO 们销售各式服装，请您为该网站设计一个简单的人物角色（注意，仅一个）。

第6章

从需求到设计

确定用户需求并通过情境场景剧本加以表达之后，接下来的工作就是决定用什么来满足需求，也就是把抽象的需求变成具体的功能和数据，即从"我们为什么要开发这个产品"转而面向"我们要开发的是什么"。

6.1 需求收集与需求分析

"需求"是关于目标产品的一种陈述，它指定了产品应做什么，或者应如何工作。在任何产品的设计与开发中，理解产品要做什么，并且确保它能够支持用户的需求是至关重要的。

"理解产品应做什么"这一活动有很多名称，如收集/捕捉需求、需求分析、需求工程、建立需求等。具体内容如下。

"收集/捕捉需求"表明需求是已经存在的，我们只要找出或者捕捉它们即可。

"需求分析"通常用于描述"调查和分析已经收集到的、导出的或是捕捉到的初始需求"。分析已收集到的信息是一个重要步骤，因为它是"解释"事实，而不是"陈述"事实，这能够启发设计。

"需求工程"体现了建立需求是一个"评估-协商"的迭代过程，而且需要科学管理和控制。

"建立需求"表示需求来自于数据收集和数据解释，是基于对用户需要的正确理解而"建立"起来的，同时也暗示着需求与所收集的数据之间存在着对应关系。

6.1.1 对需求的理解

需求收集和需求分析是人机交互设计中的重要环节，同时也是一个复杂的环节，原因在于人们根据自己不同的角色和不同背景条件对"需求"有不同的理解。例如，根据不同的角色，需求可以分为用户的需求、设计者的需求、开发者的需求、管理者的需求等。与此同时，这些不同角色的人在不同的情况下对"需求"也经常有不同的理解。

传统上，软件工程区分两种需求类型：功能需求和非功能需求。功能需求描述的是系统应该做什么，非功能需求说明的是系统和开发过程的限制。交互设计要求我们理解必要的功能以及关于产品操作或开发的限制，把非功能需求进一步分类。

功能需求：捕捉系统应该做什么。理解交互式产品的功能需求是非常重要的。例如，"在线购物车"的核心功能是方便用户一次选择多件商品并结算，充当临时收藏夹的功能。

数据需求：关于数据类型、变动性、大小/数量、持久性、准确性和取值的需求。所有交互式产品都需要处理或多或少的数据。例如，如果系统是一个共享应用，那么数据就必须准确、实时。在银行应用中，重要的是数据必须准确、能长久保存（如数月、数年）。

环境需求或使用环境：指的是交互式产品的操作环境。在建立需求时应考虑 4 个环境因素。第一是物理环境，如操作环境中的采光、噪声状况、环境的拥挤程度，是在开放的办公室还是在家里或在户外。第二是社会环境，例如，是否要共享数据，如果是的话，共享是同步的还是异步的？第三是组织环境，例如，用户支持的质量、响应速度如何？是否提供培训资源？通信基础设施是否有效？第四是技术环境，例如，产品应运行于何种平台上？应与何种技术兼容？存在哪些技术限制？

用户需求：捕捉目标用户组的特性。用户可能是新手或专家，也可能偶尔或经常使用系统，这些都将影响交互设计。例如，新用户需要循序渐进的提示，因此交互界面应醒目、带有明确信息；专家级用户则希望有更灵活的交互方式和更多的控制权；对于主流用户（经常使用系统的用户），重要的是要提供一些快捷键。"典型用户"的属性集合称为"用户属性集"，每个功能都可能有一些不同的"用户属性集"。

可用性需求：捕捉产品的可用性目标和评测标准。在第 1 章中已经描述了许多可用性目标。为了遵循可用性工程的原则，并且满足这些可用性目标，就必须建立适当的需求。可用性需求与其他类型需求是相关的。

Suzanne Robertson 的需求模板

项目驱动力：	13. 操作需求
1. 产品的目标	14. 可维护性和可移植性需求
2. 客户、顾客及其他当事人	15. 安全需求
3. 产品的使用者	16. 文化和政治需求
项目限制：	17. 法律需求
4. 必须遵守的限制	项目问题：
5. 命名约定和定义	18. 开放问题
6. 相关事实和假设	19. 成品解决方案
功能需求：	20. 新问题
7. 工作的范围	21. 任务
8. 产品的范围	22. 转换
9. 功能和数据需求	23. 风险
非功能需求：	24. 成本
10. 外观与感觉类需求	25. 用户文档和培训
11. 可用性需求	26. 待处理事项
12. 性能需求	27. 解决方案构思

6.1.2　需求活动过程

需求分析有两个目标：一个是要尽可能理解用户、用户的工作、用户工作的背景，这样，开发的系统才能保证达到用户的目标，这个过程称为"标识需要"；另一个是要从用户需要中提炼出一组稳定的需求，作为后续设计的坚实基础。需求不一定是主要文档，也不是一成不变的限制，但要保证在设计以及收集反馈的过程中，需求不会根本改变。这项活动过程的最终目标是提出一组需求，因此称为"需求活动"。

"标识需要和建立需求"是一个迭代过程，它们的各项子活动是相互影响的。在需求活动开始时，我们知道有许多待发掘、澄清的事项。在需求活动结束时，应得到一组稳定的需求，供后续的设计活动使用。在需求活动进行的过程中，涉及的活动有数据收集、解释或分析数据（"解释"是指对数据的初步调查，而"分析"是指用特定的理论和表示法对数据做更深入的研究）、表达研究发现（以便进一步表示为需求）。这些活动是依次进行的，但随着迭代的进行，这些活动是相互影响的。原因是在着手分析数据时，可能会发现需要更多数据，以澄清或肯定某些想法；另外所用的需求形式会影响你的分析，因为不同的需求形式在标识和表示需求方面有不同作用。

6.1.3 需求收集：用户试验

用户试验是进行需求收集的常用渠道。在用户试验中，应该注意最大限度地保证试验数据的完整性、系统性和可衡量性。

需求收集试验对完整性和系统性的挑战来源于对"需求"理解的多样性，在用户试验中，如果笼统地让用户代表列出他们的需求，则收集上来的数据可能包括各种性质的数据，这些数据首先需要按照其性质进行分类才能进一步分析。如果研究人员在用户提交需求信息之前就为他们讲解需求的各种理解，则又可能约束用户代表思路的开放性。

在收集需求的试验中还要强调需求的"可衡量性"。也就是说，对于每一个需求都应当提出下面的问题：如何判断这一需求得到了满足？有一些需求可以用一些客观的方法进行衡量，例如，产品是否具有某种功能或系统反应速度是多少。另外一些需求则可以通过用户试验等方法测量用户的主观判断而得到，如用户满意程度等。还有一些需求由于各种原因不能被直接衡量，这些不易直接衡量的需求应当进一步转化为可以直接衡量的内容，才能有效地被设计者利用，如效率的提高可以通过单位时间的产出数量来衡量等。不能转化为可衡量需求的内容应删除。

通过一个用户试验获得的需求信息可能有几百条甚至上千条。为了既不影响用户自由提供各种信息，防止用户信息过于杂乱而增加数据分析的工作量，同时又保证需求的可衡量性，在用户试验中经常采取下面的典型步骤。

（1）请用户列出其各个层次的目标。

（2）笼统地让用户代表列出达到目标的各种需求。

（3）通过例子大致地讲解一下对需求的各种可能的理解，然后鼓励用户代表以更开放的思路提供更多有关需求的信息。

（4）将自己对所有需求的可能理解分类展现在用户代表面前，并且让用户代表将自己提供的所有需求"对号入座"。

（5）将用户代表提出的所有不能"对号入座"的需求列出来，并且加以分析整理，纳入新的需求的理解方式。这些新的需求的理解方式可以被以后的用户试验所采用。

（6）列出各项需求的衡量标准，对不易衡量的需求内容进行适当修改和删除。

案例

假设我们现在要做一块超市购物车上的屏幕，用来帮用户更顺利愉悦地购物，那我们代入流程可以归纳出表格，这里只给出一行实例，代表一个需求。

用户	场景	目标	痛点	需求	方向
Rose	刚进超市/购物中	买商品（买肉）	找不到	找到商品（猪肉）	提供商品位置导航
	……	……	……	……	……

用户对超市购物车上的屏幕可能有以下几种需求。

屏幕底部需要一个全局导航　　　　　　　　　　保证导航的便利性

能从屏幕看到超市的联系方式

能看到冷藏区的猪肉卖光了没

能通过右上角的按钮查看购物车里商品的总价　　能直观快捷地查看购物车里的商品总价

能看到停车的即时费用

商品的分类方式准确

能知道现在的优惠商品有哪些

推荐的商品需要在一个独立的窗口展示　　　　　推荐的商品需要醒目

能听歌

能呼叫超市的工作人员

从中可以发现，无下划线表示的需求是真实的需求，而有下画线的则不是真实的需求，需要转换为右侧真实的需求。

用户往往会帮我们想好解决方案，或者用解决方案来表达他们的需求。解决方案是我们给用户设计的，一个需求可以有 n 种解决方案，所以我们只需要知道需求就好，那是不是用户给的方案都丢掉？也不是，我们从这些方案反推需求，也可以把方案都暂存起来，等到后面设计的时候，没准就是我们的重要灵感来源。

6.1.4　需求的优先权分析

在需要分析的基础上有必要对各方面的需求进行优先权的分析，保证项目的资源被用于最关键的方面。例如，在用户试验中，研究人员可以请用户代表将收集来的各项需求按照重要程度、当前满意程度、问题严重性、发生频率等方面进行打分，然后根据这些打分进行优先权的统计分析。

优先权分析的方法和工具有很多，其中一种常用的方法是四象限分析法。图 6-1 是四象限分析法的一个例子。这个例子中把用户满意程度和重要性分别作为横坐标和纵坐标，各个需求在这两个衡量指标方面的平均打分都标识在图中。

（1）焦点区（最重要区域）。这一区域的用户需求重要性最高，同时当前用户的满意程度却相对较低。这一区域的需求对于用户和设计开发者来说都是最迫切的。同时，这些需求也是影响用户综合满意程度的最关键因素，所以应特别关注这些需求。

（2）提高区（次重要区域）。这一区域的用户需求重要性相对较低，同时当前用户的满意程度也低。相对低的当前用户满意程度暗示着解决这些问题有相当大的潜力。虽然这些需求不是最重要的，但是这些问题的解决有利于提高用户综合满意程度。

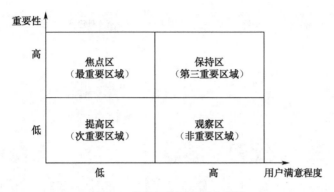

图 6-1　优先权的四象限分析法

（3）保持区（第三重要区域）。这一区域的用户需求重要性较高，同时当前用户的满意程度也较高。这些需求往往反映了已经较好地解决了的主要问题。但是由于这些需求的重要性，所以在设计开发过程中要注意保持和继续提高其用户满意程度，避免倒退。

（4）观察区（非重要区域）。这一区域的用户需求重要性相对较低，同时当前用户的满意程度相对较高。一般来讲，这些问题不需要占用设计开发的过多资源，但作为一些轻微影响用户综合满意程度的因素，也应随时了解其发展动向。

6.1.5　用户体验地图[1]

用户体验地图（User Experience Map），是产品优化的重要工具，通过"故事化+图形化"的方式，直观地展示用户在产品使用过程中的情绪曲线，帮助我们从全局视角审视产品。

用户体验地图是在人物角色和需求分析这个阶段做的事情，要在信息架构之前完成。用户体验地图是列出用户从开始到结束的流程，它包括了体验的全过程，可以理解为是一种分析用户体验时的工具，例如，用户去上海旅行，先看日期，然后买票，去高铁站，取票上车；然后在上海站打车，到宾馆。为什么需要这个流程？因为用户体验地图是从用户视角了解产品流程，以找到用户的痛点和需要，发现产品存在问题的阶段，从而有的放矢地进行优化。

日常工作中，用户体验地图通常由产品团队或用户研究团队负责，但随着全链路设计师、产品设计师等职位的推行，UI/UE 设计师也参与用户体验地图的制作过程。

1. 组成

一个标准的用户体验地图一般包含以下三个组成部分（见图 6-2）。

（1）用户：人物角色、用户目标。

（2）用户和产品：用户行为、接触点、想法、情绪曲线。

（3）产品机会：痛点、机会点。

2. 为什么要做用户体验地图

用户体验地图是从用户的角度出发，定义用户在完成用户目标过程中经历的步骤，在情境中发现用户的痛点和设计问题，并将痛点与问题转化成设计挑战，为后来的设计活动做准备。

1 Andrews J, Eade E. Listening to Students: Customer Journey Mapping at Birmingham City University Library and Learning Resources[J]. New Review of Academic Librarianship. 2014, 19(2): 161–177.

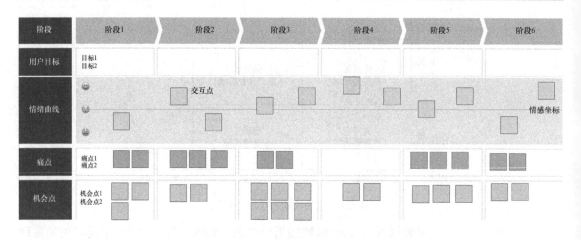

图 6-2　用户体验地图

（1）避免产品设计者和决策者的管理员视角，真正考虑用户要什么，而不是有什么放什么。

（2）能够帮助我们梳理场景中可能存在的问题，精准地找到用户的痛点，对产品优化更加有的放矢，提升用户体验。

（3）创建一个共同视角，团队中各环节的同事都能参与进来，对用户行为、痛点等内容达成一致，认同感强。利于各个环节工作的协调，对产品的用户体验达成共识、有效沟通和协作。

3．如何绘制用户体验地图

（1）人物角色。

通常团队内已经有构建好的人物角色，所以直接调用即可。注意：如果产品的用户层跨度大，那么需要对不同的用户类型分别做用户体验地图。

（2）用户目标。

明确用户要完成的任务或者目标。列出用户目标，可以让我们真正考虑用户在每个环节想要的是什么。

（3）提炼用户行为。

用户行为是用户在使用产品时采取的行为、操作，通常是根据用户调研、用户追踪的资料进行收集整理。用户行为讲述的是每一个阶段用户的执行细节。

（4）用户想法和情绪曲线。

根据对应阶段的用户行为，写下当时用户的思考和想法，可以将它们以便利贴的形式整理出来。然后提炼用户在每个节点的情绪，提炼情绪时，为了防止个人主观判断导致误差，建议两个人一组用相同的数据进行提炼。

（5）归纳痛点和机会点。

通过用户每个阶段的行为和情绪曲线，整理出每个阶段的痛点和问题；思考痛点背后的原因，此处是否可以采取什么措施来满足用户的目标，提升用户的体验，这就是机会点。

（6）得出见解。

对于体验地图中的机会点，根据重要程度和难易程度排出优先级来安排执行。优化用户体验地图中的痛点，帮助用户实现目标，或者确立新的产品功能的方向。

用户体验地图如图 6-3 所示。

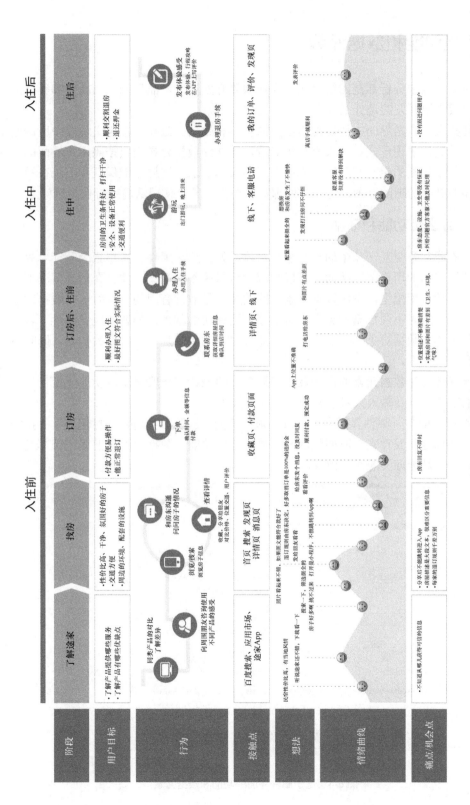

图 6-3 用户体验地图示例

6.2　定义功能和数据元素

　　用户研究和需求分析都是回答"我们为什么要开发这个产品"的，而功能和数据的确定是要回答"我们要开发的是什么"。

　　功能和数据元素是界面中要展现给用户的功能和数据，是在需求定义阶段中所确定下的功能和数据的具体表现形式。从人物角色来看，功能和数据元素需要按照用户界面的表现语言来描述。每个元素的定义必须针对先前定义的具体需求，这样才能保证我们正在设计的产品的方方面面具有清晰的意图，每个方面都可以追溯到某个使用情境或者业务目标上。

6.2.1　什么是功能和数据

　　数据元素通常是交互产品中的一些基本主体，如相片、邮件、客户记录及订单等，这些都是一些使用产品的用户可以访问、可以响应、可以操作的基本个体。在理想情况下，应该符合人物角色的心理模型。考虑数据元素之间的关系是非常有用的，有时一个数据对象包括其他数据对象，有时不同数据对象之间可能存在更密切的联系，如相册包含照片、客户记录中的一个账单等。数据对象本身也能作为功能入口，如头像是一个可阅读数据，同时单击它还能跳转到个人主页。

　　功能元素是指对数据元素的操作及其在界面上的表达。一般来说，功能元素包括对数据元素操作的工具，以及输入或者放置数据元素的位置。

　　图 6-4 所示的电子邮件界面中，工具栏那一排的"删除""举报""标记为"等按钮就是功能，而邮件标题、发件人、时间戳就是数据。这些功能、数据的存在前提统统都是满足某些需求，不然就是无意义的冗余内容。

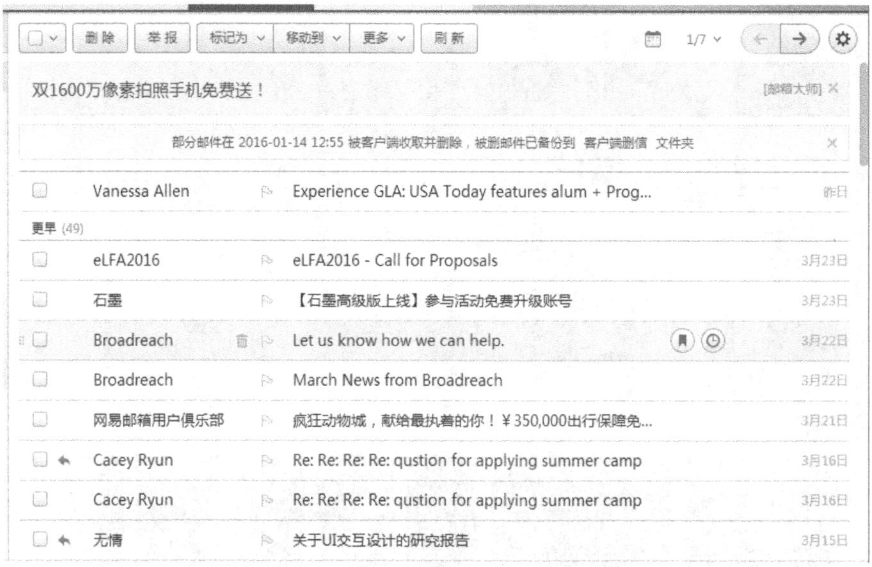

图 6-4　电子邮件界面中功能和数据元素

6.2.2 发散和收敛的过程

把需求转化为功能数据，首先是一个发散的过程，满足需求的方式（功能）不止一种。例如，第 5 章中智能电话的人物角色 Vivien，要给她的联系人打电话，满足其需求的功能元素如下[1]。

● 声音激活控制（声音数据和联系人关联）；
● 快速拨号键；
● 从地址簿中选择联系人；
● 从电子邮件、约会项及备忘事项中选取联系人；
● 在某些情境下的自动拨号键（如即将到来的约会事项）。

面对每一个确定的用户需求，通常有多种解决方案，选择哪个好呢？这就有一个收敛的过程，也就是选择落地方案。正因为如此，Paul Laseau 把设计过程描述为"发散和收敛之间的共生关系"[2]：发散——列举出不同意义的备选方案；收敛——选择值得深入的，并对其进行扩展。Pugh（1990）把发散和收敛描述为设计漏斗，作为漏斗：每个阶段都是迭代的，需要不断产生并减少想法直至最终方案确定；想法探索与发展的颗粒度（通常）随着这些迭代进展变得越来越细。在设计过程中我们总是不断碰到问题，列出备选方案，确定解决方案。作为设计师，在扩展自己想法的同时，也要减少想法的数量——最终收敛到最有希望的一个。收敛过程需要兼顾用户、商业和技术，即在以用户为中心的基础上，也要实现（间接/直接）商业价值，还要能被研发出来运行良好。发散-收敛过程图如图 6-5 所示。

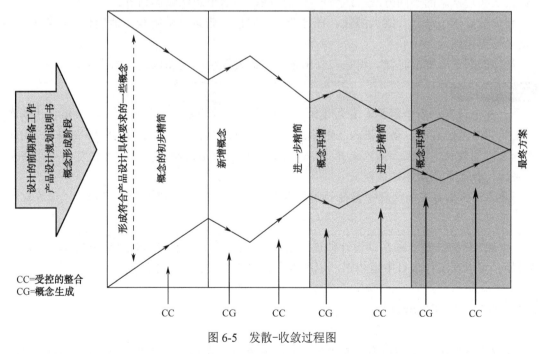

图 6-5　发散-收敛过程图

1（美）阿兰·库珀等. About Face 3：交互设计精髓[M]. 北京：电子工业出版社，2012：115.

2（美）阿兰·库珀等. About Face 3：交互设计精髓[M]. 北京：电子工业出版社，2012：116-119.

创新取决于两个过程：一个是生成丰富备选方案的过程，另一个是对前一过程中的丰富方案进行选择及辨认哪个更合理、更重要的过程。所谓"天才"往往不是靠收集备选方案，而是指第二个过程中意识到某一方案的价值并大胆采纳该方案的才能。

6.2.3 10加10：收敛设计漏斗

设计漏斗描述了作为一名交互设计师在思考设计问题时习惯性运用的流程，关键在于真正去做。"10加10方法"可以帮助设计师收敛设计漏斗。

阐明你的设计挑战。这可能是设计师想解决的某一个问题，或用户需求，或仅是利用某种新技术来建造新系统的期望。

针对这个挑战，对此系统拓展出10个以上不同的设计概念。目标是尽可能地富有创造力和多样化，拓展出许多初始概念。不要去判断这些概念的好坏，最重要的是尽可能地快速产生想法。尝试将你的概念快速画出来，在任何需要的时候都可以对这些画进行注释，或添加描述性文字。

减少设计概念的数量。回顾你的概念，抛弃那些看上去没有太多优势的想法。对于剩下的那些，用绘画本向他人展示并解释这些设计。

选择最有希望的设计概念作为起始点。当设计师向他人陈述这些概念，并且得知他人对这些概念如何反应的时候，将会知道哪个或哪些概念是最让人兴奋、最有希望的。

对某设计概念创造出10个细节设计或衍生变化。使用你的绘画本，探索这个概念。先尝试创造出实现概念的不同方法，然后再深入一些，为这个想法添加细节。

将你最好的想法向一组人陈述。在这个早期阶段，告诉你的听众，他们最好能够对可能的新设计提出建议。

当你的想法改变的时候，将它们画出来。按需要继续细化和构建你的概念。

设计练习

大部分计算机显示器具有省电模式。比较典型的做法是，人们通过一些手动操作或在一定时间后系统自动启动来进入省电模式。当人们移动鼠标时，计算机会"醒过来"。问题是如果时间较长，甚至如果人走开了，屏幕仍然处于开启的状态，尽管人们可以手动将屏幕关掉，但通常都懒得这么做。

要求：根据存在的问题想其他的解决方案。（例如，可以假设给你的显示器或所在环境装上感应器。）

10加10方法是一种帮助设计师进入设计漏斗的练习，当尝试得足够多时，就会成为一种习惯。可以在工作项目中运用它，也可以在任何交互设计问题中运用。

6.3 交互设计原则

交互设计原则是关于行为、形式与内容的普遍适用法则。交互设计原则是众多最资深的交互设计专家通过自己多年的切身实践得出的最精辟的要点，是基于设计师经验与价值观的一组准则。交互设计原则可以让刚接触交互设计的新手用最短的时间了解交互设计的重点。

设计原则作用于不同的层面，上至普遍的设计规范，下到交互设计的细节。不同层面间的界限比较模糊。阿兰·库珀把它分成 4 类[1]。

（1）设计价值：描述了设计工作有效的必要条件，衍生出以下几个次级原则。

（2）概念原则：用来界定产品定义，产品如何带入广泛的使用情境。

（3）行为原则：描述产品在一般情境与特殊情境中应有的行为。

（4）界面原则：描述行为及信息有效的视觉传达策略。多数交互设计与视觉设计的原则跨平台均适用。

其中，行为与界面层面的设计原则是将工作负荷降至最低，优化用户的产品体验。有待降至最低的负荷有：认知负荷、记忆负荷、视觉负荷和物理负荷。

6.3.1　设计价值[2]

科幻作家艾萨克·阿西莫夫在他的机器人系列故事中创造了"机器人学三大法则"，这些法则被永久性地植入每个机器人，作为防止灾难、保护人类的最后一道保险。对于交互设计师而言，交互设计原则的核心也是建立在一系列价值理念基础上的，下面的价值体系适用于任何满足人类需求的设计学科。

1. 正直的交互设计

当设计系统对人类生活有重大影响时，交互设计师就会面临伦理问题。作为设计师，必须确保自己的劳动成果不会胡作非为。设计一件让用户觉得好用的产品相对简单，但对用户产生的影响有时却难以计算。

（1）无伤害。产品不应该伤害任何人，考虑到现实生活的复杂程度，至少要将伤害化解到最小。交互系统可能造成的伤害如下。

● 人际关系伤害（颜面扫地及羞辱）；

● 心理伤害（困惑、不快、挫折、受强迫、厌倦等）；

● 生理伤害（疼痛、外伤、缺失或危及安全）。

避免前两类伤害需要对用户有深刻的理解，并且取得涉众支持，将这些问题纳入项目的考虑范围。避免生理伤害要求扎实地掌握人体工程学原理，适当应用界面元素减少工作负荷。

（2）改善人类环境。真正正直的设计不仅要做到无害，而且还应该造福人类。交互系统可以改善以下很多方面。

● 增进理解（个人、社会及文化）；

● 促进个人与团体之间的沟通；

● 提高个人与团体的效率或效力；

● 降低个人与团体之间的社会文化张力；

● 促进平等；

● 平衡文化多样性和社会凝聚力。

---

1 （美）阿兰·库珀等. About Face 3：交互设计精髓[M]. 北京：电子工业出版社，2012：115.

2 （美）阿兰·库珀等. About Face 3：交互设计精髓[M]. 北京：电子工业出版社，2012：116-119.

2. 目标明确的交互设计

目标明确不仅在于理解用户目标，还在于理解它们的局限，角色和用户研究对此很有帮助。观察和交流的行为模式不仅要描述用户的能力，还应当包括其弱点与空白。以目标为导向的设计流程可以帮助设计师创造出弥补缺憾且锦上添花的产品。

3. 有实效的交互设计

设计只有问世才具有价值：一经制造，就需要为人所用；一经使用，就需要为物主带来好处。在设计过程中考虑商业目标、技术要求与局限十分重要，商业、工程与设计团体之间必须存在积极的对话，即产品定义的哪些部分是灵活可变的，哪里有着明确的界线。程序员经常声称某个设计方案无法实现，其实他们的意思是根据目前的进度，该方案无法按时完成。市场部分可能根据综合的统计数据制定商业计划，而不详细考虑用户个体可能出现的行为。设计师收集具体用户的定性研究，对商业模型可能怀有独到的见解。如果设计、商业和工程这三个团体相互信任与尊重，设计工作会顺利很多。

4. 优雅的交互设计

优雅的交互设计应该是"形式上的优美与婉约"和"科学上的精确和简洁"的结合。优雅意味着在任何情况下适当地顺应、调动用户的认知和情感。

优秀设计的经典要素之一即形式的简约：以简御繁。对优秀的设计而言，少即是多。"完美不在于无以复加，而在于无可删减，万事莫不如此。"

优秀的设计让人感觉是一个整体，各部分平衡和谐。设计不佳甚至没有经过设计的产品看起来像是不同零件偶然拼合在一起的。这通常是由于团队成员之间缺乏交流，或者将硬件与软件分别进行设计造成的。

6.3.2 用户体验设计原则[1]

如何设计出具有优秀用户体验的产品是交互设计师始终面临的一道难题，"好的产品设计一定是建立在对用户需求的深刻理解上"，这句话被许多设计师视为设计的天条。至于在设计中如何发现并深刻理解用户的需求，并由此设计出具有优秀用户体验的产品，主要有五大基本原则。

1. 同理心

所谓"同理心"就是换位思考。设计师在设计产品时要能够做到换位思考，体会用户的立场和感受，并站在用户的角度思考和处理问题，把自己置身于相关的用户场景中，理解用户的行为特点和行为差异。

通过加强设计师的同理心、换位思考能力，要求设计师在平时多积累用户经验，熟练地使用自己的产品，模拟用户进行相关操作，也会经常通过设计师走出去，把用户请进来等多种手段让设计师全方位深入地了解用户需求，从而避免依赖自身经验和主观臆断。

---

1 Roth R E. User interface and user experience (UI/UX) design[J]. Geographic Information Science & Technology Body of Knowledge, 2017(2): 1-11.

同理心是用户体验设计的基础，只有这样设计师才会对用户需求把握得更透彻，设计出的产品更贴近用户。当我们的用户看到产品时说"这就是我想要的"，我想这应该就是最好的用户体验设计了。

同时需要说明的是同理心不是万能的，也不都是准确的。它一方面需要设计师长期的产品设计经验的积累和对用户长期深入的接触和理解，另一方面需要设计师对用户数据和用户行为的分析再加上相关的用户研究的方法的使用。

2.　简洁就好

简洁不等于简单，它是在设计师深刻理解用户需求的基础上，根据用户的操作行为、信息架构等因素深思熟虑后的用户交互界面，界面不是产品功能的简单"堆砌"和界面信息的杂乱"摆放"，而是一个满足了用户特定需求、具有流畅操作、赏心悦目的界面。

记得在前几年，很多网站的注册页面中，排列了许多需要用户填写的必填或者选填的表单，页面特别繁杂，其实这些都不是用户想要的，用户需要一个页面上只有简单的一两个必填的项目，可以让用户以最快的速度完成相关表单的填写，以便尽快地完成网站注册的简洁页面。但是我们却基于保存用户资料数据、商业和运营的考量，设计出一个又一个复杂的注册页面，强迫用户做着对于用户来说没有意义的事情。

再看看现在网站的注册页面，基本上只有很少的几个简单需要用户填写的注册信息，甚至有些网站为了让用户更加快捷地完成他的目标，取消了注册环节，真正地方便了用户。

简洁就是好的，本质上是让设计师了解一般用户在单个页面只会有一个主任务和主流程，因此不要用其他次要因素或是复杂的视觉元素来打扰他/她的视觉注意力，干扰他/她的判断，越简洁，用户的使用感受越佳，这样对于用户体验来说就是好的。

3.　把决定权还给用户

要让用户知道产品的决定权是在用户自己手中的，不要和用户抢夺控制权，要谨慎地帮助用户做一些决定，很多时候还是要让用户自己进行判断，并进行操作。

很多时候网站出于商业、营销等层面的考虑，会帮助用户做决定，会引导用户做一些他所不愿意或者反感的事情。这些举动严重干扰了用户的操作进度和用户目标的完成。

例如，在社交网站中，当用户编辑完一篇文章顺利发布后会出现发布成功页面，该页面自动跳转到已发文章列表页面。但是一些用户发完后其实想看该文章的详情页面，以了解回复或者留言情况，还有一些用户想再次编辑一篇新的文章，另外有少部分用户希望回到首页。所以系统自动跳转到已发文章列表页面就让很多用户感觉到不便，进而让用户产生很差的使用体验。其实我们可以在发布成功页面不做任何跳转，再给该页面上添加几个用户可能要去的页面链接。这就是把决定权还给用户。

把决定权还给用户，体现了对用户的尊重，让用户知道产品是掌握在自己手中的，产品只是辅助完成之前设定的需要完成的目标或任务，只有这样才给用户带来尊重感、安全感，给产品带来更好的使用体验。

4.　帮助用户做一些事情

在用户使用网站时，其实有很多地方我们是可以帮助用户的，这样就可以让用户更省心、更有效率地实现目标。互联网用户相对于传统行业的用户来说，网站更容易收集用户的相关数据和用户使用网站的行为轨迹。这样就有助于我们了解用户，帮助用户做一些事情。但帮助用户必须有个度，不能过多也不能太少。

例如，网站用户在商品购买成功后会有购物成功的页面提示，通过数据分析与用户调查，发现绝大部分的用户此时希望看到订单详情，看到订单的受理情况。于是当购物成功的页面生成后，系统将自动跳转到订单详情页面，帮助客户完成这一点击。

但并不是说这一做法是不变的，随着时间和环境的改变，如果发现订单详情页面的点击量下降，而继续购物和寻找其他商品的点击量变大，这些数据所反映出来的信息是用户不希望直接跳转，这时就要考虑把自动跳转页面取消。

另外，卖家在发布产品时要选择类目，如果以前多次发布过相关的类目，现在再发布时，系统就会根据他以往的发布情况直接给出他要的类目，与此同时再给他一个选择全部类目的入口，便于卖家快捷地发布商品。

帮助用户做一些事情，其实就是充分利用网络系统在运算、速度上的优势辅助用户完成任务，可以让用户快捷、方便地完成任务。

5. 用户也在不断成长

用户的使用经验也会随着互联网行业和网站的发展而发展，用户的经验也是在不断地积累，不断地接受新的事物和新的交互方式，所以不要用静止的眼光看待用户。

例如，在一般网站的文字段落中都会有超文本链接，其表现形式一般用区别于旁边普通文字的颜色外加下画线的形式表示。之前会有设计师认为也许这样的表示用户会不知道该处是一个超文本链接，所以会在旁边给予专门的文字提示，告诉用户该处是超链接，其实随着互联网的不断深入，各个网站基本都使用标准的超文本链接样式，用户已经熟知了这一样式和交互模式，如果在链接旁再加上文字说明，反而会阻碍用户阅读的完整性。

同样也不要把用户想得很专业、很聪明，网页技术人员通常对网页代码、服务器等技术问题非常熟悉，所以也想当然地认为用户也同样知道这些技术。当用户输入了错误的网站时，页面会显示"404"错误，这个对于普通用户来说就会很困惑，用户不知道这个代表什么错误，这个又意味着什么，会猜测是不是网络故障，是不是页面出现问题。这时如果我们把"404"错误，换成"该页面不存在"等说明，用户就可以清晰地明白出现了什么问题。

在设计中任何一个产品都不可能满足所有用户的所有需求，即使前期做过大量的调研和准备工作，新的产品上线时还是不可能做到百分之百的功能齐全，可以先上线 50%的功能，但这部分功能的体验应该是好的，之后通过实际运行中获得的用户数据和反馈不断优化升级，互联网产品文化就是 Beta 版文化。用户体验设计的实质就是一个产品不断优化的过程，没有最好，只有更好，不断成长与不断完善才是真正的发展之道。

6.3.3 交互设计评价标准原则

1. 优先级

一个基本的假设：如同经济学里资源的稀缺性假设一样，用户的认知资源和系统的界面资源都是稀缺的。当你把所有重要的东西都摆上桌面时，就没有重要的东西了。用户的认知空间和认知能力有限，当他们面前只有一条路可以选择时，事情会变得很简单，但是当他们面临三条路时，往往会踌躇不前。尽管我们难以量化地说用户有多少精力在这种抉择中损耗掉了，但这种损失是显而易见的。

设计中对优先级的把握就是要让我们能够将真正重要的功能/内容/元素放到突出的位置，以最多的界面资源去展示它们，而将次要的部分弱化、隐藏起来，再次要的部分则索性砍掉。具体来说有以下几点。

（1）用户优先级。把握核心用户，为产品真正的用户群做设计，不要天真地认为你的设计可以满足所有用户。

（2）功能优先级。把握核心需求，亮点功能往往两三个就足够多了。设计或者开发产品时我们总是想尽可能地将好东西放进去，但是打动客户/用户的点却往往只在三个以内。

（3）内容/信息优先级。将内容分成不同的层次，核心内容需要明显地突出出来。报纸上的标题、摘要、征文等层次清晰、泾渭分明也是这个原因。

（4）交互优先级。主要的交互路径需要让用户以最小的精神代价就能走得通，尽量减少这条路上的分支。为此，有时不得不将一些次要的交互路径更含蓄地隐藏起来。最常用的可能是"高级设置"这样的形式。

（5）视觉优先级。视觉更需要层次，重点的视觉元素需要让用户一眼扫过去就能看到，而次要的信息则要拉开距离，通过留白、颜色对比等手段加以实现。一个例子是做 PPT，当我们看到好的 PPT 时，总发现里面有大量的空间、灰色的文字，这样可将重点突出来。

和优先级这个原则互通的概念还有简化（简化的目的实际上就是突出重点）、减法原则等。

2．一致性

一致性可以让界面更容易被预知，可以降低用户的学习成本。一致性几乎是设计中最普遍的一条原则，也是缺乏设计经验的团队最容易犯的错误。做可用性评估时，几乎每次都能找出许多不一致问题。通常需要注意一致性的地方包括：

（1）交互逻辑的一致性。完成同样的功能，交互逻辑是否一样，流程是否相似。

（2）元素的一致性。同样的交互逻辑，使用的控件等是否一致，不允许这里用按钮来执行动作，在那边变成了图标，另一个地方又是链接。

（3）语词的一致性。界面上使用的语言，在描述同一个事物时是否是一致的。

（4）信息架构的一致性。信息的组织层次方面是否是一致的，导航是否是一致的，等等。

（5）视觉的一致性。界面的图标、颜色、区域的分隔、指向等方面是否是一致的。

通常一致性还有另一个问题，就是在什么时候做出权衡取舍。

有时强制的一致性会引发其他问题，例如，用户在执行某些任务时效率会降低，会导致界面的复杂度增加。这时我们不得不做出权衡，决定是保持一致性，还是采用一个异常的但又合理的设计。有时需要说服开发和测试的同事在某些特殊的地方牺牲一致性来得到更好的设计。

3．感觉

可用性工程的教科书里，往往会有"主观满意度"的内容，但是却也往往语焉不详，因为主观的问题往往难以通过工程/经验的方法来解决。但我们还是可以找出几个明显的能够在设计中考虑到的点，来照顾用户的感觉。

（1）快的感觉。IBM 做测试的同事会拿秒表（当然他们似乎还有更好的工具）来掐时间测试 Performance，如果某个版本的 Case 有 Performance 的明显下降，就是个大事故。

我们通常还可以在设计上有很多处理来产生快的感觉，例如，先让界面显示出结果，同时后台再去做操作（如存储等耗时间的操作），避免用户的等待（当然最痛苦的是被工程师告知界面上的显示效率已经低到需要用户等待了）。

曾经看过一个研究，在进度条的显示上，越来越快的进度条最能够让用户感觉到快，而不是那些完全真实反映内部进度的进度条（真实的情况可能是越来越慢）。

（2）安全的感觉。用户敢在看起来"山寨"的界面上输入自己的密码吗？用户需要经常自己保存吗？Google 的 G-mail 是个好例子，而 Windows 升级后自动重启是个坏例子。有一次我同时遇到了它们：Windows XP 打完某些补丁后，会要求重新启动系统，这时你可以选择立刻重启，或者单击一个按钮，等待若干时间后再次提醒，如果什么都不做，它会在短时间内自动重启。当我正在工作时，显然不愿意立刻重启系统，于是我选择了稍后提醒，然后又工作了很久，在 G-mail 里写了一封邮件。这时刚好有人来找我讨论问题，等回到计算机前，发现它自动重启了……没有保存的工作都丢失了。但是好在 G-mail 会自动保存我已经写过的邮件内容，让人稍稍安心。

（3）其他感觉。例如，界面语言是否让用户感觉到尊重。一个小例子，新浪微博的客户端里，用户发完微博后，有时因为系统的原因（发送按钮监听到了两次事件，或者别的什么原因），微博内容可能会在用户不知情的情况下"试图"重复发送，这时会弹出一个提示框，告诉用户说"不要太贪心哦……"，使用户感到委屈。

4. 临界点

临界点就是压倒大象的最后一根稻草。是什么让用户决定放弃注册产品的？往往就是多动一下手指、多学习思考一下，用户就从门口溜走了。临界点往往是多种因素综合作用的结果，与用户的主观心理（感觉）、客观因素（绩效）等有关系，姑且作为半个原则来看。

我们常常惊讶于一些产品（特别是移动产品）在用户看到的第一个界面，放一个大大的登录或者注册框在上面，任何好东西都没给用户看到，就让用户先来注册。

Google 的右边栏广告以前点击率总是上不去，后来做了一个改动，这些广告点击率立刻上升了很多。这个改动就是：让这些广告的区域离搜索结果区域的距离更近一点。一个注册的流程、一个对话框、一次点击……这些小地方很有可能会是用户的临界点，设计的价值往往就在这些地方，小改动往往会有大变化。

通常我们要特别注意优先级高的任务/界面里，是否会存在临界点的问题。如果优先级最高的任务里，用户难以跨越我们的门槛，就很难保证产品的成功。

6.4 交互设计模式[1]

交互设计原则提供了多种情境中定义恰当系统行为的指导原则，包括宽泛的设计实践的

1（美）阿兰·库珀等. About Face 3：交互设计精髓[M]. 北京：电子工业出版社，2012：119-121.

思想，以及如何最佳地运用用户界面和交互设计习惯用法的规则和提示。交互设计模式（interaction design pattern）则给出了通用的解决方案（基于情境的不同会有所不同），描述了一系列交互设计的习惯用法，是一些常用的解决具体用户需求和设计问题的方法。

一般性的交互设计原则和具体的交互模式对于将需求转变为功能元素是很关键的，因为这些原则和模式都是多年设计经验的积累，忽略这些原则和模式就意味着会在早已熟知解决方案的问题上浪费不必要的时间。

6.4.1 交互设计模式的历史

模式起源于 Christopher Alexander 的建筑概念，他撰写过具有巨大影响力的两本著作，即《一种模式语言》和《永恒的建筑方式》，通过一系列建筑特征的精确定义，Alexander 试图提取那些带给居民幸福感的建筑设计的精华。除了模式，Alexander 还定义了一组规则，例如一种可以有意义地组合模式的模式语言。

《设计模式》[1]一书的出版，完全改变了商业软件架构实践，被软件工程师广泛用于实际设计过程以及与他人的交流设计。从那时起，出现了一个模式社区，它为各种问题域指定了模式：架构风格、面向对象的框架、业务领域模型和交互设计。第一套实质性的交互设计模式是由 Jenifer Tidwell 开发的 Common Ground 模式集合。随后还有许多其他集合和语言，例如 Martijn van Welie 的 Interaction Design Patterns 和 Jan Borchers 的《交互设计的模式方法》（*A Pattern Approach to Interaction Design*）。

交互设计模式是一种提取有效的设计方案，将其应用于类似问题的方法。尝试将设计理论形式化，记录最好的实践工作，有助于实现以下目标。

- 节省新项目的时间和精力；
- 提高设计方案的质量；
- 促进设计师与程序员的沟通；
- 帮助设计师成长。

交互设计模式类似于建筑结构设计模式，两者的重要区别在于：交互设计模式不仅涉及结构和元素组织，还关注响应用户活动的动态行为与变化。

6.4.2 交互设计模式的类型

和其他设计模式相似，交互设计模式也可以按照层次组织在一起，从系统层面到个别界面的专用器件。

（1）定位模式：应用于概念层面，帮助界定产品对于用户的整体定位。定位模式的实例之一就是"暂态"，即使用很短的时间服务于一个在别处实现的高级目标。

（2）结构模式：解答如何在屏幕上安排信息和功能元素之类的问题。结构模型是从系统组成角度，描述如何通过交互序列完成交互任务，着重描述系统的反应和行为。最常用的高级结构模式之一是微软的 Outlook 界面，导航窗格在左，总览的窗格在右上方，详情内容的

---

1 Gamma E, Helm R, Johnson R, et al. Design Patterns: Elements of Reusable Object-Oriented Software[M]. Reading, Massachusetts: Addison-Wesley, 1994.

窗格在右下方（见图 6-6）。

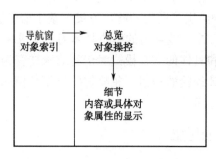

图 6-6　Outlook 界面的结构模式示意图

（3）行为模式：指在解决功能或数据元素的具体交互问题。行为模式主要从用户和任务的角度考虑如何来描述人机交互界面。行为模式的研究内容：获取用户需求后，结合领域专家的意见和指导，获取系统中需要完成的任务，对任务的主要因素进行详细分析，如任务的层次、发生条件、完成的方法以及它们之间的关系等。

（4）事件-对象模式：它是一种面向对象的表示模型，它将人机交互活动归结为事件与对象的相互作用。事件-对象模型具有彻底的面向对象特性，其中对象具有直接地面向对象的特征，而包括事件、设备在内的各种元素也被直接地映射为对象；同时，事件-对象模型内在的事件驱动机制也非常符合交互式软件的需要。事件-对象模型中事件结构和对象结构的通用性和开放性，可以支持从简单到复杂的多种类用户界面的实现，有能力支持包括多媒体、多通道用户界面和虚拟现实等新型人机交互技术的实现。

6.4.3　交互设计模式的应用注意

模式可以描述成某个已有设计领域的最佳实践，为设计张力提供普遍适用的解决方案。模式让目标对象更漂亮或更容易被人们理解，也会让工具更有用、更可用。模式并不是新颖独到的，它们不是即拿即用的组件，同一个模式的每种实现各不相同；它们不是简单的规则，也不是启发式的道理，也不会为你提供所有的设计决策依据。例如，若需要把一大堆素材打包到一个小的空间里，设计师可以使用一个叫卡堆栈的模式，在该模式之外，需要设计师自己处理信息架构——如何把内容切分成小块、如何命名等，另外，堆栈完成之后应该是什么样子，也不是模式决定的。

设计模式不是菜谱或者立竿见影的解决之道，Jenifer Tidwell 在其 *Designing Interfaces* 一书中，曾发出这样的警告：“（模式）不是即拿即用的商品，每一次模式的运用都有所不同。”设计模式不应该禁锢设计师的思想，应该是设计师更好地利用设计模式推陈出新。在不同环境下，设计模式的精确形式在每一个设计方案中都有或多或少的差别。一个概括的风格说明无法代替具体的设计方案。

模式总是应用于特定情景。提取一个模式，重要的是记录应用情境的一个或多个具体案例，所有案例共有的特征以及解决方案背后的理念。为了达到使用效果，模式必须根据应用情境进行条理化的组织，得到的系列通常称为“模式库”或者“类目表”。如果类目表定义精确，并且充分地涵盖了某个领域所有的解决方案，就组成了“模式语言”。模式语言与可视化语言类似，因为它们涵盖了整个设计中用到的元素的词汇（模式语言更抽象，也更注重行为，而可视化语言讲的是形状、图标、颜色、字体等）。模式语言虽不那么完整，包含的技术也没有达到传统模式的要求，但它非常简洁，可以管理，并且非常有用。

交互设计原则可以指导设计师如何设计美好、有效的产品，以及系统与服务，并且如何真正成功地从事设计工作。交互设计模式可以针对某类特定的设计问题，提供可供效仿的概括性解决方案。但是我们不要把设计原则和设计模式当作尚方宝剑，时刻都要问个为什么再做判断。理论放到实战中只能做参考之用，不要盲目崇拜理论而忘记推陈出新。理论是从实践中总结出来的，也有可能被实践中新的理论替代。

本章小结

本章首先介绍了用户需求分析方法，并介绍了如何根据用户需求梳理功能和数据元素，最后介绍了交互设计原则和交互设计模式。

思考题

1. 列举一款你常用的内容阅读 App，并分析其最核心的功能、满足的需求、超预期的功能及竞争优势与发展优势。

2. 科技园区内的员工需要买零食和饮料，但园区附近没有超市，物业打算开设一家"无人超市"，希望实现顾客自由购买，商家智能化管理超市的目的。

（1）请从设计师的角度，分析当前商家和用户需求，使用场景，痛点和机会点，以及竞品情况；

（2）阐述本产品的定位、思路，以保证满足商家和用户双方的需求；

（3）根据需求梳理"无人超市"的功能布局。

第 7 章

交互框架设计

前面的章节探讨了交互设计的第一部分，即需求分析阶段，我们对于最终产品将会包括哪些特性有了清晰的了解。现在开始进入第二部分，即框架定义阶段，设计者需要定义产品行为、视觉设计及物理形式（如果有的话）的基本框架，以避免一开始就进入到细枝末节的工作中，需要站在一定的高度关注用户界面和相关行为的整体结构，即"交互框架设计"。框架设计决定了用户体验的整体结构，从屏幕上功能元素的组织到交互行为及其底层的组织。

框架是整个或部分系统的可重用设计，表现为一组抽象构件及构件实例间交互的方法。即搭建一个产品能够使其可拓展，规范化，有条理，可快速迭代优化。让我们举一个通俗易懂的例子：假如我现在有个空房子，我要重新改造它，那么我首先要考虑的就是其房间结构如何设计（也就是框架），比如我要设计几个卧室，几个客厅，分别占多大面积，在什么位置等等（信息架构）；然后还要考虑如何设计门和窗户，怎么能够在不同房间互通（导航方式）；接着再思考每个房间里面分别需要怎样布局，分别需要哪些家居和电器，具体在什么位置（页面结构）；然后再不停地细分下去，直到考虑全每个细节，那么一个产品完整的框架就基本上搭建出来了。

7.1 初识信息架构

在所有学科中，架构都提供了一种方式来解决共同的问题：确保建筑、桥梁、乐曲、书籍、计算机、网络或系统在完成后具有某些属性或行为。换言之，架构既是所构建系统的计划，确保由此得到期望的特性，同时也是对所构建系统的描述[1]。

7.1.1 架构原则与结构

架构是系统设计的一部分，架构由一组结构组成，这些结构的设计目的是让架构师、构建者以及其他利益相关人看到他们的关注点是如何得到满足的。架构解决哪些问题？具体来说，架构有助于确保系统满足其利益相关人的关注点，在构想、计划、构建和维护系统时，架构有助于处理复杂性。

好的系统架构展示了架构的完整性，也就是说，它来自于一组设计规则，这组规则有助

---

1 Spinellis D, Gousios G. 架构之美[M]. 王海鹏，等译. 北京：机械工业出版社，2010.

于减少复杂性，并可以用于指导详细设计和系统验证。《架构之美》一书的作者以"Stephen Mellor 的 7 个原则以及 Klein 和 Weiss 的 4 种架构组件"为基础，归纳合并为两个列表：一个包含了原则或特性（见表 7-1），一个包含了结构（见表 7-2）。

表 7-1 架构原则或特性

原则或特性	架构能够……
功能多样性	提供"足够好"的机制，利用简洁的表达来处理各种问题
概念完整性	提供单一的、最优的、无冗余的方式来表示一组类似问题的解决方案
修改独立性	保持元素的独立性，这样就能让需要的修改最少，从而适应变化
自动传播	通过在模块之间传播数据或行为，保持一致性和正确性
可构建性	指导软件进行一致、正确的构建
增长适应性	考虑到可能的增长
熵增抵抗力	通过适应、限制和隔离变化的影响来保持有序

表 7-2 架构结构

结构	结构能够……
模块	将设计或实现决定隐藏在一个稳定的接口之后
依赖关系	按照一个模块使用另一个模块的功能的方式来组织模块
进程	封装并隔离一个模块运行时的状态
数据访问	隔离数据，设置数据访问权限

7.1.2 什么是信息架构

信息架构（information architecture）是一门古老学科的新应用。只要人与人之间有信息传递，就需要选择并组织这些信息，以保证他人能理解并使用它们。因此，信息架构设计的目的是将若干信息有机地组织在一起，使用户能够容易地查询所需要的信息。人们在现实生活中经常要把信息按照一定的逻辑关系组织起来，例如，某女性服装商场，其地下一层为动感休闲地带，一层为国际名牌世界，二层是名媛衣装天地，三层是少女时尚驿站，四层为温馨亲子家园……一层的国际名牌世界又包括 A 区（名牌手表）、B 区（名牌珠宝）等。这样的楼层架构有助于用户清晰地知道每一层有什么商品，同一层商品怎么分布等信息。设计师通过分类、层级梳理等工作，规划好这些楼层的信息层级。在交互产品设计中，设计师同样需要梳理信息架构。例如，在网站的设计中，信息架构的设计尤其重要，因为网站的信息量是没有限制的，加之使用者可能多达百万计，并且来源于世界各地，网站信息的架构只有与大多数用户的习惯与期望相符，才能方便用户使用。

信息架构研究的是人们如何认知信息的过程，对于产品而言，信息架构关注的是呈现给用户的信息是否合理并具有意义[1]。交互设计关注于影响用户执行和完成任务的元素；信息架构则关注于如何将信息表达给用户的元素。信息架构和交互设计都强调一个重点：确定各个

---

1 （美）加瑞特. 用户体验要素：以用户为中心的产品设计[M]. 范晓燕，译. 北京：机器工业出版社，2011：88.

将要呈现给用户的元素的"顺序"和"模式"，它们都要求去理解用户——理解用户的工作方式、行为方式和思考方式。

那么在产品交互设计的过程中，信息架构到底是用来做什么的呢？其实，通过上面"商场信息导视图"的例子，可以初步了解到信息架构的一个作用：让用户可以在一定的"信息规划"下更容易地找到自己想要的"东西"，即设计出方便用户理解和查找的内容结构。除此之外，信息架构的作用还表现为：出于"产品目标"，通过"信息架构设计"去教育、说服、通知用户。

7.1.3　信息架构梳理

信息架构设计到底是在做什么？如果用一个词回答的话，那就是"分类"。分类是为了更好地传递信息，这就需要对信息进行选择和组织。在很多情况下，人们根据自己的经验和需要对信息进行分类，而不与他人讨论。当然，如果对信息分类的人是这些信息的唯一用户，那么任何方便设计者的分类就是最优分类，如个人计算机中的文件夹。如果设计者在信息分类之后设计的产品是为很多人所应用的（如网站或软件菜单等），那么设计者就应当在信息架构的设计过程中与用户沟通，以获取和分析用户的期望。

信息架构分类梳理的依据是什么？首先，我们需要明白信息架构受到哪些因素的影响。从大的方面可以分为两点：用户需求和产品目标，与上述的两点作用有着对应关系。具体实践中，可能受到的影响因素包括以下内容。

（1）用户层面的思考：用户的理解能力；用户的熟悉程度（已有心理模型、操作习惯等）；目标内容的使用频率（低频高级功能一般会"藏"得比较深）；内容的数量；内容信息的语义，等等。

（2）产品层面的思考：产品的核心价值、产品的主线功能、特色功能等。

举一个例子，为什么要将微信朋友圈这么高密度使用的功能放到二级菜单？这个问题不同人一定有不同的理解和回答，而且都是有道理的（如有匿名回答：还记得商场楼层的划分方式么？如果朋友圈放在一级菜单，你还会天天看到扫一扫、摇一摇、购物、游戏这些入口么？便于使用，并不是布局的全部）。关于这个问题，张小龙在"微信背后的产品观"演讲中提到了关于"架构梳理"的产品观："保持主干清晰，枝干适度。产品的主要功能架构是产品的骨骼，它应该尽量保持简单、明了，不可以轻易变更，让用户无所适从。次要功能丰富主干，不可以喧宾夺主，尽量隐藏起来，而不要放在一级页面。"

7.2　信息架构设计方法：卡片分类法

卡片分类法既是一种用户界面设计的方法，同时也是一种信息架构方法。这种方法可以用于设计的任何阶段。进行卡片分类研究能激发设计师产生新的设计思路，从而突破一些原有固定设计模式的束缚。

卡片分类法首先需要设计者对目标产品中所包括的信息进行整体考虑，选择出具有代表性的元素，并将这些信息元素以用户易于理解的语言准确而简练地逐一表达出来。

7.2.1　层次结构的设计

层次结构是组织信息所使用的最简单和最常规的方法，适用的内容范围很广，如网站、手机、复印机、ATM 等用户界面，如果不使用这样的层次结构，而是将所有的功能和信息无序地呈现给用户，用户一定会不知所措。

我们以网站为例，对于小型网站而言，仅仅需要一些简单的层级——顶层（首页），一些二级页面和底层的详细页面。同样，层次结构对大型网站也适用，尤其是那些内容型的网站（内容杂乱多样）。即使你的信息复杂度各异，层次结构也有作用。例如，你首先可以展现综述信息，然后允许用户根据需要细分出更多详细信息。

《用户体验要素》一书中给出了信息架构分类体系：从上到下或从下到上[1]。

（1）从下到上（见图 7-1）：这种分类方法是根据"内容和功能的需求分析"而来的，先把已有的内容放在最底层的层级分类中，然后再将它们分别归属到较高一级的类别，从而逐渐构建出能反映产品目标和用户需求的结构。这种分类方法其实就是在做"归类"。

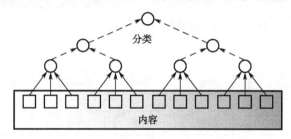

图 7-1　从下到上的架构方法

运用卡片分类法去梳理信息架构，首先将所有的功能点用一张张卡片写下来，然后让目标用户参与到信息分类中，并反馈相关分类标准，这将作为产品设计师梳理信息架构的参考。实际过程中可能更需要设计师或者产品经理有一定的信息筛选、梳理、分类的能力，进一步通过用户测试去检验分类的信息传达有效性。

（2）从上到下（见图 7-2）：这种分类方法从"战略层"（产品目标）出发去考虑内容分类。最先从最广泛、可能满足决策目标的内容与功能开始进行分类，然后再按逻辑细分出次级分类，这样"主要分类"和"次级分类"就构成了"一个个空槽"，将想要的内容和功能按顺序一一填入即可。

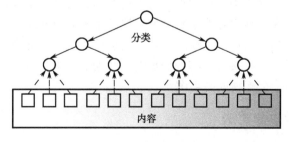

图 7-2　从上到下的架构方法

1　（美）加瑞特. 用户体验要素：以用户为中心的产品设计[M]. 范晓燕，译. 北京：机器工业出版社，2011：89-92.

以微信为例，首先根据产品目标将"主要分类"即一级架构分为"最近会话（微信）""通讯录""发现""我"；然后再进行"次级分类"，如"发现"下再分"朋友圈""扫一扫""摇一摇"等；最后将相应的功能（如发朋友圈、朋友圈消息等）填入相应的"朋友圈"分类中。

这两种方法都有一定的局限性：从下到上的架构方法可能导致架构过于精确地反映现有内容，因此不能灵活地容纳未来内容的变动或增加；而从上到下的方法有时可能导致内容的重要细节被忽略。因此，在实际应用中，两种方式应结合起来使用，这需要产品经理和设计师有效地平衡运用。

7.2.2　封闭式卡片分类法

封闭式卡片分类法也称为带有目录的卡片分类法（见图7-3）。在分类名称已差不多决定、想要评测它们的有效性，或者想研究具体素材会如何归类时，就可以使用封闭式卡片分类法了。

封闭式卡片分类法的步骤：首先，将产品一览、公司简介等目录名称记录在带有颜色的卡片里，贴在白板上。然后，把具体素材的名称和简介记录在白色的卡片里，接着把这些白色的卡片交给用户，请他们按自己的理解贴在对应的种类下面。此时，在用户贴卡片时，应询问他们为何要放在该种类下面。

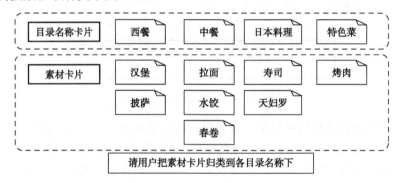

图 7-3　封闭式卡片分类法

写有素材名称的卡片的移动轨迹也是非常重要的数据。如果分类名称差不多决定了，那么大部分的素材应该马上就可以找到自己的归属。但是考虑半天也不知道该往哪个分类下放，那些放在某个分类下但马上又觉得不合适而再移动到别的分类下的情况时有发生。如果直到最后都无法决定放在哪个分类下，说明很有可能现有的分类并不能覆盖所有信息种类。这就需要改变分类归属，因为本该相对独立的两个分类仍存在某种关联。

通过统计多个用户的分类结果，哪些卡片总是被放在同一个分类下，哪些卡片会被分散在多个分类下就一目了然了。接着，综合分析这些数据后，就可以尝试调整分类名，构造出多个分类交叉链接到同一个素材的关系图。

7.2.3　开放式卡片分类法

开放式卡片分类法（见图 7-4）也称为不带目录的卡片分类法。在还未确定目录名称的状态下，请用户把写有素材名称的卡片自由分组。接着，在完成所有卡片的分类后，再请用户为每个组起名字。该分类法的目的就是通过这一连贯的操作，获取确切的与信息结构相关的灵感。

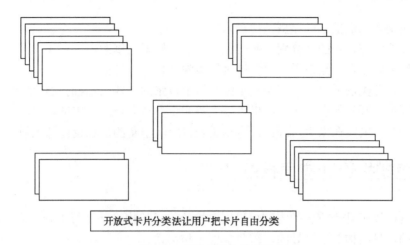

开放式卡片分类法让用户把卡片自由分类

图 7-4　开放式卡片分类法

在开放式卡片分类法中，聚类分析法比较具有代表性。聚类分析法本来不是特定的分析方法，它是最短距离法、群组平均法、Ward 法等计算逻辑的总称。采用的方法不同，结果也大不相同。聚类分析法是一种使用距离矩阵（差别矩阵），把样本按空间距离从近到远的顺序相结合，从而产生聚类的多变量分析方法（要进行聚类分析必须使用统计软件）。

聚类分析后就能做出表示数据层次结构的树形图了，外观和网站地图相似。另外，信息结构是必须让人能看懂的，但聚类分析法是基于距离矩阵这类纯数据生成的层次结构，因此，得出的聚类结果经常会出现严重的偏差或意义不明。为此，分析人员会把使用多个方法产生的结果进行比较，从中选择最靠谱的那个。

7.2.4　Delphi 卡片分类法

Delphi 法是针对技术预测、趋势预测等定量预测难以实施的问题，通过反复收集专家的意见和反馈，把结果控制在一定范围内，从而达到提高预测准确度的方法。该方法由美国知名智库兰德公司开发，起初用于军事，但现在已被广泛应用于从企业经营到公共决策的各个领域，在 IT 领域也常被用来预估软件开发成本。把 Delphi 法应用于卡片分类法时，步骤（见图 7-5）如下。

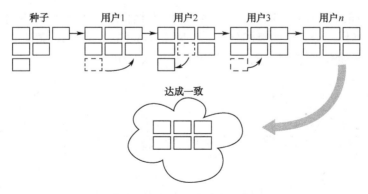

图 7-5　Delphi 卡片分类法的步骤

（1）首先制作构造信息的原型（种子）。

（2）请多位参与调查的人分别按照自己的意愿在原型上修改。

（3）当结果限定在一定范围之前持续进行步骤（1）～（2）。

开放式卡片分类法需要用户归类几十张甚至上百张的卡片，既耗时又耗费精力。而 Delphi 卡片分类法因为一开始就有种子，所以可以大幅减少参与人员的工作量。然而，采用 Delphi 法时种子产生的影响实在太大，因此，应尽量安排经验丰富的信息设计师来设计种子。

7.3　信息架构设计应具备的特点

一般而言，以下几个方面的内容可以用来检验信息架构设计是否正确、合理，但真正适合自己产品的信息架构是很微妙的，需要多思考和实践。

（1）与"产品目标"和"用户需求"相对应。

（2）具有一定的延展性。

（3）保证分类标准的一致性、相关性和独立性。

（4）有效平衡信息架构的"广度"和"深度"。

（5）使用"用户语言"，同时需避免"语义歧义或不解"。

下面详细阐述一下这五个方面的检验标准。

7.3.1　与"产品目标"和"用户需求"相对应

直接举例子：新闻资讯类应用，经常以时间顺序组织信息架构，因为用户需求中，对于"新闻"的时效性要求是唯一的重要因素。同时，对于产品本身，只有提供最新的资讯才能在竞争中获得优势。再如，同样是资讯类应用，"今日头条"的产品目标是针对不同用户进行针对性推送资讯，因此除了以"时间"维度组织信息架构以外，它还通过算法推送，以"推荐"的方式组织资讯内容，有针对性地推送最新的资讯，降低了用户"挑选"资讯的门槛，增加了用户的资讯获取效率。

7.3.2　具有一定的延展性

一个延展性好的信息架构，能把新的内容作为现有结构的一部分容纳进来［见图 7-6（a）］，也可以把新内容当作一个完整的新部分加入［见图 7-6（b）］。例如，微信的"发现"就具有一定的延展性，陆续有"游戏""购物"等内容被纳入其中。

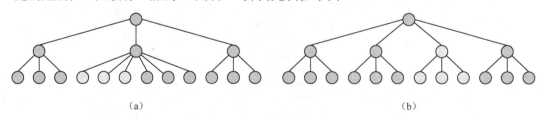

（a）　　　　　　　　　　　　　　　（b）

图 7-6　一个延展性好的信息架构

7.3.3 保证分类标准的一致性、相关性和独立性

一个好的分类架构,应该有一套准确的分类标准,并且对于用户而言是可以被准确理解和学习的。

一致性体现在标准的唯一,不能有多套标准,也就是说要保证功能入口是唯一的(快捷方式入口除外),这样的好处就是,用户在使用过程中,不会因为有太多的标准而摸不清相应的功能入口。

相关性,指上下层级以及层级中内容必须具有相关性,不能把"足球新闻"栏目纳入到"时政要闻"层级下,因为它们没有关联性。

最后一点是独立性,独立性体现在同一层级分类应该是相互独立的,不能同一层级的两个分类存在交集或包含关系。

7.3.4 有效平衡信息架构的"广度"和"深度"

其实,在处理信息架构"广度"和"深度"问题上并没有统一的标准。曾经听人说过"层级不能超过三层,如果超过三层,这个架构就是不好的"这样的论断,其实不能简单地看"深度",而应看用户的实际体验。

那么"广度"和"深度"各自有哪些优缺点呢?主要体现在宽而浅的架构(见图 7-7),用户可以用较少的点击完成相应的任务目标,问题在于每层的"信息分类标准"太多,增加用户每一层级的分类寻找难度。而窄而深的信息架构,好处是减少了用户选项,问题在于增加了用户操作步骤,如图 7-8,用户从 A 页到 B 页需要 6 步之多。

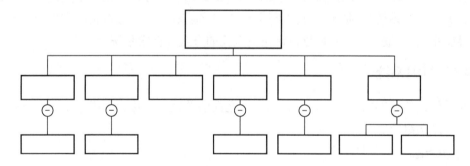

图 7-7 宽而浅的信息架构示意图

如何平衡"广度"和"深度"需要考虑的因素很多(大小屏幕等硬件特性、产品功能目标、用户使用频次等),建议大家多多实践,灵活应用,多从用户使用角度思考。

7.3.5 使用"用户语言",同时需避免"语义歧义或不解"

这一点虽然是个小点,但往往容易被很多设计师忽略。要用"用户语言"进行分类和功能描述,用户是看不懂专业术语(行业应用除外)的,可以通过用户测试来检验用户对于分类和功能名称表述的理解能力。同时,好的名称应该是没有歧义而且不会造成用户不解的。

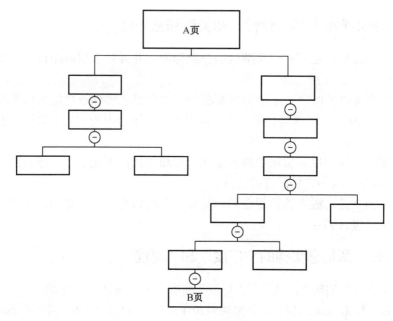

图 7-8　窄而深的信息架构示意图

7.4　信息架构设计流程

信息架构设计流程主要分为信息处理和信息检索两个部分，具体步骤是决定信息元之间的关系分类（组织系统），制定合理的类别标签（标签系统）。通过逻辑顺序组合成有意义的路径（导航系统），最后给核心信息设计快捷查找的方式（搜索系统）。

7.4.1　组织系统

组织系统是信息架构的核心，寻找信息元之间的关联，并进行分类。组织系统是由组织方案和组织结构组成的。

1. 组织方案

组织方案可以理解为对信息进行归类、排序的方案，可以分为精确的组织方案和模糊的组织方案。

精确的组织方案非常好理解。常用的有字母顺序、时间顺序和地理位置顺序方案。例如，我们的手机通讯录是按照字母来排序的；新闻软件中的新闻是按照时间来排序的；地图软件中的信息是按照距离来排序的。

常用的模糊的组织方案有：主题组织方案、以任务为导向的组织方案、特定受众方案、隐喻驱动方案、混合方案等。例如，淘宝中对各个品类的分类，就是主题组织方案；Word中顶部功能区的分类，就是以任务为导向的组织方案；手机中的儿童模式，就是特定受众方案。

2. 组织结构

组织结构主要分为四种：层级结构、自然结构、矩阵结构和线性结构。

（1）层级结构（Hierarchical Structure）。

这种结构是最常用的结构，几乎所有产品的主结构都是层级结构。层级结构可以视作一种父子级关系，一个父级可以有几个子级，子级还有它的子级，直至包含了所有信息。而构成层级结构的方式也以从上而下和从下而上为主（如 7.2.1 节所述）。

（2）自然结构（Organic Structures）。

自然结构不会遵循任何一致的模式，节点是逐一被连接起来的，没有太强烈的分类概念，如图 7-9 所示。

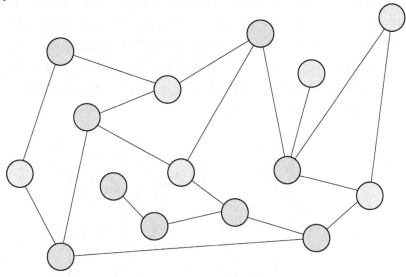

图 7-9　自然结构

自然结构对于探索一系列关系不明确或一直在演变的主题是很合适的，但没有给用户提供一个清晰的指示，不适合作为主组织结构。如果任何信息元都以探索的方式获得，那么对于任务型用户来说，查询的成本会大大增加，相应的用户体验也会很差，所以自然结构多作为辅助结构出现。

有一种经典的区分用户场景的维度：任务式、浏览式。任务式的特点是：完成任务快、准确、效率高，例如，查询某个航班到达的时间；浏览式的特点：碎片化、时间充裕、发散、不聚焦、吸引注意力，例如，漫无目地刷微博、看知乎。

每个产品对层级结构和自然结构的偏重是不同的。完全自然结构的设计方式很少，自然结构应该绑定其他信息结构来思考。如某视频类应用网站，自然结构应该是绑定层级结构来思考的。用户进入视频产品，可能的一种使用方式是用户心里有一个明确的思路，如找 2020 年的欧美电影，所以用户进入种类选择，选择电影→欧美电影→2020 年，然后进行浏览。这个可以算是先层级结构思考，后自然结构思考。若用户是在家喝茶，想看看视频，但没有任何目的，打开了视频产品，那就是在进行浏览式操作，这时自然架构就产生了价值，用户在首页进行无逻辑浏览，这时浏览式操作更重要。

在信息架构设计中，自然结构是一个重要的思考点，因为设计师要时刻记得，用户不是理性的，用户很多时候的操作和想法会呈现随机状态。但自然结构不是唯一的，必须有层级结构、线性结构、矩阵结构等其他信息框架来配合和约束，这样才能让产品的整体信息架构完整、可用、有效。

（3）矩阵结构（Matrix Structures）。

矩阵结构同样来自于超文本方式，它的信息元的来源路径有多种。与自然结构不同的是，矩形结构更有规律，每一条来源路径都有固定的操作，而非自然结构那样不可控。

矩阵结构允许用户在节点与节点之间沿着两个或更多的"维度"移动，由于每个用户的需求都可以和矩阵中的一个"轴"联系在一起（见图7-10），因此矩阵结构通常能帮助那些"带着不同需求而来"的用户，使他们能在相同内容中寻找到各自想要的东西。有个经典的例子，如果某些用户想通过颜色来浏览产品，而另一些用户希望通过产品的尺寸来搜寻，那么使用矩阵结构就可以同时兼容这两种不同的用户需求。如果期望用户把这个当成主要的导航工具，那么超过三个维度的矩阵可能就会出现问题。

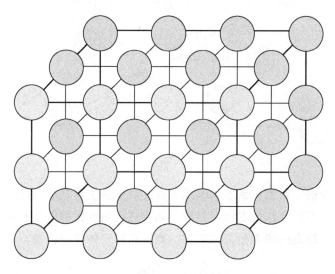

图7-10　矩阵结构

（4）线性结构（Sequential Structures）。

线性结构来自于最熟悉的线下媒体：书、文章、音像和录像全部都被设计成一种线性结构。互联网产品中平时我们看的H5页面基本上都是线性结构，用户不能进行跳转，只能一步一步按顺序找到所要的信息元。

线性结构非常好理解，更多地呈现在帮助文档、产品故事讲述等场景。

交互设计需要锻炼两个极端的信息架构描述方式：一是复杂的信息架构，充满了层级、跳转、补充、交叉；一是极简的线性架构，一根主线讲清楚一个故事，甚至是复杂的故事。

7.4.2　标签系统

确立了组织系统，节点该如何命名？怎样按照用户容易接受的方式命名？这就是标签系统要解决的问题。

标签在日常中常见的就是在日记本某一页的边上贴上相应的标签，标注这是 XX 内容；软件中常见的就是某些文章中会有一个标签，我们通过便签可以搜索到所有贴有相同标签的内容。

某些软件的话题也是一种标签，在发布内容时，添加一个话题；当我们查询该话题时，就可以看到所有添加了该话题的发布内容。以上都是标签，但也不止于此，如网站或移动软件的菜单，或者手机顶部的图标等都是标签，下面就简单介绍一下常见标签的类型。

1. 标签的类型

常见的标签类型有：情景式链接的标签、标题的标签、导航系统内的标签、作为索引词的标签、图标标签。

当我们在看一篇文章时，文章可能讲到了某个专业的术语，点击这个术语可以跳转到对这个术语进行详细介绍的页面，那么这种就是情景式链接的标签。它通常出现在文本内容中的超链接，用来说明某些内容或引出一些相关的内容。

在手机应用市场中，经常会看到某些分类，如下载榜、免费榜单等。这些都属于标题的标签，它通常是用统一的编号、字号、颜色、样式、空白和缩进，或这些的组合来建立的。

我们打开一个网站，看到主页顶部有几个菜单，如首页、产品简介、成功案例、关于我们；或者打开 App，看到了菜单，如首页、社区、个人中心；点击某一个菜单时，还会出现几个菜单选项。这些都是导航系统内的标签，它最主要的一点就是强调一致性。

刚才我们提到的搜索某一个话题，就可以看到所有添加了该话题的发布内容。这就是作为索引词的标签。它可以对内容进行精确搜索，是很有价值的一种方法。

当手机静音时，我们的手机上方就会出现一个小铃铛的图标；当我们设定了闹铃，手机顶部也会有一个闹钟的图标，这就是典型的图标标签。它其实在生活中很常见，例如，洗手间门口的男女标识。但是在图标的使用中要注意表达的准确性，即图标不会有异议，用户看到后，第一反应就可以准确理解它要表达的意思。

2. 通用原则

在设计标签时，有一些通用原则，可以为我们设计标签提供很好的帮助。

（1）按照惯例命名。互联网经过几十年的发展，很多标签已经成为了固定模板，比如"首页""搜索""注册""关于我们"，等等，这些都成为用户模型的一部分，按照惯例命名是标签系统的首要原则。

（2）保持一致性。标签的一致性代表着可预测性。对于同样的标签，用户会产生相同的认知，用户学习成本大大降低的同时，也能快速理解其背后对应的操作或信息。一致性不止包含命名，还包含风格、版面形式、语法、粒度、全面性等。

（3）尽量使用用户语言。非用户语言通常会出现在一些专业性很强的产品上。在设计标签系统时，尽量使用用户易理解的表述。

除了以上原则之外，还有一点是最重要的，那就是要时常优化和调整标签系统。

7.4.3 导航系统

导航就像大海里的灯塔，在信息架构的概念里，导航系统是指从顶端节点到某个信息的路径。

需要注意的是结构层导航系统和框架层导航系统不完全相同：结构层导航系统还局限在组织结构的层面；而框架层导航设计是可视化设计，即界面设计，主要表现为标签和页面的跳转。结构层导航系统可以视为框架层导航设计的跳转路径；但到框架层导航设计时，仍然会根据实际页面情况反向优化结构层导航系统。

结构框架层的导航设计，可以将导航系统分为嵌入式导航系统和辅助导航系统。

1. 嵌入式导航

常见的嵌入式导航有三种，分别是全局导航、局部导航、情景式导航。

全局导航，就是要在网站的每一页都会显示的全域导航系统；

局部导航一般会有一个或多个，我们可以称之为子网站或网站中的网站，例如，点击全局导航的某个菜单，会弹出或显示相应的子菜单，这个子菜单就是局部导航；

情景式导航可以是文章内的超链接，也可能是标题等，点击可以跳转到新的网页、下载文件或某个指定对象。

2. 辅助导航

辅助导航包括网站地图、索引和指南。它们提供辅助性的方式来帮助用户寻找内容和完成任务。如果内容组织系统和导航系统都无法满足用户的需求，那么网站地图、索引和指南就是最后可以依靠的工具。

网站地图比较适合层级结构组织的大型系统，如果架构本身层次不强，建议使用索引或其他可视化的表示。

索引对于小型网站可以利用你对内容的了解来决定要引入哪些链接，然后手动创建索引。对于大型网站，在文件层次上可采用控词表编制索引来自动生成网站索引。

指南通常是为新用户介绍网站内容和功能的有用工具，同时也是一个营销工具，让潜在顾客知道花钱可以得到什么。对公司而言，指南可以把重新设计过的网站的重要特色展示给同事、经理和投资人等。

另外，需要注意的是，数据结构比导航重要。以网易云音乐举例，用户可以创建歌单，歌单内有歌曲，歌曲和歌单都可以被用户评论，同时歌曲有演唱者。用户可以创建多个歌单，在不同的歌曲、歌单下评论，演唱者创作了很多歌曲。任意一个用户访问其中一个节点就可以顺藤摸瓜找到其他节点。这是一张网络，远不是一个树形思维导图可以表达的。正是这张网络让用户在歌单和评论之间流连忘返、互动频频，进而造就了网易云音乐作为年轻人音乐社区的成功，如图 7-11 所示。

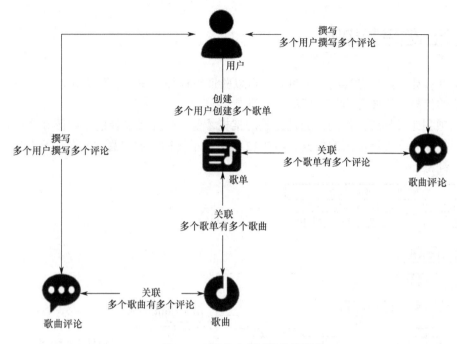

图 7-11　网易云音乐的数据结构

7.4.4　搜索系统

与导航系统一样，搜索系统也是寻找信息的一种方式。假设导航系统足够强大，用户通过导航指示的路径可以找到任何需要的信息，那么搜索将毫无意义，然而现实中这种情况是极理想化的。

对于搜索系统而言，需要强调以下两点。

1.　是否真的需要搜索系统？

可以基于两点来判断是否需要设置搜索系统。

（1）当信息的分类非常多时，可以考虑设计搜索系统，帮助用户快速找到相应的信息。

（2）如果组织结构比较深时，为了减少用户的操作负担，也可以设置搜索系统，以便用户快速找到信息。

2.　搜索的内容是什么？

搜索的内容应该是核心信息，是产品主要想表达的信息，也是用户经常查看的信息。

用户被卡住，出现这种问题一般有两种原因：一个是结果太多，用户突然不知道要做什么了；还有一种就是没有结果。针对前者，我们可以增加筛选的方式，让用户进行精确的搜索。针对后者我们可以给出优化搜索的建议或者推荐相关的结果。

还有一种情况，就是搜索的信息具有时效性时，我们应该考虑按照时间进行筛选。我们日常使用的产品设计大多都是整合了搜索与浏览的。有的是搜索后浏览，有的是浏览后搜索。那前者就是正常的搜索完成后浏览结果。后者则是浏览时进行筛选、排序等。

7.5 产出信息架构图

在交互设计中，信息架构非常重要，可以验证设计师的逻辑是否正确。

完整的信息架构图必须是合理的，并且是

可以顺利完成相应操作的。通过完整的架构才能制作交互设计的流程图和原型，信息架构也是进行下一项设计步骤的依据。图 7-12 是某图书馆网站的信息架构图，给框架层的界面设计做了铺垫。

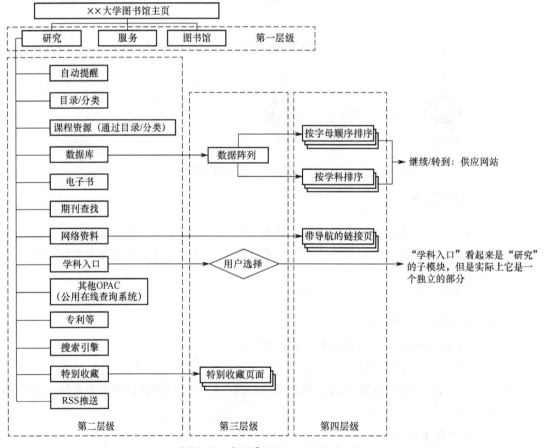

信息架构："研究"部分，展示了内容层级

图 7-12 某图书馆网站的信息架构图

7.6 信息架构的常用工具

构建信息架构需要大量的脑力劳动，有些信息架构师更喜欢使用纸笔来进行工作。如前面说到的，信息架构的工作会包含网站地图创建、元数据标记和分类的过程，这些最终都需要以一种视觉格式与客户共享。还有一些信息架构师需要制作网站的线框图，这需要额外的工具。我们将介绍一些信息架构师经常使用的工具，他们用它来创建网站地图，确定分类及设计线框图。

1. Omnigraffle

Omnigraffle 是 OmniGroup 的图表和线框套件。这个软件对于那些已经有架构的系统来说非常有价值，用户不仅可以在界面之间切换，还可以通过侧边栏看到这些页面是如何联系在一起的。OmniGroup 的产品可以做简图、工序图、快速页面布局、网站原型等。经过基本的学习之后，初露头角的信息架构师就可以发现 Omnigraffle 对他的价值。

2. Axure

与 Omnigraffle 类似，Axure 既是线框图绘制工具，也是图表绘制工具，这些对于信息架构师来说非常有用，特别是对同时担任交互设计师的人。Axure 的目标是快速创建网站和应用程序的线框和原型图。

3. MindManager

MindManager 是思维导图工具，可以促进自由的思维和思想的迅速组织。信息架构师应用 MindManager 中便捷的拖放功能可以方便、快捷地将灵感表达出来，然后将这些想法组织成网站地图，并以此来阐述架构思路。MindManager 可以将地图输出成 JPG、PNG、PDF 或 Word 文档的格式。

4. Treejack

如果信息架构师想测试创造的架构，并且检验用户是否能很好地找到对应的信息，那么 Treejack 非常有用。Treejack 被标榜为"信息架构师验证过的软件"，可以让信息架构师输入站点层次结构，建立任务，然后招募用户。之后，他们可以看到自然的测试结果，也可以共享或下载结果。

本章小结

本章介绍了什么是信息架构、信息架构的方法，以及信息架构设计流程。

思考题

以"学习强国"为例，分析其信息架构图。

第8章

界面设计

进行界面设计时，关心的是界面本身，即界面的组件、布局、风格等，看它们是否能支撑有效的交互。交互行为是界面约束的源头，当产品的交互行为已经清楚地定义好了，那么对界面的要求就非常清楚了。界面上的组件是为交互行为服务的，它可以更美、更抽象、更艺术化，但不可以为了任何理由破坏产品的交互行为。

交互设计师和视觉设计师的区别在于双方追求的本质不一样。交互设计师追求的是产品对用户的"可用、易用、好用"等功能，而视觉设计师追求的是"美"。任何界面都要给用户带来愉悦的视觉享受，界面的视觉体现要遵循信息设计以及交互设计的基本原则。在美学原则的基础上，设计除了要符合一般视觉设计的法则，也有很多交互界面设计独有的视觉法则。这些法则是本章主要讨论的内容。

8.1 视觉界面设计概述

界面设计需要定位使用者、使用环境、使用方式，并且为最终用户而设计，是纯粹的科学性的艺术设计。检验一个界面的标准是最终用户的感受，所以界面设计要和用户研究紧密结合，是一个不断为最终用户设计满意视觉效果的过程。

8.1.1 视觉设计过程

视觉设计过程基本上由一系列决定构成，这些决定最后产生一个策略，然后再由此定义出一个视觉系统，这个视觉系统通过提升细节和清晰的程度来最大化地满足这个策略。依赖主观判断来做出这些设计决定是灾难性的，同时也会导致设计方案难以得到用户的认同。正确的设计流程，能使视觉设计师将主观性和猜测的影响降到最小。客观代替主观的第一步是从"研究"开始的。这通常由交互设计师主导一些研究，从用户行为方面来了解商业和用户的目标，视觉设计师适当地参与这些研究，以便确定一个可靠的、有效的视觉策略。

1. 研究用户

通过用户访谈，视觉设计师可以了解更多关于用户和公司及其产品之间在情感上的联系。另外，访谈也提供了一个造访用户所处环境的机会，可以直接了解用户在与产品进行交互时有可能遇到的挑战。

交互设计师和视觉设计师在用户研究阶段所寻找的是不同的模式，理解这一点非常重要。

交互设计师想找出的是工作流程、心智模型、任务的优先级别和频率、障碍点等。视觉设计师应该寻找以下模式：

（1）用户特征（如身体缺陷，尤其是视力）。如果你曾经看到一个老年用户在努力辨认网页上 12 个像素的 Verdana 文字的话，那么他/她就会很容易忽略在书本上出现的 7 个像素。而针对行动困难的人的产品，他们的身体缺陷对设计的影响就更大了，因为这意味着他们所使用的产品上的按钮需要更大的距离和尺寸。

（2）环境因素（灯光、用户和界面之间的距离、显示器上的保护膜等）。通过一些人体测量学资料的帮助，可以体验到独特的用户和环境因素，这有助于设计出一个适用于不同身材的产品。

（3）品牌中有可能引起用户共鸣的因素。除了理解用户和环境因素之外，花一些时间去讨论品牌和个性也是很重要的。可以询问用户他们与你的公司或竞争对手的过往经历，这样就可以评估这些信息和团队中的假设是否一致。

（4）用户对体验的期望。与用户进行视觉设计和品牌的交谈可能具有一定的挑战性，但它能提高视觉方案的成功率，因为是基于与用户有关的故事来设计的，而不是依赖于项目中某些专家的意见。

2. 形成视觉策略

一旦完成上面的这些研究工作后，就可以分析并确定模式了。

首先，将你从研究中得到的结论应用到人物角色上，以确定所有情感或行为上的模式。交互设计师会专注于特定的人物角色的目标、背景和观点；视觉设计师则应注重于情感化，以及用户和环境的因素等方面。

当人物角色创建好之后，列出从相关设计人员和用户访谈中得到的所有描述性的词汇，并将其分组。这些词汇组成正是形成一套"体验关键字"的基础，将用于确定和管理视觉策略。体验关键字描述的是这个人物角色在看到界面时最初五秒钟的情感反应。考虑这种最初反应有两个好处：①通过提供一种积极的第一印象和持续的情感体验，可以强化公司的品牌；②对于用户是否接受这个产品和忍受某些不足，具有重大的意义。研究表明，具有美感的设计比没有美感的设计更有用（这被称为美感可用性效应）。同时，当人们喜欢使用时，界面就会变成更可用。

一旦团队达成共识，体验关键字将为视觉设计指出一个明确的方向。

现在拥有了客观武器：人物角色、体验关键字、品牌需要等标准，这也意味着得到了一个用于决定视觉设计的坚实基础。现在视觉设计师可以提供一个更加深思熟虑的视觉设计方案，并能得到更切合实际的反馈。

3. 视觉设计基本原则

视觉设计的一个主要目标是简单。可以通过以下原则，减少无关紧要的功能，直到剩下一些更容易用户学习和使用的东西。

对比：风格不同意味着意义不同；

重复：重复视觉元素以创造统一性和凝聚力；

对齐：对齐元素以创建视觉连接和统一；

邻近：将相关元素分组，将不相关的东西分开。

8.1.2 视觉界面设计的组成要素

从根本上讲，界面设计的工作重点在于如何处理和组织好视觉元素，从而有效地传达出行为和信息。视觉组成中的每一个元素都有一些基本属性，比如形状和颜色，这些属性在一起可以创造出一定的意义。单个属性并不具备与生俱来的意义，各种视觉元素的属性组合让界面具备了意义。当两个对象具有一些相同的属性时，用户就认为它们是相关的、类似的；当用户发现两个对象中的属性有所不同时，则会认为它们是无关的；如果两个对象中的属性存在着大量不同，这通常会吸引用户的注意。视觉界面设计正是利用人类的这种本领来创造出意义，这远比单纯采用文字更丰富、更有力量。

在设计用户界面时，我们要考虑每个元素和每组颜色的视觉属性。只有小心运用每个属性才能创造出有用并让人喜欢的用户界面。下面我们对每种视觉属性逐个进行讨论。

1. 形状

形状是我们辨识物体的最主要方式。我们习惯于通过外形轮廓来辨识物体。比如，把毛线织成菠萝的形状，我们仍然认为它代表的是菠萝。不过，辨识不同的形状比辨识不同的其他属性（比如颜色或者尺寸）需要更多的注意力。这意味着，如果你想吸引用户的注意力，形状并不是用来产生对比的最佳选择。形状作为辨识物体的一个因素，具有明显的弱点。例如，苹果电脑中 Dock（即屏幕下方的停靠栏）上的图标虽然形状不同，但是大小、颜色和纹理相似的 iTunes 和 iDVD、iWeb 和 iPhoto 图标经常被搞混。

2. 尺寸

在一系列相似的物体中，较大的物体更容易引起我们的注意。尺寸也是有顺序且可量化的变量——人们可以按照物体的大小自动地将它们排序，并在主观上为这些不同的物体赋予相应的值。比如文字，尺寸的不同会迅速引起我们的注意，我们也就默认尺寸越大的文字越重要。所以，尺寸在传达信息层次结构时是一个很有用的属性。此外，尺寸还具有游离性，当一个物体的尺寸非常大或者非常小时，其他变量（如形状）也就很难被注意到了。

3. 明度（亮度）

明度是指色彩的亮度，是色彩三要素之一，用来衡量物体有多暗，有多亮。当然，谈论物体的明亮程度或者黑暗程度，通常是相对于背景而言的。在黑暗背景下，暗色类型的物体不会凸显；而在明亮背景下，暗色类型的物体就会很突出。明度和尺寸都具有游离性。例如，一个照片太亮或者太暗，我们就很难看清楚照片拍摄的到底是什么。人们很容易快速地察觉到明度的对比反差，因此我们可以利用明度来突出那些需要引起人们注意的元素。明度同样也是有顺序的变量，例如，明度较暗的颜色在地图上用来标识较深的水域或较密的人口。

4. 颜色（色相）

颜色的不同可以快速引起用户的注意。在一些专业领域中，我们可以利用颜色表示特殊意义。例如，会计会把"红色"当作负的，把"黑色"当作正的；证券市场上的交易员则将蓝色表示"买"，红色表示"卖"（当然，不同国家或地区也有不同）。在我们的文化习俗中，颜色也具有一定的含义。红色在交通信号灯中的意思是"停止";在西方,红色有时还意味着"危险",但在中国,红色则意味着吉祥。类似地,白色在西方代表着纯洁与祥和,但在亚洲一些国家里则被用在葬礼中。颜色同尺寸、明度不同,它本质上是没有顺序的,也不是定量的,因此颜色并不太适合表达某些类型的数据。此外,由于存在着色盲现象,因此我们也不能过度依赖颜色,把它当做是唯一的传达手段。

颜色难以把握,我们最好小心并明智地运用它。有效的视觉系统为了让用户分辨出元素间的异同,就不能运用过多数量的颜色——这种狂欢节似的效果会淹没用户,进而难以进行有效的传达。界面的品牌需求和传达需求也可能会在颜色上发生冲突,这时就需要有高水平并有经验的视觉设计师或者具有高水平的谈判能力的人来引导。

5. 方位

方位即上下左右。在我们需要传达和方向有关的信息时(向上或向下,前进或后退),方位是个很有用的变量。但在某些形状下,或者尺寸较小时,方位比较难以察觉,因此最好将它作为次要的传达手段。例如,要表示股市下滑时,就可以使用一个向下指的箭头,同时标为红色。

6. 纹理

纹理指的是粗糙、光滑,规则还是不规则。当然,在屏幕上的元素只是具有纹理的外表,并没有真正的纹理。由于分辨纹理需要很强的注意力,因此很少被用来表达不同或者引发注意。纹理通常也会占用不少的像素资源。不过,它可以被用作重要的启示、暗示。就像设备的把手为了增加摩擦力,通常附有橡胶,因此用户便会形成这个部位可能是用来抓握的思维定势。同理,界面上的元素带有波纹,则意味着这个元素是可以拖放的;按钮上如果带有斜面、阴影,则意味着这个按钮是可以单击的。

7. 位置

位置和尺寸一样,既是有序的,也是可量化的,这就意味着它可以被用来传达层次结构方面的信息。利用从左至右的阅读顺序可以帮助我们将元素排位,比如把最重要的对象放在屏幕的最左上角。我们也可以用位置来创造出屏幕对象和现实世界对象的空间对应关系,如文件管理系统的设计。

8.2　交互界面的设计原则

这些原则着重关注视觉元素之间的关系,研究视觉元素呈现中的内在逻辑,帮助用户更好地理解信息,保证视觉信息传达的准确性与有效性。

8.2.1　对齐

文本内容的位置,可以让其边缘按照普通的行或列对齐,或者让其主体按照一个中心点排列。视觉元素应该以一个或者几个要点对齐,这样能创造出一致性与相符性,增加设计的整体美感,使人觉得清晰舒适。

在分段落的文本中,相对于中间对齐的文本格式,左对齐和右对齐的格式有更强烈的对齐暗示。中间对齐的文本格式，视觉上的对齐暗示就很模糊，各个要点之间的并列关系不够清楚。

对齐能够创造更整齐的版式，让信息传达更加快捷。

案例一：自然引导用户的浏览（见图 8-1）。Google 的搜索结果页面在信息排布上非常讲究对齐。左中右三列，分别左对齐，暗示了三条浏览的路径。对于浏览者来说能够跟随这种暗示完成对信息的检索，而不会"迷路"。

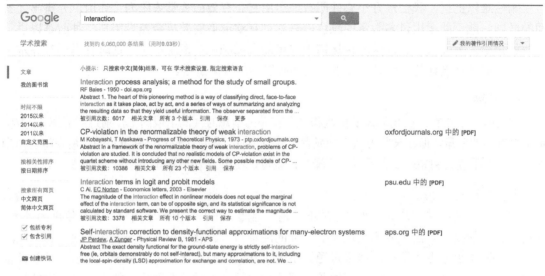

图 8-1　Google 页面的对齐法则

案例二：多内容页面排版（见图 8-2）。Twitter 首页相对于 Google 的页面来说信息更加复杂，但是用户会感受到信息是有次序、有区块地呈现的。四个区域的信息分别采用左对齐，形成了信息分隔，同时页面信息都遵循从左到右的浏览顺序，让用户自然过渡到各个区块阅读。

图 8-2　Twitter 首页

案例三：注册表单（见图 8-3）。界面设计的初学者经常将填写项名称（常用邮箱地址、设置密码等）左对齐，而在现实中，用户的光标一直在输入框中移动，所以正确的做法是将填写项名称右对齐，输入框左对齐。利用对齐形成一条视觉暗示的线，暗示用户从上到下完成表单填写。

图 8-3　表单的对齐

8.2.2　一致性

对于用户体验来说，在一个系统中，相似的部分使用相似的方法是对用户使用习惯的尊重和再利用，能够让用户更好地学习，减少用户学习的成本。一致性可以让人高效地把知识转到新背景，更快地学习新事物，并且关注到工作的相关方面。一致性分为四种：美观、功能、内部和外部。设计师更应重视美观的一致性。

美观的一致性指的是风格、外观的统一，如公司的标识使用一致的字体、颜色和图案。美观的一致性会加强辨识度，强化统一性，增强品牌影响力，建立情感上的期待。图 8-4 以奔驰汽车为例，该公司一直把奔驰的标识醒目地放置在车头。这个标识变得与品质、身份地位有关，长此以往传达给人们崇拜与欣赏。

图 8-5 显示的是苹果 iPod 系列产品。在产品外观的设计中，圆角矩形和圆形控制面板的应用组合，衍生了四款产品。从低端到高端，外观上的继承也是对用户使用习惯的继承。

图 8-4　奔驰汽车的标准前脸

iPod shuffle	iPod nano	iPod classic	iPod touch
1GB $79	4GB $149 8GB $199	80GB $249 160GB $349	8GB $299 16GB $399

图 8-5　四款不同的 iPod 产品

　　图 8-6 中的苹果广告字体 Myriad Pro 会在所有的广告页面出现，其优雅的细节、亲和力的圆角、粗体与细体的排版结合成为苹果广告画面的一个重要基因。同时苹果的这几个产品宣传 banner 在留白和构图技巧上也有高度的一致，这也让广告的品位保持了绝对的一致。

图 8-6　苹果首页广告

很多大公司由于子产品非常丰富，他们的网站便需要统一这些产品线的展示。每家公司的策略大体是一致的。在网页产品中大部分的做法是一级框架的高度一致（页面头部，甚至导航的位置）。图8-7是百度公司子产品页面顶部的设计，除了少数产品的链接颜色稍有不同，其他基本一致。这样人们在百度的产品页面跳转中时刻知道所处的位置。细心的读者可以尝试研究内容门户网站在一致性设计中的策略，如新浪、搜狐、腾讯等在门户一致性上是如何实现的。

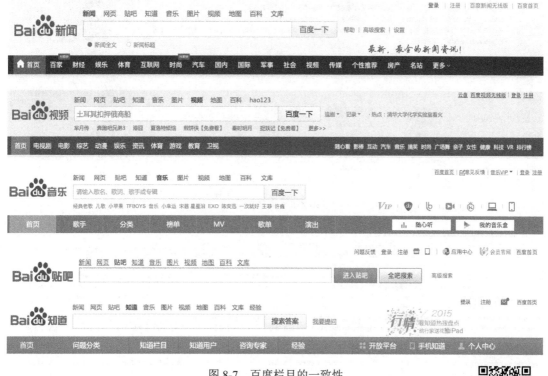

图 8-7　百度栏目的一致性

8.2.3　强调

强调是指把注意力带到一个文字或图像区域的技巧。通常设计师需要使用这个手段来把用户的注意力带到设计师希望用户看到的信息上。但是如果使用不当，"强调"就会失去作用，使得相应的区域造成负面影响。

强调是相对而言的，如果整个区域的许多元素都需要强调，那就不适用于强调原则了。

强调的做法是将目标元素与大部分保持差异，也就是说，在整个设计的少数地方进行差异化设计，使要强调的元素与其他元素或者背景都不一样。

图 8-8 中的标题需要突出强调，所以使用了大字号同时加粗的字体样式。这种样式相对于大面积的段落文字样式就是一种高度的强调。图 8-9 为了强调一个名人的观点，将该区域做了框和底纹。对于阅读而言，用户会将这段话作为整体来加深印象。

图 8-8　文字强调

Birth

Schieble became pregnant in 1954 when she and Jandali spent the summer with his family in Homs, Syria. Jandali has stated that he "was very much in love with Joanne ... but sadly, her father was a tyrant, and forbade her to marry me, as I was from Syria. And so she told me she wanted to give the baby up for adoption."[13] Jobs told his official biographer that Schieble's father was dying at the time, Schieble did not want to aggravate him, and both felt that at 23 they were too young to marry.[2] In addition, as there was a strong stigma against bearing a child out of wedlock and raising it as a single mother, and as abortions were illegal and dangerous, adoption was the only option women had in the United States in 1954.[7] According to Jandali, Schieble deliberately did not involve him in the process: "without telling me, Joanne upped and left to move to San Francisco to have the baby without anyone knowing, including me ... she did not want to bring shame onto the family and thought this was the best for everyone."[13] Schieble put herself in the care of a "doctor who sheltered unwed mothers, delivered their babies, and quietly arranged closed adoptions."[2]

Schieble gave birth to Jobs on February 24, 1955, in San Francisco, and chose an adoptive couple for him that was "Catholic, well-educated, and wealthy."[14] However, the couple changed their mind and decided to adopt a girl instead.[14] When the baby boy was then placed with the Bay Area blue collar couple Paul and Clara Jobs, neither of whom had a college education, Schieble refused to sign the adoption papers.[2] She then took the matter to court, attempting to have her baby placed with a different family[14] and only consented to releasing the baby to Paul and Clara after they promised that he would attend college.[2] When Jobs was in high school, Clara admitted to his then-girlfriend, 17-year-old Chrisann Brennan, that she "was too frightened to love [Steve] for the first six months of his life ... I was scared they were going to take him away from me. Even after we won the case, Steve was so difficult a child that by the time he was two I felt we had made a mistake. I wanted to return him."[14] When Chrisann shared this comment with Jobs, he stated that he was aware of it[14] and would later say that he was deeply loved and indulged by Paul and Clara.[15] Many years later, Jobs's wife Laurene also noted that "he felt he had been really blessed by having the two of them as parents."[15] Jobs would become upset when Paul and Clara were referred to as "adoptive parents" as they "were my parents 1,000%."[2] With regard to his biological parents, Jobs referred to them as "my sperm and egg bank. That's not harsh, it's just the way it was, a sperm bank thing, nothing more."[2] Jandali has also stated that "I really am not his dad. Mr. and Mrs. Jobs are, as they raised him. And I don't want to take their place."[13]

> "Of all the inventions of humans, the computer is going to rank near or at the top as history unfolds and we look back. It is the most awesome tool that we have ever invented. I feel incredibly lucky to be at exactly the right place in Silicon Valley, at exactly the right time, historically, where this invention has taken form."
> —Steve Jobs, 1995. From the documentary, *Steve Jobs: The Lost Interview.*[12]

图 8-9　段落强调

　　颜色是强调的常用手段。但切记不要滥用，否则界面就会五颜六色，用户根本不知道看哪个地方。图 8-10 中的导航列表，顶部标题采用了图标强调，同时标题的字号很大并且加粗。在子项列表中，三个条目通过色彩的不同被强调。试想，如果这个子项列表用了五种或者六种颜色会产生什么样的可用性体验呢。

　　有时候动态的元素是被强调的。人们对动态的东西会产生更加强烈的关注度。如果在一个页面中，放置动态的广告 banner，那么人们会下意识地关注。让元素在两种状态中来回闪烁，是吸引注意力的强有力方法。使用这种方法的技巧是，将闪烁限制在重要的信息内。图 8-11 是轻博客始祖 Tumblr 的 gif 动态广告，Tumblr 雷达被放置在 Dashboard 页面的右侧，这个位置通常会显示一张图片和一个发布图片的用户名。就是在这个位置，许多品牌，以及像《敢死队 2》这样的电影，都尝试过在 Tumblr 雷达上投放 Gif 广告。跟静态图相比，动态 Gif 图多了一层变化，给人以新鲜感，而它的动作相比于自动播放的视频又显得和缓轻柔，不至于让用户反感。

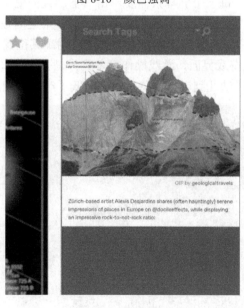

图 8-10　颜色强调

图 8-11　动态强调

8.2.4　重复

重复是指重复一个操作直至达到特定结果的过程。如果没有重复的过程，就不会有条理分明的复杂结构。在设计上，只有渐进的重复探索、测试、调整设计，才能创造出复杂的结构。对于用户来说，重复一个操作来完成复杂的任务能够让他们感到简单可控。系统并不是越复杂越高级，而是越体贴人的认知越能满足用户，才叫高级体验。图 8-12 是为了适用移动环境，iPhone 上的邮件应用程序在界面设计上所体现的重复。

图 8-12　iPhone 邮件界面

　　简单、可预测的导航。每一个屏幕只需要单击一下，人们就可以从上级目录进入到内容深处。每一个屏幕显示一个标题告诉用户在哪里，提供一个返回按钮让用户很容易返回上一步。这种界面层级的组织关系非常容易理解，方便用户明确其位置。

　　图 8-13 为愤怒的小鸟游戏界面，游戏操作简单到只是弹射小鸟。简单的操作完成多关的任务，这让它的受众群横跨幼儿到老年。重复原则降低了产品的使用和传播门槛。

图 8-13　愤怒的小鸟游戏界面

　　重复有时候也是一种精雕细琢的工作态度。设计师进行设计项目的时候，需要对设计方案反复修改，直到满足客户或者用户。重复是一种让产品越来越好的手段。新设计师通常不喜欢重复设计一个案例，而达·芬奇画鸡蛋的故事告诉每个设计师，如果没有重复的手段，设计师无法深入了解事物，也无法真正创造出想要的东西。

8.2.5 映射

映射反映了两者之间的关系。如果能够很好地建立两者的关系，则有利于用户的操作和使用。好的映射主要是设计、行为、意义中的相似性功能。例如，炉台上的控制系统与炉灶的设计相对应，这是设计相似性；方向盘控制车的左右转向属于行为相似性；紧急按钮或者开关用红色，这是意义相似性。因为相似的控制与效果和人的预期一致，所以很容易使用。常见的映射案例如图 8-14 所示的整体灶台，上面一共有三个炉灶。在控制面板上，用户可以很清晰地看到三个控制器，用户也能下意识地将它们分别对应到炉灶进行控制。这就是映射，通过位置的设计，用户可以知道谁与谁建立了控制关系。

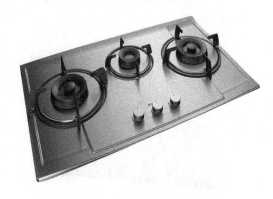

图 8-14　灶台中的映射

图 8-15 是一个万用工具 App。圆盘映射了切换的方式，通过拨动圆盘，用户可以在直尺、水平仪、指南针等工具之间切换。

图 8-16 是 Path 社交 App。界面的动态浏览设计为时间轴，映射了向下滑动的操作方式。用户不需要学习就知道如何操作，让产品与用户走得更近。

图 8-15　圆盘的映射

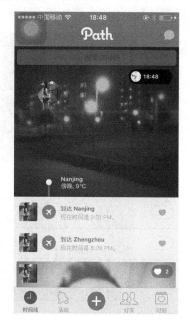

图 8-16　时间轴的映射

8.2.6 沉浸

沉浸就是一种极度的专注，甚至丧失对周围真实世界的感受，这种情况通常由喜悦或满足感引起。沉浸的情况发生在很多场合，比如工作中、游戏中、作画中、看书中、电影院观影中等。在某些产品的设计中，适当地营造沉浸效果有利于用户体验。图 8-17 展示的是苹果 iMac 台式机，这款计算机的屏幕四周是黑色边框，有利于用户沉浸在多媒体信息当中，忽略设备的存在。

图 8-18 显示了在展示设计中，聚光灯能够营造很好的沉浸氛围，突出产品，让人们专心于欣赏产品。

图 8-17　配有黑框的苹果 iMac 台式机

图 8-18　展台的沉浸感

图 8-19 中的舞台设计是沉浸原则的绝对应用。灯光大都聚焦在舞台上，看台上几乎黑成一片，这时候全场的焦点都在舞台上，观众陶醉其中，直到活动结束。

图 8-19　舞台的沉浸感

图 8-20 是爱奇艺的视频播放页面。视频的横向区域做了深色背景，同时还提供全屏播放功能。这是对沉浸需求的不同满足。而今视频网站大都采用这种做法，这与用户享受视频服务的特殊性有很大的关系。

图 8-20　爱奇艺视频播放页面

8.2.7　功能可见性

　　这一原则是预设用途在视觉设计中的体现——物品或环境的某些功能比其他功能更具有可见性。比如，圆的轮子比方的更容易滚动，因此，可滚动体现了圆形轮子的功能可见性。

　　普通常见的物件用在界面设计当中，可以暗示与现实一样的操作。例如，凸起立体的按钮暗示人们可以点击，这与用户印象中实际的按钮是一致的，计算机操作系统以及一些硬件系统中经常使用现实中常见的物件来完成对概念的传达，如图 8-21 所示。

　　设置图标，借用了机械内部的齿轮，来表明对产品内部的管理；文件夹，借用了现实中的文件夹；相机更加写实；时间借用了钟表的外观；GPS 借用

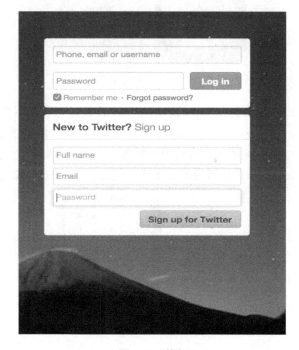

图 8-21　按钮

了指南针。图 8-22 所示的图标都更多地借鉴了现实中物体的功能，从而很好地传达了系统中的功能。

　　软件的工具栏图标设计也使用了"功能可见性"原则。字体、橡皮擦、拖曳、吸管、放大、修补……大部分工具表意非常直接。即便是初学者也能马上理解和使用，如图 8-23 所示。

图 8-22　图标设计　　　　　　　　　　　　图 8-23　功能图标

　　在移动 App 的启动图标中，表意也非常重要。用户需要通过启动图标第一时间传达出应用服务，当然也有些公司是用启动图标来传达品牌（其品牌已经代表了他们提供的服务）。图 8-24 所示的启动图标好像一个便条纸，传达出了应用在现实生活中扮演的角色，很容易让用户联想到纸质的记事簿。图 8-25 一看就知道与地图有关，是一款导航应用客户端。

图 8-24　记事簿图标　　　　　　　　　图 8-25　导航应用图标

8.2.8　条件反射

　　条件反射是把某一刺激和某种身体或者情感的反应联系起来的一种技巧。

　　条件反射是行为心理学家首先要学的内容。工作人员发现，他们一进实验室，实验室的狗就会流口水。因为实验室的工作人员经常喂狗，于是他们的出现就与食物联系起来。因此，工作人员会诱发与食物一样的反应。条件反射经常用于训练动物，但是也可以用于营销推广与广告设计。在产品的界面设计上使用条件反射原则，例如，把产品或服务与吸引人的影响或者味道联系起来。如图 8-26 所示的饮料设计采用了与味道对应的手绘水果插画，利用了罐体渗透出的果汁颜色作为背景，色彩与外形共同诱惑人们的味蕾。如图 8-27 所示的饮料包装则采用手绘插画设计，衬托出饮用水质的天然性。

图 8-26　诱人的包装设计　　　　　　　　图 8-27　手绘插画包装设计

在专题网页设计中，利用素材来营造氛围也非常重要。例如，中国年到来的时候，红色象征着年味，促销专题就都会往红色上靠拢。有时候还会增加红灯笼和烟花爆竹，如图 8-28 所示。

图 8-28　专题网页设计

经典的拟物化设计也是利用条件反射的原则，营造出现实中的真实场景，拉近了用户和应用程序的距离，延续用户在现实中的感受。图 8-29 是 iOS6 中 iBook 应用界面，主界面是书架，阅读模式下翻页的效果都跟真实的书籍一样。使用过程中用户可以感受到与现实中读书相同的味道。

图 8-29　iBook 界面设计

图 8-30 是 GarageBand 的 iPad 版本截屏，利用了吉他的真实效果来做界面的基础，方便人们与真实的设备进行呼应。此时用户与 iPad 更加融合，因为用户更像是在使用一台更高级的吉他。

图 8-30　GarageBand 音乐软件界面设计

8.2.9　干扰效应

干扰效应是指大脑同时处理多个问题的时候，会出现思考放慢且不准确或者错误的现象。当两种或者两种以上的感官或认知过程发生冲突的时候，就会产生干扰效应。

斯特鲁普干扰（Stoop Interference）：刺激物不相干的一面（优势反应）引发了思考过程，因而干扰了刺激物相关方面的思考。例如，图 8-31 中"红色"二字填充蓝色，而"绿色"二字填充了橙色，随后让用户回答字体颜色时就会反应速度较慢，而且会很困难。在页面设计中，如果需要信息提示，一定要注意色彩和样式的选择，警示类提示要醒目而且要有足够的警示，一般采用红色，而提示类信息的显示根据严重程度可选用浅橙色、浅绿色或者浅灰色等。

红色 绿色

图 8-31　色彩干扰

加纳干扰（Garner Interference）：根据 Garner (1974) 的观点，一些维度是可分离的（不

会引起干扰），而其他维度是整体的（确实会引起干扰）。顾名思义，人们能够将两个可分离的维度处理为两个独立的维度；然而，人们似乎将两个整体维度处理为一个（整体）维度，因此存在干扰。图 8-32 中的两个试验，试验一是每行单独一列的形状，而试验二则是每行有两列排在一起的形状，指出试验一中的形状，比指出试验二两列中一列的形状要简单，因为两列形状紧靠在一起，激发了想说出旁边形状的思考程序，造成干扰。

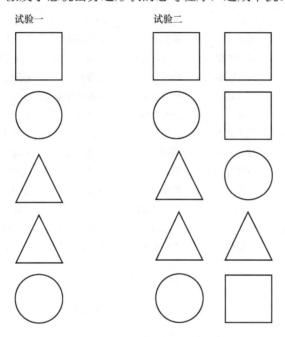

图 8-32　加纳干扰

8.2.10　容易识别

在多媒体、网络出版发展迅速的今天，设计师对于信息的识别要求日益增高，要尽量避免混浊的视觉表达，要将信息传达得清晰可辨。

在印刷业，一般 9～12 号字体是最理想的。如果文字过小，则无法辨识清晰。特别对于老年人的产品设计，需要采用更大的字体，这是针对特殊人群的特殊设计。图 8-33 是百度老年搜索的首页，这个产品不仅在字号上做了放大调整，同时提供了手写输入，也提供了常用网站的链接。所有的举动都是为了方便老年人使用互联网。容易识别、容易操作是用户体验一直遵循的目标。

在文字色彩上，浅色的背景要使用深色的字，深色的背景要使用浅色的字，这样才能形成较好的阅读效果。只要遵循这个原则，一般不会影响到信息的辨识度，如图 8-34 所示白色的字在深色背景上清晰可见，而在浅色背景上则比较难辨识。

互联网上投放的广告设计尤其需要注意信息的识别。由于受到尺寸、文件大小、网速等因素的影响，设计师需要将要表达的信息分出主次，将主要信息着重表达和突出。图 8-35 所显示的两则广告在广告文字信息的表达上都很好地做到了容易识别。有对齐关系的信息更容易识别，在这两则广告中也有所体现。对齐可以让人们找到浏览的主线，是增强识别的重要途径。

图 8-33　百度老年搜索的首页

图 8-34　文字的色彩

图 8-35　互联网广告

8.2.11　容易使用

设计出的东西和环境应该无须改变就能使用，并且能给越多人使用越好。

容易使用法则——设计应该不需要特别的适应或改变，就可以给不同能力的人使用。这种设计有四个特点：感官性、操作性、简易性和回旋性。

（1）感官性，就是要每个人，不管他具有怎样的感官能力，都能理解这个设计。提高感官性的基本方法是：用重复编码的方式给出信息；使其他感官技术与之兼容，提供协助。

（2）操作性，就是每个人，不论身体状况如何，都可以使用。提高操作性的基本方法是：最大限度地减少重复操作，减少体力消耗；通过把正确操作设置得明白易懂，把错误操作设置为无效，使控制更加容易；使之与其他操作方式兼容以便协助；控制板与信息的位置要让站立、坐着的人都容易使用。

（3）简易性，就是不论使用者的经验、读写能力、注意力怎样，使用都很容易。提高简易性的基本方法是：去掉复杂的操作；采用清晰、一致的代码，标识控制、操作模式；用渐进展开的方式提供相关的信息和控制；为所有操作步骤提供清晰的提示和反馈；确保文字简单易懂，适合不同文化程度。

（4）回旋性，就是使错误及其导致的后果最小化。提高回旋性的基本方法是：把正确操作设置得明白易懂，把错误操作设置为无效，以防止错误发生；设置确认和警告来减少错误的发生；增加可撤销功能和安全网，以使错误造成的后果最小化。

案例一：多种输入途径。

在产品的输入环节提供多种输入途径，能够让更广泛的人群来使用产品。搜索引擎百度的首页提供了手写输入，旨在方便那些不会使用键盘输入的人们也能够使用该搜索引擎，如图8-36所示。

图8-36　多种输入途径

案例二：错误提示。

这里再次提到了错误提示。基于PHP技术的错误提示，能够在用户输入完毕离开输入框的时候进行纠错提醒，让用户及时修改当前输入的信息，而不至于在整个表单输入完之后错误提示才出现，如图8-37所示。

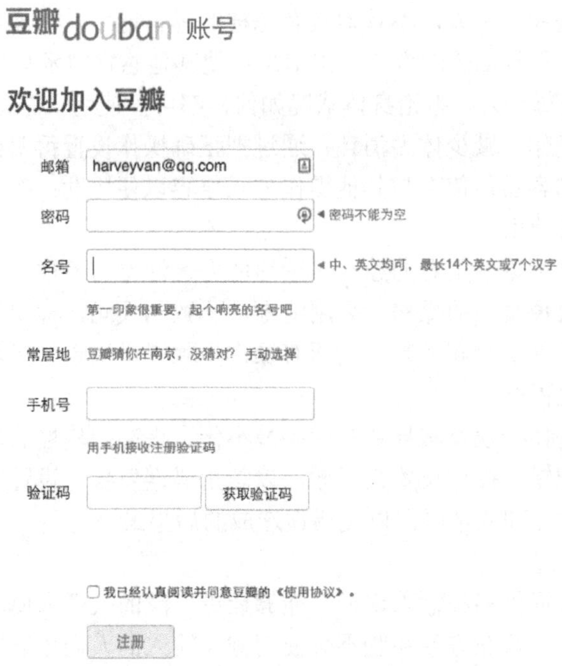
豆瓣douban 账号
欢迎加入豆瓣
邮箱
harveyvan@qq.com
密码
密码不能为空
名号
中、英文均可，最长14个英文或7个汉字
第一印象很重要，起个响亮的名号吧
常居地
豆瓣猜你在南京，没猜对？ 手动选择
手机号
用手机接收注册验证码
验证码
获取验证码
我已经认真阅读并同意豆瓣的《使用协议》。
注册

图 8-37　错误提示

在设计填写表单的时候，要注意给提示信息留下显示的空间。以下是另外一种设计的方案。错误提示信息显示在输入框的右侧。而输入提示信息则显示在输入框下方，在用户输入的时候就可以看到，用来预防出错，如图 8-38 所示。

微博
个人注册
官方注册
*手机：
0086 15850792763
或使用邮箱注册
*设置密码：
请输入密码
*激活码：
免费获取短信激活码
立即注册
已有账号，直接登录»
微博注册帮助
更多帮助»

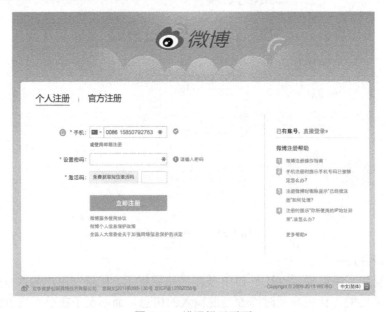

图 8-38　错误提示页面

8.2.12 美观实用效应

美观实用效应描述了这样一个现象：人们会认为美观的设计更实用。许多实验都证实了这个效应，这对于设计的接受、使用和表现具有重要的启示。

好用但不美观的设计，接受度往往不高，也就谈不上是否实用了。这些偏见及其带来的一系列后续反应是很难改变的。

美学包括可以引起感觉的一切事物——不只是我们所看到的，同时也包括我们所听到的、闻到的、尝到的和感觉到的。美有三种模式：①公认的美：与基本的设计美学原则有关，如对称、协调、三分法则和黄金比例。这些是美观设计的传统基础。②文化的美：指在某个时刻，从某种方面我们发现某种文化的迷人之处。③主观的美：你个人觉得对象具有美，这与你个人的品味和偏好有关。其中，主观的美压倒文化的美，文化的美胜过公认的美。

美学在设计使用上起到了重要作用。设计师要永远追求美观的设计。人们认为美观的设计更实用，所以更容易接受，美观的设计也就更常用到。美观的设计能够激发创意，解决问题，促进正面态度的形成，使人更能容忍设计的缺陷。

案例一：品质对人们心理的影响。

随着互联网技术的高速发展，信息文件大小传输不再影响效率。以前在进行网页设计的时候，必须对图片的品质进行压缩，有时候为了减小文件大小，不惜让视觉品质降低。而今，视觉品质已经成为用户体验的一部分，尤其在视频图片网站更是如此。百度旗下的高清视频网站爱奇艺，专注高品质的视频播放业务，为新时期的视频服务带来了良好的口碑。在网站设计上，顶部大图更能有效传达高品质优秀画质的服务特征，如图 8-39 所示。

图 8-39 爱奇艺首页

不仅在视觉上，听觉上的品质也能影响用户对服务的感受。在音频下载服务中，提供无损音质的文件已经成为视听产品必备的服务，如图 8-40 所示。

同样，用户对于视觉品质高的广告更加信任，更有点击欲望。对视觉丰富且设计精美的专题更加愿意停留，甚至传播，如图 8-41 所示。

图 8-40　声音品质选项

图 8-41　精美的页面

案例二：苹果和它的粉丝们。

苹果公司每次新的硬件发布都会修复之前版本的不足，同时增强性能。而这些升级恰恰是之前版本的不足，但是粉丝早已被精良的产品设计以及产品运营所迷惑，他们为产品欢呼，容忍了缺陷。

苹果的成功不仅在于它的实力，也有对美观实用效应法则的运用。所以当设计师在做设计方案哪怕是设计草案的时候，都需要注意每一个细节，做好每一次设计，比做大量设计更重要，如图 8-42 所示。

图 8-42　苹果圣诞节营销页面

8.2.13　图像符号

图像符号是利用图像来展现要表达的行为、物体和概念，使之更容易发现、辨认、学习和记忆。设计师日常生活中到处都可以看到图像符号的设计，如公司的标识、商场指示牌、操作系统工具条等，这些图像符号能够帮助降低设计效能负载、节省显示区域与控制区域、让标识与控制在各文化中都能容易理解。图像符号包括四种：相似符号、举例符号、象征符号和强制符号。

1. 相似符号

利用视觉上相似的图像，指出行为、物体或者概念。这种图像表示的方法最为有效。如果是复杂程度较高的物体，这种做法就不合适了，而且这种做法也无法表达抽象的概念，如减速。如图 8-43 所示的体育运动符号都使用了相似的行为来代表需要表达的内容，奥运会体育项目的图标采用的也是相似符号。相似符号的优点在于具有更广泛的认知和传播性，在创意方面，相似符号注重符号线条的创新与动作上的重构。

图 8-43　相似符号

2. 举例符号

以经常与行为、物体或者概念相关的实物图像为例。这种手法可以表现复杂的行为、物体或者概念。

例如，在图 8-44 中设计师可以使用一个飞机的图形来代表机场这种复杂的建筑群，也可以用购物车表达超市，用学士帽表达学校。设计师还可以用工具来表达修理厂，用行李箱象征行李寄存地。

图 8-45 中的照相机图标表示拍照功能，而非照相机。照相机图形与拍照有着直接的关系，所以用它来表示拍照功能非常恰当。

3. 象征符号

象征符号是用图像代表抽象的行为、物体或者概念。如果行为、物体或概念与常见的、容易辨认的物体有关，采用象征符号最为有效。象征符号与举例符号的区别在于，前者不会在操作中用到，而后者的图形是会在实际情境中出现并被用到的。图 8-46 中的漏斗图标表示的操作功能是筛选、过滤，通过这个功能可以对结果进行筛选。这种抽象的功能，正好跟现实生活中的漏斗有相似的作用。

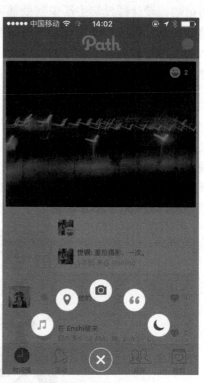

图 8-44　举例符号

图 8-45　作为举例符号的相机图标

图 8-46　象征符号——漏斗

图 8-47 在 UI 界面中，齿轮可以表示"设置"，设置本身无法用图形表示，所以可以找一个象征物代为表示，而不是在操作中真有齿轮。

图 8-47 象征符号——齿轮

4. 强制符号

强制符号就是用与行为、物体或概念无关的图像来表达，必须通过学习才能了解。一般来说，强制符号只能用在跨文化交流或长期使用的行业标准上。图 8-48 展现了医疗、回收、停车场、停机场的图标，它们在各个国家都是通用的。例如，几乎所有的人都知道红色十字符号代表医院。

图 8-48 几种强制符号

图像符号在 UI 界面设计当中尤为重要，它可以让界面留出更多的空间给信息，让界面容纳更多的操作。图 8-49 是 Twitter 客户端，界面中使用了大量的图标，包括针对单个联系人的回复、转发、收藏、设置、查看，针对全局信息的关注、私信、收藏、搜索。这些功能和内容能容纳在一个界面而不拥挤，且传达准确，都要归功于图标的作用。

图 8-49　界面上的符号

8.2.14　图形和背景的关系

图形和背景的关系是格式塔感知原理中的一项。这项法则认为，人类的感知系统会把刺激分为图形元素和背景元素。图形元素就是焦点物，背景元素就是其余没有明确特征的背景。

设计中要把图形和背景区分清楚，以便让焦点集中，尽量避免认知混乱。结合其他设计原则，把作品中的重要元素作为图形，确保设计中稳定的图形-背景关系。

那么什么是图形，什么是背景呢？

● 图形有明确的形状，而背景没有；
● 背景在图形后面延续；
● 图形感觉较近，在空间中有明确的位置，而背景看起来较远，在空间中没有明确的位置；
● 在地平线以下的被视为图形，在地平线以上的被视为背景；
● 靠近下面区域的一般被看作图形，靠近上面区域的一般被视为背景。

图 8-50 中所展示的一辆车，给车增加一个深远的背景，增加了车与环境的互动，同时让车更加拥有生命感。在这则广告中车被强调，而背景给予了车生命。

图 8-50　汽车广告中的图底关系

图 8-51 产品标志成为了宣传的主角。接近补色的搭配让角色更加突出，同时热闹的线条背景将产品质感深入表达出来。

图 8-51　网站 banner 中的图底关系（一）

图 8-52 中的 banner 展现了丰富的图标设计服务。图形蔓延到背景中去，背景烘托出了图形的科技感与神秘感。

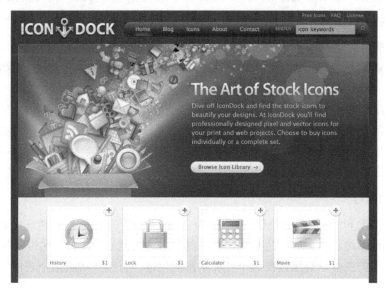

图 8-52　网站 banner 中的图底关系（二）

iOS 设备，例如，iPhone 首屏的 UI 设计很好地处理了应用程序和背景的关系，如图 8-53 所示。突出应用程序的同时，满足了用户的个性化需求。在 UI 界面设计中，图形-背景的关系非常重要，强调了界面的主次。

图 8-53   iOS 界面中的图形-背景关系

8.2.15   色彩原理

在设计上，颜色用来吸引注意、集合元素、表达含义，以及增加美感。

颜色能赋予设计更多的视觉乐趣和美感，并且可以加强设计元素的组织和意义。如果用得不好，颜色也会严重损害设计的外形和功能。下面是使用颜色的一些常用指导原则。

1. 颜色的数目

使用颜色的数目要尽可能地少。一部设计作品，一眼扫过去，所能接受的颜色数目要尽可能的少。大多数人的颜色知觉是有限的，如果把颜色当作信息表达的唯一途径，反而适得其反。

图 8-54 为百度知道的网页设计。绿色作为导航色，将整个页面的品牌色传达出来，但并不需要将页面各个地方都设计成绿色。相反，在信息传达上，页面内容区更加注重对问题、分类等信息的传达，链接的颜色是蓝色，很好地呈现了可点击的文字链接。在网页设计中，链接的颜色应该以一个色相为主，其他色相为辅，最多不超过三个。

2. 颜色的组合

为使颜色的组合达到美观的效果，可以利用色环上的色彩（相似色）、色环上相反的颜色（辅色）、色环中对称多边形角上的颜色和大自然中的色彩进行组合。作为一名设计师，身边一定要有如图 8-55 所示的色盘，甚至是比这个更加丰富的色谱，方便从中选取适当的颜色。

3. 彩度

如果色彩的主要目的是吸引注意力，可以利用饱和色（纯色）；如果效果和效率是追求的主要目的，则可以利用去饱和度的色彩。通常，运用去饱和度、明亮的色彩，会使人觉得友善而专业。去饱和度、暗沉的色彩，会使人感觉严肃而又专业。饱和色会使人感觉有趣味、有活力。

图 8-54　百度知道的网页设计

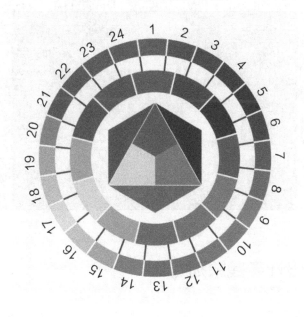

图 8-55　色盘

　　需要注意的是，饱和色在视觉上会互相冲突，增加眼睛疲劳感。图 8-56 采用了饱和色橙色和黄色，着重强调趣味感、活力感。为了缓解视觉疲劳，在整个页面的设计上，背景色采用了做旧的色彩与质感。

图 8-56 彩度的选择

　　色彩在应用上还有很多学问，要想将色彩应用自如，必须多观察、多练习。互联网上也提供了很多选择及配色练习的网站，如 Adobe 推出的 Kuler、Color Scheme Designer 等。图 8-57 是 Adobe Color 网站的截图，该网站提供了单色、同类色、对比色、三色及四色等不同的配色工具，还设置了导入图片设计配色的功能。

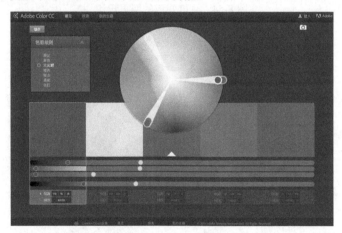

图 8-57 配色网站

8.3 视觉界面设计实践原则

　　本节的内容关注视觉设计的综合应用原则，目的是让复杂的视觉界面有章法可循。在用户理解界面信息的基础上让界面更加吸引用户。

8.3.1 模拟

　　模拟是一种设计方法，以模仿熟悉的物体、生物或者环境的特性，并利用这些特性所具有的优势来达到某种目的。

设计中的模拟有三种形式：表面模拟、行为模拟和功能模拟。

视觉设计谈到的模拟，更多是说表面模拟。这与拟物化设计比较类似，就是让设计看起来像别的东西——利用熟悉的外表暗示其功能或者用法，图 8-58 所示的是 iOS 中的计算器和记事本 App 的主界面。在视觉上模拟了现实生活中的计算器和记事本的质感，让用户没有距离感，而且很快就能让用户知道这个应用的用法及意义。

图 8-58　界面的模拟

图 8-59 是 iOS 的空间模型。从本质上讲，iOS 是一个平面环境。所谓平面环境是指其视觉呈现方式是基于二维空间的。虽然用户界面处于平面环境，但 iOS 的交互操作方式却不受制于二维，它通常由三个互相依存的层面构成，其中的每一层都拥有特定的交互机制。这些机制决定了系统中的操作流程应该以怎样的方式贯穿于不同的层面。根据它们对操作流程的重要程度，所列层次如下。

- 默认层：由应用图标和停靠栏组成。来自于用户的交互行为多数会直接作用在这个层面上；
- 隐含层：由多任务栏及其中的相关功能元素组成。对于系统来说，这层空间是一种结构上的补充，主要用来提供一些组织与导航方面的功能支持；
- 叠加层：用于显示对话框、警告、模态窗口和弹出信息等界面元素。

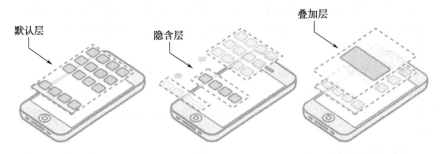

图 8-59　用户界面的三个层面（从左到右依次为默认层、隐含层、叠加层）

为了让设计取得重大进步，模拟可以说是最古老且最有效的方法了。许多游戏、网页专题页面的设计，大量使用模拟，让内容耳目一新，进而达到吸引用户的目的。图 8-60 就是有情境的游戏场景设计，使场面氛围更浓厚。

图 8-60　使用模拟设计的页面

8.3.2　80/20 法则

在一切大系统中，大约 80% 的效果是由 20% 的变量造成的，包括经济、管理、用户界面、品质监控和工程。如一个产品只有 20% 的功能最常用；20% 的产品贡献了 80% 的收益……

80/20 法则，对集中资源有很大的帮助，它可以提高设计的效率。比如，一个产品，用户用的是其关键的 20% 的功能，那么设计师就应该把 80% 的时间、设计和测试资源都用在这些功能上面。设计中的元素是有主次之分的。设计师可以利用 80/20 法则来评估系统元素之间的价值，并做出更加优化的决策。

案例一：线框图对视觉设计的重要性。

产品 UI 界面设计不是灵感突现，而是理性的雕琢。在设计师开展华丽的视觉设计之前，界面的线框图对整个设计尤为重要。不论是网页设计、客户端设计还是移动设计，线框图将界面中的各个元素进行了规范，对信息的主次程度进行了区分，对界面的主次区域进行了划分。

图 8-61 是高保真线框图。它将 UI 界面的功能区域、各个元素的大小及相对位置都进行了描述。在色彩和质感上采用灰度处理，不做任何情感雕琢。在线框图阶段，着重对交互设计进行评估和迭代。

值得一提的是，很多设计师在做界面设计的时候，只是从头画到尾，没有全局观念，画到哪里算哪里，造成界面元素没有逻辑，也使得最终的 UI 设计方案沦为皮肤设计方案，失去了产品设计的价值。在这个案例中，线框图扮演了 20% 的决定因素，它的详细程度决定了整个产品的成败。

案例二：突出常用和主要功能。

谷歌 Chrome 浏览器和它的搜索引擎首页一样，都采用了 80/20 法则。

图 8-61　线框图

在功能设计上，Chrome 对浏览行为进行了分析，在 UI 界面的设计上，保留了浏览网页常用的前进、后退、刷新、主页、设置及地址栏（兼备搜索功能），这让整个界面非常简洁易用。对于高级用户，可以选择设置，添加插件。谷歌搜索引擎首页，经历了这么多年，依旧是将搜索框放置在页面中间最重要的位置。搜索框的右侧有高级搜索的设置入口，界面左上角有其他产品线的入口，总体来说，设计通过强调 20%的元素达到强调搜索的目的，如图 8-62 所示。

图 8-62　谷歌首页

8.3.3　费茨定律

定律内容：从一个起始位置移动到一个最终目标所需的时间由两个参数决定，到目标的距离和目标的大小（图 8-63 中的 D 与 W），用数学公式表达为时间 $T = a + b \log_2(D/W+1)$。

图 8-63　费茨定律

费茨定律是 1954 年保罗·费茨（Paul M. Fitts）首先提出来的，用来预测从任意一点到目标中心位置所需时间的数学模型，但后来在人机交互和设计领域的影响却最为广泛和深远。在人机交互领域，费茨定律最基本的观点是：任何时候，当一个人通过鼠标移动屏幕上的指针时，目标的某些特征会影响点击的效率，即使点击变得容易或困难。通俗地讲，当目标离得越远，到达就越费劲；当目标越小时，点击就越难，反之亦然。这就意味着要想目标定位越容易，就应该使目标距离鼠标的位置越近，目标所占空间越大。

费茨定律对设计的启示：

（1）按钮等可点击对象需要合理的尺寸和距离。对于这一点大家应该很清楚了，这是对费茨定律最基本的运用，一般来讲，如果是相关联的一些点击操作，按钮彼此间的距离应比较小，以保证联系性。当然也要注意"删除""推出"等"危险"按钮，应尽量远离常用按钮，从而避免误操作。

（2）屏幕的边和角很适合放置像菜单栏和按钮这样的元素，这是费茨定律中 The rule of infinite edge 的运用。因为边角是巨大的目标，它们无限高或无限宽，你不可能用鼠标超过它们。即不管你移动了多远，鼠标最终会停在屏幕的边缘，因此用户在此处的操作可以精准定位到按钮或菜单的上面，这也是 Windows 系统的开始菜单（见图 8-64）和 Mac 系统的开始菜单（见图 8-65）都处于边角的原因。

图 8-64　Windows 系统的开始菜单界面

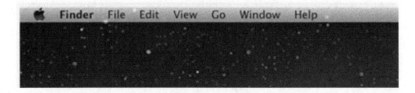

图 8-65　Mac 系统的开始菜单界面

（3）出现在用户正在操作的对象旁边的控制菜单（右键菜单）比下拉菜单或工具栏菜单

打开得更快（见图 8-66），因为不需要移动到屏幕的其他位置。即弹出菜单会在光标附近显示，从而减少了移动距离，减少移动时间。

图 8-66　控制菜单界面

8.3.4　席克定律

定律内容：一个人面临的选择（n）越多，所需要作出决定的时间（T）就越长，用数学公式表达为反应时间 $T=a+b\log_2(n)$，如图 8-67 所示。

席克定律对设计的启示：

在人机交互中界面中选项越多，意味着用户做出决定的时间越长。例如，比起 2 个菜单，每个菜单有 5 项，用户会更快地从有 10 项的 1 个菜单中做出选择，席克定律多应用于交互界面设计中菜单及子菜单的设计，特别是移动界面设计中。

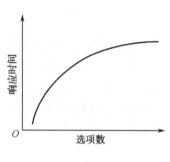

图 8-67　席克定律

8.3.5　神奇数字 7±2 法则

定律内容：1956 年乔治·米勒（George Miller）对短时记忆能力进行了定量研究，他发现人类头脑最好的状态能记忆含有 7±2 项信息块，在记忆了 5～9 项信息后人类的头脑就开始出错。

神奇数字 7±2 法则（见图 8-68）对设计的启示：

应用的选项卡不应超过 5 个。例如，在 iPhone 的通讯录中，手机号码被分割成了"×××-××××-××××"的形式，这里就是运用了 7±2 法则，从而减轻用户的记忆负担。

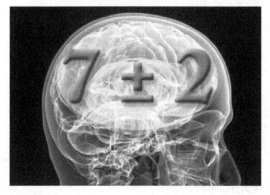

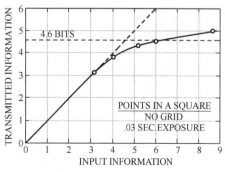

图 8-68　神奇数字 7±2 法则

8.3.6　接近法则

定律内容：根据格式塔原理（Gestalt）中的接近性法则，当对象离得太近的时候，意识会认为它们是相关的，如图 8-69 中的两组点，由于点间的距离不同，导致了我们共性的认识：第一组是横向排列，第二组是纵向排列。

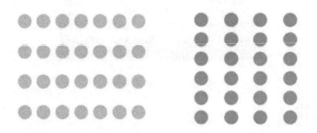

图 8-69　接近法则示意图

接近法则对设计的启示：

在交互设计中表现为一个提交按钮会紧挨着一个文本框，因此当相互靠近的功能块不相关时就说明交互设计可能是有问题的。当然，接近法则在界面设计中的运用非常多，很多网站都利用该法则实现区分模块的功能，如图 8-70 所示是蘑菇街首页的一部分，很明显分为了四大列。

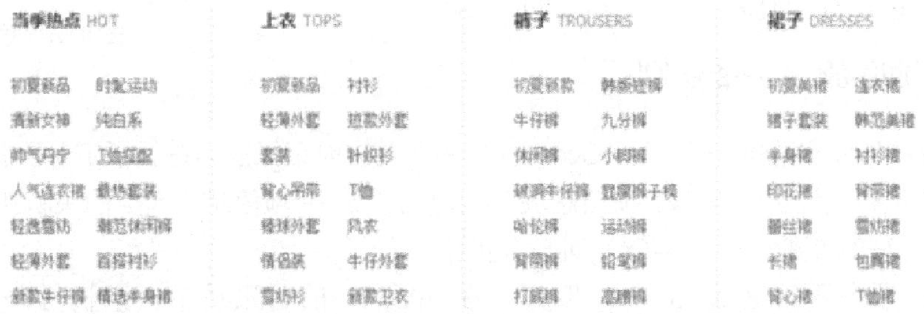

图 8-70　蘑菇街首页界面排版

图 8-71 中的 360 网站首页的布局就不怎么合理了，就算前面有蓝色字体将页面区分为横向排列，但第一眼还是认为是纵向排列的。

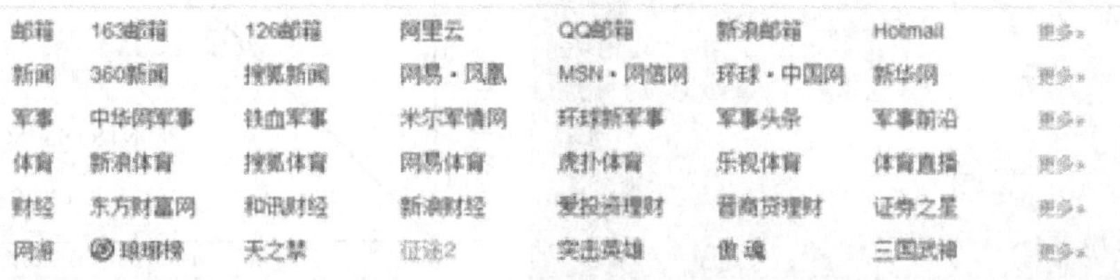

图 8-71　360 网站首页界面排版

8.3.7 泰思勒定律

定律内容：泰思勒定律认为每一个过程都有其固有的复杂性，存在一个临界点，超过了这个点，过程就不能再简化了，你只能将固有的复杂性从一个地方移动到另外一个地方。

泰思勒定律（见图8-72）对设计的启示如下。

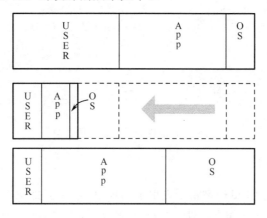

图 8-72　泰思勒定律

虽然当前人机交互设计着重强调简约至上，简化用户的操作步骤，强调"less is more"，强调扁平化设计，但也并不是说越简单越好，因为有些东西是不可缺少的，如对于邮箱的设计，收件人地址是不能再简化的，而对于发件人却可以通过客户端的集成来转移它的复杂性。

8.3.8 防错原则

原则内容：防错原则认为大部分的意外都是设计的疏忽，而不是人为操作的疏忽，通过改变设计可以把过失降到最低。该原则最初用于工业管理，但和上面几个定律一样在交互设计中也十分适用，如硬件设计上的USB插槽、母版上的扩展插槽、手机中的SD卡等；而在界面交互设计中也经常看到，如当使用条件没有满足时，常常通过使功能失效来表示（一般按钮会变为灰色无法点击），以避免误按，如图8-73中，"剪切""复制"功能当前是不可用的。

图 8-73　WPS 软件的工具栏

防错原则对设计的启示：

在交互设计中，一定要为用户提供必要的提示，以避免用户错误的操作。如在网站注册网页中，对于用户的必填项要有明确的要求提示，如用户填写的内容不符合要求，后面的提示信息会变成红色，并且不能单击"确定"按钮，现在大多数的网站注册页都有这样的功能。如前程无忧的注册页，若输入的E-mail被注册过，没有填写用户名，没有勾选"我已阅读服务声明"，都会给出相对应的提示，以防用户下一步出错，如图8-74所示。

图 8-74　前程无忧网站注册页面

8.3.9　奥卡姆剃刀

奥卡姆剃刀定律，由 14 世纪逻辑学家奥卡姆提出。这个原理称为"如无必要，勿增实体"，即 "简单有效原理"。他在《箴言书注》2 卷 18 题说道："切勿浪费较多东西去做用较少的东西同样可以做好的事情。"如果要从功能相同的设计中做出选择，那么选择最简单的设计。奥卡姆剃刀原则认为，简单的设计比复杂的设计好，不必要的元素会降低设计的效率，无论在物理上、视觉上，还是认知上带来的负担都会降低设计的使用效果，并会增加无法预期的后果。多余的设计元素会导致设计失败。

图 8-75 是 Apple 的 iPod Shuffle 设计。小巧的外形是对音乐播放设备精简设计的结果，同时结合圆形的控制面板，即便在如此小的体积上，也能对音乐播放操作自如。

图 8-75　iPod Shuffle

奥卡姆剃刀为我们的设计指出了方向——评价设计里的每一个元素，在不牺牲功能的情况下，尽可能去除多余元素，最后在不影响功能的情况下，让剩下的元素简化。

8.3.10　图片优势

俗话说一张照片胜过千言万语。图片比文字更具有吸引力和记忆力。

在经过了许多案例和可用性测试后的结果表明，用户对图文混排的页面更容易回忆起图片而不是文字，同时发现用户在浏览网页的时候在图片上的停留时间明显长于文字。人们在时间有限的时候，对于图片信息的接收效果明显。所以恰当地使用图片优势来做广告宣传非常重要。图 8-76 的广告 banner 设计，直接将文字写在图片上，也就是将整个广告做成图片。这种做法非常有利于在纷繁的网页中形成视觉焦点。

图 8-76　图片广告

在一些视频的门户网站中，焦点大图能够体现网站的特色，同时也能引起人们对于影视剧的关注。图 8-77 是爱奇艺网站的首页，焦点大图更像是影片的海报，将人们的观影欲望激发出来。

图 8-77　爱奇艺网站首页

不只是媒体网站喜欢用大图片，苹果公司的首页就是使用产品的照片来做宣传，每当一个产品更新，那个产品就成为首页的焦点，如图 8-78 所示。这种设计方法把消费者的购买欲望激发到了顶点。

当然需要注意的是，图片优势不能滥用，如果一个网站的所有信息都用图片来表达，就会造成没有主次，没有突出，没有强调。信息传达是需要层次的，图片优势法应与强调法搭配使用。

图 8-78　苹果首页的图片

8.3.11　大草原偏爱

研究表明，人们偏爱大草原般的环境，这种环境的特点是：开阔的空间、散布的树木、绿油油的草坪。同样是开阔的空间，人们不喜欢沙漠或稠密的森林。

在景观设计、广告设计及其他需要创造或描述自然环境的设计中可以考虑使用大草原原则。图 8-79 是 Windows XP 操作系统桌面壁纸。虽然 XP 已经被淘汰，但却是用户最熟知的桌面。

图 8-79　Windows XP 操作系统的著名大草原壁纸

其实大草原偏爱原则不仅仅告诉设计师人们喜欢大草原，还说明了空间感强、透气性高的构图更易受到人们的青睐。如果自己的设计与自然不能契合，但也希望用户喜欢，可以尝试做出有空间感且透气的画面。图 8-80 的 App 设计，整个画面的构图以食材为中心，绿色控件在充满诱人蔬菜的背景下极具空间感和透气性，这种轻松愉悦的氛围更容易获得消费者的喜爱。

图 8-80　App 设计

8.3.12　由上而下光源偏爱

人们倾向于认为物体是由上方的单一光源照射的。由上而下的光源照射物体，暗色或者阴影区域被视为距离光源远的地方，而浅色区域则被视为靠近光源的地方。所以，人们觉得颜色上浅下深的物体是凸的，而上深下浅的物体是凹的。图 8-81 的按钮就是一个组合案例。整个导航栏是凸起的，按钮则嵌入导航栏中，所以顶部有凹陷的内阴影。这种设计的细节表明了光源的垂直性，同时也体现了设计的细节。虽然目前扁平化设计逐渐取代拟物设计，但是从 iOS 系统官方应用的图标中可以看出，光源仍是从顶部照射的，如图 8-82 所示。

图 8-81　按钮组合举例

图 8-82　iOS 图标举例

在操作系统的界面设计中，用户不会看到其他光源的设计案例。顶光能够营造出绝对的安全与稳定感。且顶光对 UI 的阴影影响最小，其他侧光会产生较大的阴影而影响 UI 界面的视觉效果。几乎所有的网站都采用的是顶部光源，也有少部分采用 48°光源。图 8-83 所示新浪网门户的垂直渐变表明它的页面设计是顶光。图 8-84 所示苹果官网的设计也是采用了顶部光源，就连产品照片都是采用了顶部光源，在这个页面的设计中得到了很好的统一。

图 8-83　网站设计中的顶光源

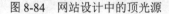

图 8-84　网站设计中的顶光源

8.4 三大设计风格

8.4.1 拟物化设计

拟物，或称拟物化，是一种 GUI 设计外观风格，常见于软件界面上模拟现实物品的纹理。其目标是使用户界面让用户更加熟悉，更有亲和力，以降低使用的学习成本。Techopedia 认为，"拟物化是一个设计原则，设计灵感来自于现实世界"。拟物化设计的理念是用设计来尽可能还原事物原本的样子，拟物化设计是一种联结过去与未来的途径，使人们可以轻松地适应新设备。

在 iPhone 出现之前，拟物化的用户界面设计是不常见的，大多只会出现在视频游戏中。为了保持游戏的代入感，游戏设计师早就开始使用木质、金属和石头等材质构建新的用户界面了。随着 iOS 的问世，苹果决定采用更多拟物化的设计，最经典的是在 iOS6 的时候。iOS 的界面设计看似简单，但其细节之处做得非常到位，如苹果地图上的图钉、Podcast 播放界面（见图 8-85），就是按照生活中的用品设计的。

图 8-85　iOS 6 拟物化设计细节

2013 年 9 月 iOS 7 系统发布，摒弃了所有模拟设计物品的图标和动画，乔布斯钟爱的拟物化风格被艾维式的扁平化设计所代替（见图 8-86）。艾维推崇的是极简风格，认为拟物化的图标过于厚重，带有沉重的怀旧色彩，抛弃了苹果软件中几乎全部的栩栩如生的插图、动画效果，带来了更多现实生活中没有的数字原生感十足的设计。比如"游戏中心"原有的拉斯维加斯风格赌桌，被现实生活中不多见的白色背景和彩色气泡所取代。艾维认为，"人们已经习惯了触摸屏，不再需要实物按键，他们也理解这样做的好处。因此，我们不再需要去模仿现实世界，可以去创造一种更为抽象的新环境"。

图 8-86　iOS 6 拟物风格对比 iOS 7 扁平化风格

8.4.2　扁平化设计

扁平化概念的核心意义是：去除冗余、厚重和繁杂的装饰效果。具体表现在去掉了多余的透视、纹理、渐变，以及能做出 3D 效果的元素，这样可以让"信息"本身重新作为核心被凸显出来。同时在设计元素上强调抽象、极简和符号化。

扁平化设计，在许多方面是基于最基本的元素进行设计的。它选择删除任何样式：那些令人捧腹的三维表现方式，如投影、渐变与纹理，只关注与图标之间的联系——字体和颜色。外观在扁平化设计里面是次要的，重点是原始的功能。

微软的 Metro UI 就是一个典型的扁平化设计例子（见图 8-87），其设计灵感源于地铁站的大字号指示牌，其风格大量采用大字体，以吸引受众注意力。强调信息本身的 Metro UI 是一种界面展示技术。Metro 设计风格并非简单堆砌色块，也不是过去拟物化时代那样，把每个 Icon 都照着现实物品模仿得惟妙惟肖。它的精髓在于平衡，让交互变得更简单易懂却又不简陋，色块和主标题的排版也比拟物化时代来得更重要。

微软设计 Metro 界面时有三大原则：第一是可浏览全貌（Glanceable），用一个页面浏览所有功能与软件的清单，需要了解更多细节时，再通过微观模式找出想看的项目；第二是可行动化（Actionable），设定某些应用程序启动动态磁贴模式，来自动更新软件的状态，界面看到就能马上采取行动，不用启动不同应用程序；第三则是相关程度（Relevant），让使用者自行挑选与自己的工作任务、公司的运作最相关的内容，例如，在 Windows Phone 上的相关性设计以人为中心，所以每个人的 Metro 都可以不同，优先呈现自己常用的功能或资讯。

图 8-87　扁平化设计案例图

　　扁平化的设计,尤其是手机的系统直接体现在:更少的按钮和选项,这样使得 UI 界面变得更加干净整齐,使用起来格外简洁,从而带给用户更加良好的操作体验。因为可以更加简单直接地将信息和事物的工作方式展示出来,所以可以有效减少认知障碍的产生。扁平化的设计在移动系统上不仅界面美观、简洁,而且还能达到降低功耗,延长待机时间和提高运算速度的效果。

　　扁平化设计技巧:

　　(1)简单的设计元素。扁平化完全属于二次元世界,一个简单的形状加上没有景深的平面,不叫扁平化都浪费这个词了。这个概念最核心的地方就是放弃一切装饰效果,诸如阴影、透视、纹理、渐变等能做出 3D 效果的元素一概不用。所有元素的边界都干净利落,没有任何羽化、渐变或者阴影。尤其在手机上,因为屏幕的限制,使得这一风格在用户体验上更有优势,更少的按钮和选项使得界面干净整齐,使用起来格外简单。

　　(2)强调字体的使用。字体是排版中很重要的一部分,它需要和其他元素相辅相成,想想看,一款花体字在扁平化的界面里得有多突兀。图 8-88 是扁平化网站使用无衬线字体的例子,无衬线字体家族庞大,分支众多,其中有些字体会在特殊的情景下产生意想不到的效果。但注意,过犹不及,不要使用那些极为生僻的字体,因为保不齐它会把你带到坑里去。

图 8-88　扁平化网站中的无衬线字体

（3）关注色彩。扁平化设计中，配色貌似是最重要的一环，扁平化设计通常采用比其他风格更明亮、更绚丽的颜色。同时，扁平化设计中的配色还意味着用更多的色调。比如，其他设计最多只包含两三种主要颜色，但是扁平化设计中会平均使用 6～8 种颜色。另外还有一些颜色也挺受欢迎，如复古色浅橙、紫色、绿色、蓝色等。

（4）简化的交互设计。设计师要尽量简化自己的设计方案，避免不必要的元素出现在设计中。简单的颜色和字体就足够了，如果你还想添加点什么，尽量选择简单的图案。扁平化设计尤其对一些做零售的网站帮助巨大，它能很有效地把商品组织起来，以简单但合理的方式排列。

（5）伪扁平化设计。不要以为扁平化只是把立体的设计效果压扁，事实上，扁平化设计更是功能上的简化与重组。比如，有些天气方面的应用会采用温度计的形式来展示气温，或者计算应用仍采用计算器的二维形态表现。在应用软件当中，温度计的形象则纯粹是装饰性的，而计算器的计算方式也并不是最简单直接的。相比于拟物化而言，扁平风格的一个优势就在于它可以更加简单直接地将信息和事物的工作方式展示出来。

8.4.3　卡片式设计

卡片作为普遍使用的信息传达承载样式，具有轻便易携、简单易懂、分类独立等特点，慢慢地被移植到设计的应用当中，如 PC 端的网页、移动端的 App 设计。Co.Design 网站中，卡片作为交互信息的承载体，针对令人满意的、特别的功能能够以不同的方式被使用。卡片是一个出色的工具：它可以吸引注意力而无须点击链接；它能够对抗信息过载；它在任何屏幕上都给人以舒服的感觉；它是可共享的，使用户能快速并轻松地通过社交、手机和邮件平台分享内容。

谷歌的原质化设计（Material Design），通俗易懂些就是现在流行的卡片式设计。Material Design 是由谷歌开发的一套设计标准，在这个文档中，它有无数独特而有趣的特性，但也许最明显的是它提出了平面像素的 Z 轴概念。事实上，它是在扁平化设计上增加了一些拟物化。

Google 卡片（见图 8-89）一洗之前信息显示的杂乱无章，在某种意义上甚至重新定义了信息显示。首先，它直接排除了多余的信息，尤其是广告；其次，它淘汰了超链接，能让用户专注于信息本身，而不是在找信息这件事情上。另外，值得一提的是，Google 卡片能在各种尺寸的屏幕上实现无差别体验，甚至在 Glass 上也一样。

图 8-89　Google 卡片

卡片给人一种触感，位于极简设计与拟物化设计的中间地带，就像是一种"后拟物化设计"。卡片解决的不仅是信息呈现的问题，而且能够用来处理一系列复杂的 UX 问题。比如，对于谷歌地图团队来说，卡片解决了一个核心交互问题，即如何展现地图上的大量信息。"我们不想覆盖整幅地图，因此，我们做了一个可以扩展和收缩的面板，" Google 地图的 UX 设计师 Jonah Jones 说，"问题是，当它扩展时，无法真正给人以可收缩的感觉。当它收缩后，无法真正给人以可扩展的感觉。"他们发现卡片可以解决这个问题。卡片可以很自然地叠加起来。将卡片叠加，并且露出后面卡片的少量信息，用户可以很方便地处理这些信息。

现在卡片式设计的应用场景非常广泛，主要用来解决三类问题：

（1）信息分类。比如 Google＋，把 Feed 信息做成卡片样式，以便于浏览，PC 端和移动端都有实现，常见的瀑布流式布局的信息展示其实也是一种卡片布局。

（2）导航。比如 Evernote 中的卡片，类似传统标签栏的功能来区分不同的内容和功能，在移动端使用居多，跟手势操作结合，易于理解和操作。

（3）任务管理。比如 Web OS 和 iOS 系统多任务的管理，运用在移动端居多。

卡片式设计案例：Facebook 的文章列表区就是卡片式设计，每张卡片都突出了内容，鼓励积极的交互。Pinterest 是一个视觉化的采集板，它允许客户采集、添加图片到虚拟的板面上。Pinterest 最突出的特点是使用了卡片式设计：当在某张卡片上停留时，用户可以选择采集、发送、点赞，或者编辑等互动请求，并且还不用模糊卡片的图像。

本章只是从理论上分析了界面设计的一些原则，但仅仅掌握这些原则还远远不够，需要将这些理论运用到实际的操作当中，初学者可以利用大家所熟知但又能满足一般需求的 Photoshop 软件进行练习，因为在日常工作中，UI 设计用得最多的就是 PS 了，甚至可以说，做 UI 界面基本上用它就够了。

8.5 导航设计[1]

导航的作用是引导用户并告知用户怎么找到自己想要的信息，或完成用户想要完成的任务。导航设计与产品定位和业务目标息息相关，通过一定的导航设计引导用户到相应界面，促成行为转化。导航设计的合理性直接关系着用户是否能够找到信息和完成操作任务。导航承载着用户获取所需内容的快速途径，它看似简单，却是产品设计中最需要考量的一部分。

移动界面的导航可以分为：

（1）主要导航模式：跳板式、列表菜单式、选项卡式、陈列馆式、仪表式、隐喻式、超级菜单式。

（2）次级导航模式：页面轮盘式、图片轮盘式、扩展列表式。

8.5.1 主要导航模式

完美的导航设计能让用户根据直觉使用应用程序，也能让用户非常容易地完成所有

1（美）Neil T. 移动应用 UI 设计模式[M]. 王军锋，等译. 北京：人民邮电出版社，2013.

任务。一款应用的导航可以被设计成各种样式，但这里着重介绍以下几种主菜单的导航模式（见图 8-90）。

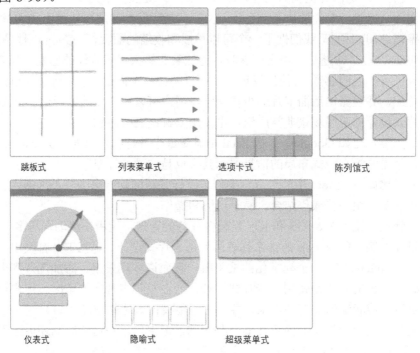

跳板式　　　　列表菜单式　　　　选项卡式　　　　陈列馆式

仪表式　　　　隐喻式　　　　超级菜单式

图 8-90　主要导航模式

1．跳板式导航

跳板式导航对操作系统没有特殊要求，在各种设备上都有良好体现。跳板式导航直观的表现方式是，把各个入口的图标都放在界面上（见图 8-91）。

优点：

● 有较好的扩展性，随着产品的功能或业务的增加，可以在导航中进行放置；

● 通过"图标+文字"的展示形式能够帮助用户进行寻找，用户对图像的记忆更加深刻；

● 组合方式也较为多样，可以结合不同的信息类型，如运营位、广告位、内容块，同时通过合理的表态或者动态的图标设计，也将为产品提高辨识度。

缺点：

● 各个宫格是独立的内容，无法进行跳转，用户需要回到导航主页面进行选择，增加了一定的行为路径。

2．列表菜单式导航

列表菜单式导航与跳板式导航的共同点在于：每个菜单项都是进入应用各项功能的入口点。这种导航有很多变化形式，包括个性化列表菜单、分组列表和增强列表等。增强列表是在简单的列表菜单上增加搜索、浏览或过滤之类的功能后形成的（见图 8-92）。

列表菜单很适合用来显示较长或拥有次级文字内容的标题。

优点：

- 符合用户查看信息的视觉路线，从上而下，用户能比较快速地找到信息；
- 列表式导航中每个列表信息条可以承载较多的内容，还可以放置运营活动的信息，有比较好的扩展性；
- 通过分割线等方式能够比较好地进行信息分析，便于用户选择。

缺点：

- 对于部分需要较高频的切换任务的操作，列表导航在使用上并不方便。

图 8-91　跳板式导航

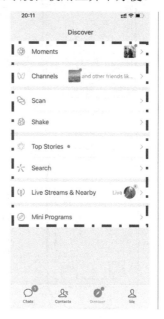

图 8-92　增强列表菜单式导航

3. 选项卡式导航

选项卡式导航又称标签式导航，是移动应用中最普遍、最常用的导航模式，适合在相关的几类信息中间频繁地调转。这类信息优先级较高，用户使用频繁，彼此之间相互独立，通过标签式导航的引导，用户可以迅速地实现页面之间的切换且不会迷失方向，简单而高效。

选项卡式导航在不同的操作系统上有不同的表现，对于选项卡的定位和设计，不同操作系统有不同的规则（见图 8-93）。

（1）底部标签式导航。

如果此时你观察一下自己手机中常用的 App，你就会发现 QQ、微信、淘宝、微博、美团、京东等全部都是底部标签式导航。iOS、WebOS 系统都把选项卡放在屏幕底端，这样，用户就可以用拇指进行操作。

这是符合拇指热区操作的一种导航模式。什么是拇指热区呢？当你走在路上、单手持握手机并操作；站在公交车上，一只手拉扶手，另一只手操作等场景，你最常用的操作就是右手单手持握并操作手机，因此，对于手机来说，为触摸进行交互设计，主要针对的就是拇指。

（2）顶部标签式导航。

QQ 音乐和酷我音乐现在用的就是顶部标签式导航，为了更好地浏览基本信息（歌手、歌曲名），以及支持快捷操作（播放/暂停），播放器需要固定在底部，那么顶部标签式导航不失为一个好选择。

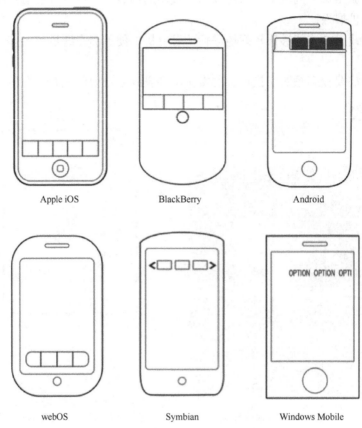

图 8-93　不同操作系统内选项卡的位置

（3）双选项卡式导航。

还有腾讯新闻和网易新闻这种新闻类 App，由于内容、分类较多，运用顶部和底部双选项卡式导航，切换频率最高的选项卡放在顶部，这是为什么呢？因为新闻是沉浸式阅读，最常用的操作是在一个选项卡中不断地下滑阅读内容，将常用的选项卡放在顶部，加入手势切换的操作，反倒能带来更好的阅读体验。

4. 陈列馆式导航

陈列馆式的设计通过在平台上显示各个内容项来实现导航，主要用来显示一些文章、菜谱、照片、产品等，可以布局成轮盘、网格或用幻灯片演示，如图 8-94 所示。

5. 仪表式导航

仪表式导航提供了一种度量关键绩效指标是否达到要求的方法。经过设计之后，每一项量度都可以显示出额外的信息。这种导航模式对于商业应用、分析工具，以及销售和市场应用都非常有效（见图 8-95）。

图 8-94　陈列馆式导航

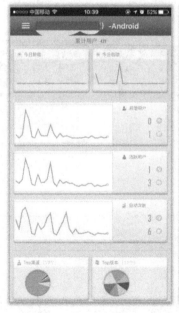

图 8-95　仪表式导航

注意：不要使用过多的仪表式导航。需要开展研究才能决定应该对哪些关键量度采用仪表式导航。

6. 隐喻式导航

隐喻式导航的特点是用页面模仿应用的隐喻对象。主要用于游戏，但在帮助人们组织事物（如日记、书籍、红酒、自习室等），并对其进行分类的应用中也能看到（见图 8-96）。

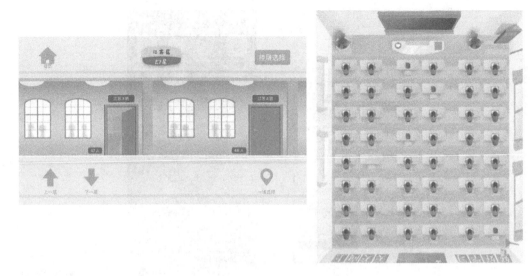

图 8-96　自习室隐喻式导航

7. 超级菜单式导航

移动设备上的超级菜单式导航与网站所用的超级菜单式导航类似，在一个较大的覆盖面板上分组显示已定义好格式的菜单选项（见图 8-97）。

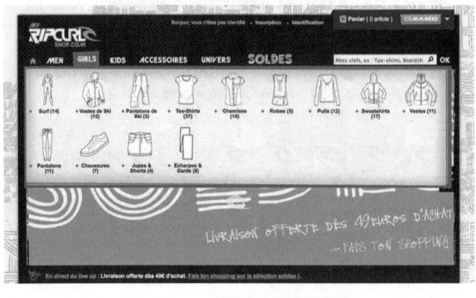

图 8-97　超级菜单式导航

8. 抽屉式导航

抽屉式导航就是把功能按照一定的分类放在特定的位置，像抽屉一样可以收起、打开，自由伸缩。这样的架构不仅节省空间，更让用户一眼便知界面的整体布局功能及其子功能（见图 8-98）。

图 8-98 抽屉式导航

这种导航的优点是节省页面展示空间，让用户将更多的注意力聚焦到当前页面。比较适合于不那么需要频繁切换内容的应用，如对设置、关于等内容的隐藏。

8.5.2 次级导航模式

所谓的次级导航是指那些位于某个页面或是模块内的导航。所有的主要导航模式都可以用作次级导航。经常能够看到选项卡下再用选项卡导航，选项卡下用列表导航，选项卡下用仪表式导航，跳板式导航下用陈列馆式导航等情况（见图 8-99）。

图 8-99　左图主要导航：选项卡式，次级导航：跳板式；右图主要导航：选项卡式，次级导航：仪表式

还有一些其他的导航模式也可作为次级导航，但不太适合用作主要导航（见图 8-100）。

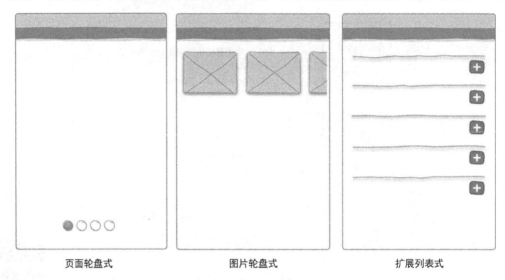

页面轮盘式　　　　　　　　　图片轮盘式　　　　　　　　　扩展列表式

图 8-100　其他次级导航模式

1. 页面轮盘式导航

通过这种导航模式，操作者可利用"滑动"操作快速浏览一系列离散的页面。页面指示器可以显示出导航中的页面数量；执行"滑动"操作可以显示下一页。

页面轮盘式导航可以很好地实现少量页面的导航，利用直观的指示器来表明总屏数和当前所处的位置（见图 8-101）。

图 8-101　页面轮盘式导航

2. 图片轮盘式导航

图片轮盘式导航类似于一个二维轮盘，或者说类似于 iTunes 的 Cover Flow 导航（见图 8-102）。

图 8-102　左侧为图片轮盘式导航，右侧是 Cover Flow 导航

图片轮盘式导航能很好地显示清新悦目的内容，如艺术品、产品或照片等。

无论是使用箭头、部分图片内容，或是页面指示器，都能提供良好的视觉化功能可见性，以此告知用户有更多的内容可以访问。

3. 扩展列表式导航

扩展列表式导航通过下拉屏幕显示更多的信息，这种导航模式多见于网站的移动版本，移动应用中使用较少，但在这两种情况下都能很好地工作（见图 8-103）。

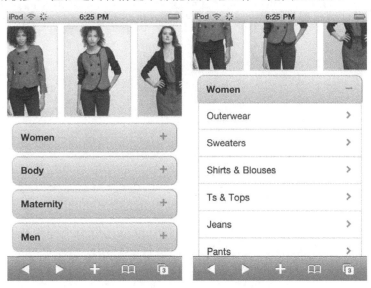

图 8-103　扩展列表式导航

　　一个产品中往往存在多种导航方式的组合。在导航设计时，首先要明确适合于产品的全局导航样式，在此基础上基于各个页面和模块的主要内容进行二级导航的设计。在导航设计时，也应该思考用户将如何使用产品，可在前期通过卡片分类等方法让目标用户参与进来，了解用户心理模型，同时通过更可视化的设计方式，告知用户导航的使用路径和方法。

　　在进行导航设计时需要注意的事项主要有以下四个方面：

　　（1）保持导航结构的连贯性和一致性。

　　（2）设计清晰易懂的交互方式。

　　（3）设计扁平的导航结构。设计一个很好的导航结构，好的网站信息架构和层级才是关键。当网站的信息层级结构图已经出来时，就要尽力去设计一个扁平的导航结构，这种扁平的结构要能让用户只需要点击一两次就可以到最底层的页面。

　　（4）考虑响应式设备的兼容性。一个好的导航结构可以很好地适应手机和平板电脑，设计导航结构时应该考虑到多端通用，或者考虑使用两种相似的导航结构，这种结构不会让用户切换思维模式去适应移动端和 PC 端的不同。

本章小结

　　本章介绍了视觉界面设计原则和导航设计模式。

思考题

　　1. 分别选择一款学习类 App 和电商类 App，分析各自的界面设计和导航设计，深入理解界面设计和导航设计的注意事项。

　　2. 分别选择一款视频类 App 和音乐类 App，分析各自的界面设计和导航设计，深入理解界面设计和导航设计的注意事项。

第9章

设计与制作原型

"没有比制作原型（Prototype）更容易取得使用者界面与特殊功能可用性上的一致性了。Prototype 不只可确认需求，更可赢得顾客的心。"

——阿伦.M.戴维斯和迪安.A.莱芬韦尔

《用需求管理快速交付高质量的软件》作者（Rational 软件公司/IBM）

本章的主要目的是：

描述如何制作原型，介绍这一设计活动的各种类型；

学会制作简单原型；

学会设计系统的概念模型以及如何权衡折中；

解释如何把场景和原型应用于概念设计；

讨论能够帮助交互设计师的各种标准、指南和规则。

在制作交互式产品的过程中，如果从细节层次或物理层次着手，容易忽略可用性目标和用户的需要。例如，考虑这样一个问题："如何为司机提供更好的驾驶导引和路况信息？"这就需要找出现有的驾驶指引方法存在什么问题，并思考如何不让司机分心、安全驾驶。如果采用增强现实（Augmented Reality，AR）把地点和道路走向投影在仪表盘或后视镜上，看似是一个为司机提供信息的有效方法，但这种方案不适合于主要任务是感知当前路况的驾驶场合，因为它很容易让司机分心。因此，在问题求解之前需要研究问题空间，把隐含的假设和要求明确地表达出来。含糊的假设可能暗示着某些设计构思需要改进，逐一检验这些假设和要求也有助于明确用户的需要。在很多情况下，只需找出那些存在问题的活动和交互作用，再考虑能否使用不同的交互形式去改进。在另一些情形下，就可能要仔细考虑如何独具匠心地应用新技术来进行处理。

在着手构建产品之前，通过逐一检查各种假设并分析为什么要这么做，就能发现自己的设计方案有什么好处，有什么弱点。如果在设计过程中发现问题再进行修改的话，就为时已晚。在研究具体的问题空间时，可以从这些问题入手：①现有产品是否存在问题？存在什么问题？为什么？②你的方案为何可行？用户能否在现有的工作方式中使用该方案？③你的方案如何支持用户的任务，如何解决现有系统的问题？或扩充现有的工作方式？是否确实有帮助？

设计有两个方面：概念方面，侧重于产品的构思；具体方面，着重于设计的细节。前者涉及开发一个概念模型，以捕捉产品将做什么以及它将如何表现，而后者则关注设计的细节，如菜单类型、触觉反馈、物理小控件和图形。两者是交织在一起的，需要考虑具体的设计问题，以便对构思进行原型设计，而构思的原型设计会导致概念的演变。

为了让用户有效地评估交互产品的设计，设计师需要对他们的想法和构思进行原型设计。在开发的早期阶段，这些原型可能由纸和纸板制成，或者将现成的组件放在一起进行评估，而随着设计的进展，它们变得更加精致，更类似于最终产品。

本章介绍在原型设计和制作周期中所涉及的活动，解释原型设计的作用和技术，然后探讨如何在设计过程中使用原型。

> 例：一个 Web 浏览器改进设计实例
>
> 相关情节（scenario）：
>
> 假定设计者需要开发更好、功能更强的浏览器；调查并分析现有浏览器在使用方面的问题。
>
> 发现：用户无法有效使用书签功能，因为其限制太强。
>
> 原因：层次化的目录结构不能有效管理大量网址。
>
> 结论：需开发存储和检索网址的新方法。
>
> 在分析现有书签功能时，进一步明确相关问题：
>
> 若无意中将网址放入错误的目录，有可能丢失该网址；
>
> 网址不易在不同的目录之间移动；
>
> 系统没有醒目提示如何把多个网址同时从一个目录移动到另一个目录；
>
> 系统没有醒目提示如何将已存储的网址重新排序。
>
> 据此，为了提供更有效的支持，提出了有关用户需要的假定：
>
> 若改进书签功能，则用户认为更为实用且会更多地使用；
>
> 用户需要灵活的网址管理方式，以支持参考和转发的目的。

概念化问题空间有两个作用：识别设计要达到的目标，并明确需要设计什么；考虑系统的总体结构及用户如何能理解，即概念模型。

9.1　概念模型

David Liddle 认为，"设计中最重要的东西就是用户的概念模型。设计的首要任务就是开发明确、具体的概念模型。与此相比，其他的各种活动都处于次要的地位"。

所谓"概念模型"，指的是一种用户能够理解的系统描述，它使用一组集成的构思和概念，描述系统应做什么、如何动作、外观如何等。

人机交互系统设计的首要任务就是建立明确的、具体的概念模型。为了保证概念模型能够为用户所理解，我们应根据用户的需要来设计产品。这个设计过程的关键是，应预先了解用户在执行日常任务时做什么。接着，我们应该选择交互方式，并决定采用何种交互形式，提出一些实际可行的方案。其中，交互方式是更高层次的抽象，它关心的是要支持的用户活动的本质，而交互形式关心的是特殊的界面类型。

在确定了一组可行的与系统交互的方法之后，就可以着手设计概念模型，提出一些实际可靠的方案，包括要使用的特定交互形式、界面的"外观和感觉"。也可以采用另一个方法来设计合适的概念模型，就是选择一个界面比拟。界面比拟是使用用户熟悉的或者容易理解的知识来解释不熟悉的问题，例如，"桌面"和"搜索引擎"就是为大家熟悉的界面比拟（详见 9.1.3 节）。与交互设计的其他各个方面一样，充实概念模型的过程也必须重复进行，可以使用各种方法，包括草拟构思，使用情节串联法，描述可能的场景和设计原型等（详见 9.2 节）。

概念模型一般可以分为两大类：基于活动的概念模型和基于对象的概念模型。

9.1.1　基于活动的概念模型

以下是用户在与系统交互时最常见的概念模型：指示、对话、操作与导航、探索与浏览。

需要指出的是，各种类型的活动都有不同的属性，但并不是相互排斥的，它们可以并存。例如，在对话的同时可以发出指示，在浏览的同时也可以定位环境。

1. 指示

这个模型描述的是用户通过指示系统指示自己应做什么来完成任务，如用户可以向某个系统发出指示，要求打印文件。基于指示的概念模型的主要好处是支持快速、有效的交互，因此特别适合于重复性的活动，用于操作多个对象，如重复性地存储、删除、组织文件或邮件。

2. 对话

对话概念模型是基于"人与系统对话"这一模式设计的。"对话"是一个双向的通信过程，其系统更像是一个交互伙伴，而不仅仅是执行命令的机器。经验表明，对话类型的概念模型最适用于那些用户需要查找特定类型的信息，或者希望讨论问题的应用。实际的"对话"方式可以采用各种形式，如咨询系统、搜索引擎和援助系统等。其优点是允许人们（尤其是新手）以一种自己熟悉的方式与系统交互。

3. 操作与导航

这个概念模型利用用户在现实世界中积累的知识来操作对象或穿越某个虚拟空间。例如，可以通过移动、选择、打开、关闭、缩放等方式来操作虚拟对象。也可以使用这些活动的扩展方式，即现实世界中不可能的方式来操作对象或穿越虚拟空间。

"直接操纵"是这一类概念模型的典型例子，"直接操纵"式的界面应具备以下三个基本属性。

- 能够连续表示对象及其行为；
- 采用渐进式的动作，应迅速、可逆，并带有关于对象的及时反馈；
- 使用实际动作和按钮，而不是语法复杂的指令。

直接操纵界面的好处是：

- 有助于初学者快速掌握基本功能；
- 有经验的用户可以快速完成各种任务；
- 不常使用系统的用户能够回忆起如何执行操作；
- 用户能够立即看到行为的结果是否更接近于目标；

- 用户不会感觉焦虑；
- 用户能够自信、从容地掌握控制权。

4. 探索与浏览

探索与浏览概念模型的思想是，使用媒体去发掘和浏览信息。网页和电子商务网站都是基于这个概念模型的应用。

练习：下列应用分别基于哪一种概念模型？

（a）三维视频游戏。

（b）Windows 环境。

（c）Web 浏览器。

解答：

（a）三维视频游戏是基于直接操纵/虚拟环境的概念模型。

（b）Windows 环境是基于混合式的概念模型，结合了操作模式的交互（用户操作菜单、滚动条、文档、图标）、指示模式的交互（用户通过选择菜单项、使用组合功能键发出指令）和对话模式的交互（使用诸如 Clippy 的代理来指导用户的动作）。

（c）Web 浏览器也是基于混合式的概念模型，允许用户通过超链接去探索和浏览信息；此外，也可以指示系统应搜索什么，以及应返回和储存什么结果。

9.1.2 基于对象的概念模型

与基于活动的概念模型相比，基于对象的概念模型更为具体，侧重于特定对象在特定环境中的使用方式，通常是对物理世界的模拟。例如，"电子表格"就是一个非常成功的基于对象的概念模型，其基本对象就是"分类账页"。

第一个电子表格软件是由 Dan Bricklin 设计的，之所以成功的原因在于，他在一开始就研究了：财务领域涉及哪些活动；使用现有工具进行处理时，存在什么问题。为了解决这些问题，Bricklin 利用计算机的交互能力，开发了一个能够交互式地建立财务模型的应用。这个概念模型的关键特征包括：①可创建外观类似于分类账页的电子表格，它带有人们熟悉的行、列，因此，人们容易知道如何使用这种表格；②电子表格具有交互性，允许用户输入和修改表格中的任意一项数据；③计算机可针对用户的输入，完成各种不同的计算（例如，在最后一列自动显示前面各列的和）。

在开发概念模型时，我们需要确定用户能否理解关于系统外观及行为的构思，这是一个基本步骤。Norman 提出了一个用于说明"设计概念模型"与"用户理解模型"之间关系的框架（见图 9-1）。本质上，它包含三个相互作用的主体：设计师、用户和系统，而在它们背后就是三个相互联结的概念模型。

设计模型——设计师设想的模型，说明系统如何运作；

系统映像——系统实际上如何运作；

用户模型——用户如何理解系统的运作。

在理想情况下，这三个模型能相互映射，用户通过与系统映像相交互，就能按照设计师的意图（体现在系统映像中）去执行任务。但是，若系统映像不能明确地向用户展示设计模型，那么用户很可能无法正确理解系统，因此在使用系统时不但效率低，而且容易出错。

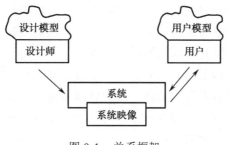

图 9-1 关系框架

9.1.3 界面比拟

界面比拟是指开发的概念模型与某个（或某些）物理实体存在某些方面的相似性，同时也具备自己的行为和属性。这类模型可以基于某个活动或对象，或者是它们的结合。例如，上文把"电子表格"归类为基于对象的概念模型，它们同时也是界面比拟的例子。

比拟和类比是人类语言的组成部分，是用人们熟悉的或容易掌握的知识去解释人们不熟悉的、难以掌握的问题。它们常被用于教学中，教师通过把新知识与学生已掌握的知识相比较，向学生传授新知识。比拟和类比也广泛用于交互设计中，通过使用人们熟悉的术语以及图形化的界面来描述那些抽象、难以想象、难以表述的计算机概念和交互概念。用法包括以下几点。

- 概念化某个特定交互形式，如把系统作为一个工具；
- 作为概念模型，并实例化为界面的一部分，如桌面比拟；
- 作为描述计算技术的一种方式，如互联网高速公路；
- 作为特定操作的名称，如在删除和复制对象时用的"剪切""粘贴"操作；
- 作为训练材料的一部分，用于帮助用户学习，如比较字处理器与打字机。

"界面比拟"是基于概念模型的，它把人们熟悉的知识和新概念结合起来。"桌面"比拟也引入了一些新概念，也就是那些在物理世界中无法执行的操作，如把电子文件拖曳到打印机图标上即开始打印。

"搜索引擎"容易让人联想到一个物理对象——现有多个工作部件的机械引擎，以及一个日常活动——仔细检查许多位于不同位置的文件并提取相关信息。搜索引擎除了支持引擎的查找功能外，还具备其他一些功能，如罗列搜索结果并按优先级排序等。它执行这些活动的方式与机械引擎的工作方式、图书馆检索图书的方式都不相同。"搜索引擎"这个术语所蕴含的相似性是概念化的，这些相似性有助于用户理解"搜索信息"这一过程的本质，也有助于用户进一步掌握其他功能。

界面比拟的优点在于，在人们熟悉的与不熟悉的知识之间建立一种映射，从而帮助用户理解和掌握新应用。但设计人员在设计界面比拟时有时会犯一个错误，就是让界面的外观和行为都酷似相比较的物理实体，这实际上背离了开发界面比拟的意图。以下是一些反对在交互设计中使用界面比拟的意见。

违背规则——有些人认为，把界面比拟实例化为 GUI 时会造成文化和逻辑上的冲突，因此反对使用界面比拟。以"桌面"上的"垃圾箱"为例，从逻辑或文化上来看，它应该放在桌面下。如果虚拟的桌面遵循这个规则，用户将无法看到垃圾箱，因为它隐藏在桌面下。但也有人持相反观点，即是否违背了规则并不重要，一旦人们理解了为什么要把垃圾箱放在桌面上，他们就能接受对真实世界的规则所做的修改。

约束性太强——界面比拟的约束性太强，不能有效地支持某些计算任务。例如，如果要从含有数百个文件的目录中打开某个文件，用户就需要查看数百个文件图标，或者上下查看文件清单，这并不是有效的方法。更好的方法是让用户输入文件名（假设用户能够记住文件名）并指示计算机打开这个目标文件。

与设计原则相冲突——在设计界面比拟时，若要满足物理世界的限制，设计方案就不可避免地要与一些基本设计原则相冲突。

用户无法理解比拟之外的系统功能——有人认为，界面比拟会限制用户对系统的理解，因此，除了界面比拟所提示的功能之外，用户很难发现系统还能做什么。

完全仿效已有的拙劣设计——一个典型的例子就是虚拟计算器，它的外观和功能都像普通的计算器。许多真实计算器的界面是基于不良的概念模型设计的，存在设计拙劣，带有过多的操作，功能标注不合理，按键次序难以掌握等问题。

限制了设计师构思新范型和新模型的想象力——设计师可能只注重一些陈旧的思路，只采用一些众所周知的技术，因为他们知道用户非常熟悉这些技术，这限制了设计师构思新功能的能力。

Erickson（1990）建议，选择好的界面比拟通常有三个步骤：第一步是理解系统要做什么，在此步骤中，也可以开发部分概念模型并进行测试；第二步是找出系统的哪些方面可能给用户带来问题，理解了用户在哪些方面可能遇到困难，我们就能选择支持这些方面的比拟；第三步是生成比拟，在寻找界面比拟时，从用户的任务描述入手是一个好方法。

在生成了合适的界面比拟之后，需要对它进行评估。评估时应回答以下五个问题。

界面比拟的结构如何？

界面比拟与待解决问题的关系有多密切？

所选的界面比拟是否易于表示？

人们能否理解这个界面比拟？

界面比拟的可扩充性如何？是否有某些方面可能对日后有用？

9.2 原型

人们常说，用户不能告诉你他们想要什么，但是当他们看到并使用产品时，他们很快就会知道他们不想要什么。原型设计提供了一个想法的具体体现——无论是新产品还是对现有产品的修改——它允许设计师交流他们的想法，用户可以尝试使用它们。

9.2.1 什么是原型

提到术语"原型"，可能会想起房屋、桥梁的缩微模型，或频频出故障的软件。以建造房子为例，在施工之前，一般先由建筑师设计一份图纸，然后用厚纸或泡沫板制成微型模型。这种建筑模型，一方面用来验证设计是否合理，另一方面也用来向客户展示，引导他们提出更为具体的需求。同样，在以用户为中心的设计中，原型也是为了"让用户试着用一下"才被制作出来的。

原型是设计的一种表现形式，它允许利益相关者与其互动并探索其适用性。它的局限性在于原型通常会强调一组产品特性而淡化其他特性。原型有多种形式，例如，建筑物或桥梁的比例模型，原型也可以是基于纸张的显示器轮廓、电线和现成组件的集合、数字图片、视频模拟、复杂的软件和硬件，或工作站的 3D 模型。

原型可以是画在纸张上的一组屏幕草图、电子图像、任务的视频模拟、用纸张或纸板制作的三维模型或超链接的屏幕图像等。借助于原型，当事人就能与未来的产品交互，从中获得一些实际使用体验，并挖掘新思路。事实上，原型可以是任何东西，从纸质故事板到复杂的软件，从纸板模型到模压的金属片。例如，在设计 PalmPilot 掌上电脑时，Jeff Hawkin（Palm公司的创始人之一）用木头雕刻了一个与设想的形状、大小相仿的模型（见图 9-2），随时携带着这个模型，不时地"假装"用它输入信息，以体验拥有这样一个设备是何种感觉。这就是一个非常简单（甚至有些奇怪）的原型，但它能够模拟使用场景。

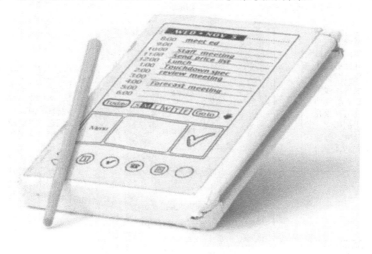

图 9-2　PalmPilot 木质模型

3D 打印技术的进步，加上价格的降低，增加了它们在设计中的应用。现在通常的做法是从软件包中获取 3D 模型并打印原型。毛绒玩具、巧克力、连衣裙和整栋房子都可以通过这种方式"打印"出来。

原型并不是为了完成产品生成的中间产物，而是设计师用来检验设计是否合理的材料。原型是设计的一种受限表示，用户可尝试与它交互并探索它的适用性。

9.2.2　原型的作用和好处

原型是在项目前期阶段，以发现新想法和检验设计为主要目的的设计行为，其基本要求在于体现产品主要的功能，提供基本的界面风格，展示比较模糊的部分，以便于确认或进一步明确，防患于未然。当然，原型最好是可运行的，如果不能运行，至少在各主要功能模块之间要能够建立连接。

在与利益相关者讨论或评估想法和构思时，原型很有用，原型是团队成员之间的沟通工具，也是设计师探索设计理念的有效途径。正如唐纳德·舍恩（Donald Schön，1983）所描述的那样，构建原型的活动鼓励在设计中反思，并且它被许多学科的设计师认为是设计的一个重要方面。

原型回答问题并支持设计师在备选方案之间进行选择。因此，它们有多种用途，例如，测试一个想法的技术可行性，澄清一些模糊的需求，做一些用户测试和评估，或检查某个设计方向是否与产品开发的其余部分兼容。原型的目的将影响适合构建的原型的类型。例如，为了阐明用户如何执行一组任务，以及提议的设计是否支持他们这样做，可能会制作基于纸张的模型。图 9-3 显示了一个帮助自闭症儿童交流的手持设备的纸质原型。这个原型展示了预期的功能和按钮、它们的定位和标签，以及设备的整体形状，但没有一个按钮能真正工作。这种原型足以调查使用场景，并决定按钮图标和标签是否合适且功能足够，但不能测试语音是否足够响亮，或响应是否足够快。

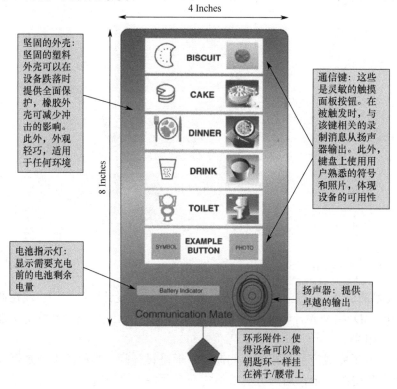

图 9-3　帮助自闭症儿童交流的手持设备纸质原型

Youn-Kyung Lim 等提出了原型专注于其作为过滤器角色的观点，例如，强调原型用于探索产品的特定方面，作为设计的表现形式，以及作为帮助设计师开发设计理念的工具代表，并提出了三个关键原则。

（1）基本原型设计原则：原型设计是一种活动，其目的是创造一种表现形式，以最简单的形式过滤设计师感兴趣的品质，而不扭曲对整体的理解。

（2）原型设计的经济原则：最好的原型是以最简单和最有效的方式，使设计理念的可能性和局限性变得可见和可衡量。

（3）原型剖析：原型是贯穿设计空间的过滤器，是将概念思想具体化和外化的设计理念的体现。

我们把制作这类交互式原型的过程称为制作原型（prototyping）。制作原型的好处是可以灵活地应对设计中的错误以及客户提出的新需求。原型是设计小组成员之间的交流工具，也是有效的测试工具，有助于仔细检验设计。原型能够回答许多问题，这有助于设计人员选择不同的候选方案。它可用于各种目的，如测试方案的可行性，澄清含糊的需求，让用户测试、评估设计，检查设计方向是否正确等。

9.2.3 低保真原型与高保真原型

根据对实物界面忠实程度（保真度）的不同，原型可以分为低保真（Low-fidelity）和高保真（High-fidelity）两类。

1. 低保真原型

低保真原型看起来不像最终产品，也不提供相同的功能。例如，它可能使用非常不同的材料，如纸和硬纸板，而不是电子屏幕和金属，它可能只执行一组有限的功能，或者它可能只代表功能而不执行任何功能。之前描述的用于制作 PalmPilot 原型的木块就是低保真原型。

低保真原型的优点是简单、便宜、易于制作，这也意味着它易于修改，适合于尝试不同的方案。在开发初期，如概念设计阶段，这些特性尤为重要，因为用于发扬设计思路的原型应非常灵活，以鼓励而不是限制各种探索和修改。

（1）故事板。故事板是低保真原型的一个例子，它经常与场景结合使用。故事板由一系列草图组成，显示用户如何使用正在开发的产品完成任务。它可以是一系列屏幕草图或一系列展示用户如何使用交互式设备执行任务的场景。当与场景结合使用时，故事板提供了更多细节，并为利益相关者提供了使用原型进行角色扮演的机会，逐步完成场景与原型的交互。

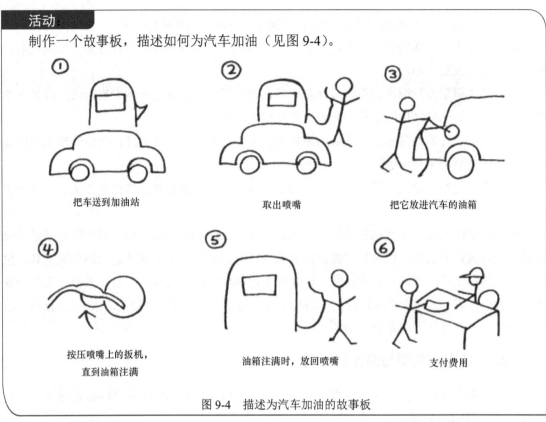

制作一个故事板，描述如何为汽车加油（见图 9-4）。

① 把车送到加油站

② 取出喷嘴

③ 把它放进汽车的油箱

④ 按压喷嘴上的扳机，直到油箱注满

⑤ 油箱注满时，放回喷嘴

⑥ 支付费用

图 9-4　描述为汽车加油的故事板

（2）绘制草图。低保真原型经常使用草图，许多人认为自己的绘画能力不佳，所以对绘制草图缺乏信心。Verplank 建议人们自行开发一组简单符号和图标，以克服这个障碍。情节串联图用到的元素包括人、物（如计算机、桌面、书本）和动作（见图 9-5）。如果是绘制界面草图，还需要画出各种图标、对话框等。

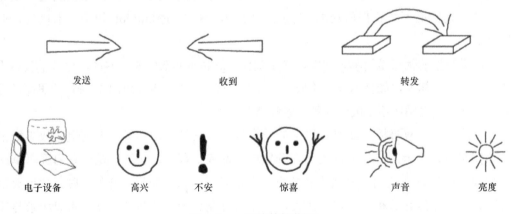

发送　　　　　　　　收到　　　　　　　　转发

电子设备　　高兴　　不安　　惊喜　　声音　　亮度

图 9-5　一些简单的草图

（3）使用索引卡。在制作交互过程的原型时，使用索引卡（约 8 厘米×13 厘米大小的卡片）是一个简单的方法。这是开发网站的常用方法。每张卡片代表一个屏幕，或任务的一个步骤。用户在评估设计时，可使用这些索引卡排列出执行任务的过程。

（4）使用模拟向导。这是另一个使用低保真原型的方法，需要一个基于软件的原型。使用模拟向导时，用户坐在计算机前与软件原型交互（就像同产品交互一样），实际上，这台计算机被连接到一台机器上，操作员通过相连接的机器模拟计算机的响应。

2. 高保真原型

高保真原型与最终产品更为接近，并且通常与低保真原型相比，能提供更多功能，例如，用Python或其他可执行语言开发的软件系统的原型要比纸张式的原型更为真实。制作高保真原型无论是时间还是成本都比较高。低保真度和高保真度之间存在连续性，在设计-评估-重新设计周期内，原型通常会经历不同的保真度阶段。任何一个原型可以回答的问题类型都是有限的，原型必须牢记关键问题。高保真原型适用于向其他人讲解设计和测试技术问题；在探索设计内容和结构问题时，应鼓励使用纸张式的原型和其他原型。表9-1概括了这两类原型的优缺点。

表9-1 低保真原型和高保真原型的有效性比较

类 型	优 点	缺 点
低保真原型	开发成本低 可评估多个设计概念 是有用的交流设备 可解决屏幕编排问题 适用于标识市场需求 可证明设计概念	可捕捉的错误有限 不能作为规范用于指导编程 受制作物件的影响 在建立需求后，作用有限 对可用性测试的作用有限 不便于说明过程流
高保真原型	包含完整功能 完全可交互 用户驱动的 明确定义了过程流 适用于探索和测试 可获得最终产品的使用体验 可作为详细规范 可作为销售的支持工具	开发成本高 制作耗时 不能有效地证明设计概念 不适合于收集需求

专栏：T原型

制作网站的原型时，一般不使用任何装饰性的图形元素，只使用线条和文本链接。从外形上看，这种原型保真度较低。如果把网站的所有页面都制作一遍，时间和成本会很高。一般情况下只需要制作一部分页面，常用的方法为：水平原型（提供广泛的功能但细节很少）和垂直原型（仅为少数功能提供大量细节）。

水平原型就是只需要制作网站首页和第一层链接页面的原型。虽然用户可以看到首页中所有的菜单，并且可以自由地选择任何功能，但实际上被选择的功能是不能用的。这种原型也可以称为浅式原型（shallow prototype）。

垂直原型是只具备某一项功能的原型。比如说某网站只支持用户注册。用户虽然不能搜索和购买商品，却可以实际体验注册功能。这种原型也称为深式原型（deep prototype）。

如果只具备水平、垂直两种原型中的一种，则与实际的用户体验相差甚远。但如果合二为一，就能形成一个可以让用户试用的原型了。这种广度和深度兼备的原型就是T原型。

9.3 原型的制作方法

设计产品原型最基础的工作，就是结合批注、大量的说明以及流程图画框架图，将自己的产品原型完整而准确地表述给 UI、UE、程序工程师、市场人员，并通过沟通，反复修改，直至最终确认，开始投入使用。

绝大多数原型制作并不需要多高深的艺术素养或专业的程序设计技术。但深入理解用户需求，测试设计所需的逻辑能力，不局限于已有概念的发散思维能力，才是设计师更需要掌握的。

9.3.1 草图设计

草图设计长久以来一直是设计师的最佳实践。通过草图，设计师能够遵循从想法的产生、完善直至选定的过程。设计师也能通过使用草图来进行讨论、交流与评估他人的想法。

草图与绘画并没有关系，但它却关系到设计，因为草图是一种帮助设计师表达、发展与沟通设计想法的基础工具。正确的设计由单一设计想法开始，经过持续发展、改进，以期为设计想法发现最优的设计，这就是迭代设计。要设计正确的草图需要考虑许多不同的想法，然后从中进行选择，也就是说：

- 通过头脑风暴、讨论、水平思考、客户讨论、观察终端用户等方法，产生出许多想法；
- 思考所有这些想法；
- 选择看上去最有希望的想法，并同时展开方案设计；
- 当有新想法时加入这些想法。

线条、矩形、三角形和圆形是许多草图的基本视觉元素，将这些基本草图元素进行组合，就可以构建出组成部分草图的不同形态和物体。在许多草图中，最好用简单开关来表现物体，而不是带有精细加工过的细节的物体。

> **技巧：在计算机上画草图的人**[1]
>
> 草图元素库：设计师有时会使用计算机而不是纸张来画草图。如果你也想用计算机画草图，可以利用让你保存草图元素并将此作为元素库来重用的软件功能。例如，与剪贴画类似，你可以创建不同的元素，然后将它们保存在 PowerPoint 的页面中，之后你就可以复制、重用，甚至对它们做一些改变，用到以后的某些草图中。
>
> 对象：大部分绘画软件都包含一定范围的自带对象，如矩形、圆形、箭头、标注框等。当选择用来画草图的软件时，考虑这些自带对象是否足以满足你绘画草图的需要。
>
> 剪贴画：如果你使用计算机来画草图，你也可以利用其中的各种剪贴画或图像库。

---

1 （美）巴克斯顿. 用户体验草图设计[M]. 黄峰，等译. 北京：电子工业出版社，2012：85.

9.3.2　用 PPT 设计草图[1]

众所周知，PowerPoint 是一款演示软件，也正因为如此，大家可能会认为用它来制作界面原型是不合适的。但其实做些调整，是可以制作出让用户可操作的原型的。

我们知道，在演示 PPT 时，通过鼠标点击可以切换幻灯片，让它按顺序播放。这个称为幻灯片播放的过程，在某种程度上类似于银行 ATM 机及办公自动化系统的界面切换。另外也与使用软件安装向导时的用户体验相类似，虽说大部分软件和网站上的操作更为复杂，但在此过程中界面一直按某一顺序切换，这与播放幻灯片是一致的。

从用户的角度来看，只要能够显示应该出现的界面即可，至于软件中究竟做了怎样的处理，用户并不关心。正因为如此，纸质原型才有意义。

适合制作可交互的连环画。在 PowerPoint 中，可以对幻灯片上的文本、图形等对象设置超链接，超链接的目标地址可以是其他的幻灯片。利用这一功能可以在点击按钮时直接切换到对应的幻灯片，这样就实现了包括分支选择、退回上一步在内的复杂界面变更。另外，使用自选图形工具也可以实现类似的图像映射的界面。先选中自选图形中的矩形或圆形等形状，在图片上拖放，然后给这些形状设置超链接，最后设置这些自选图形的格式为"无色透明"，就实现了图像映射。

非常适合嵌入式应用。用 PowerPoint 来制作原型有很多优点。①任何人都能用。如果用 Photoshop 或 Dreamweaver，只有设计师或 Web 设计人员才会用。但 PowerPoint 就不会受限于工种和职位，人人可用。②可以设置幻灯片母版。一般 PowerPoint 的母版是用来放置公司 Logo 的。但制作原型时，可以把界面上相同的部分（如导航栏）制作成母版，在需要改变相同部分的时候，就没有必要修改所有的页面了。③拥有丰富的多媒体功能。PowerPoint 既可以制作简单的动画，也可以内嵌 GIF 动画和视频。使用此功能就能方便地制作动态页面了。④可以控制幻灯片的切换时间。如可以满足"错误信息持续显示 5 秒"后再切换界面。另外，可以自动播放动画或视频，并在播放完毕的同时切换到下一个界面。

这些都是使用 PowerPoint 制作原型的好处，但它也有局限性，其中最大的问题是不能制作带滚动条的页面。

9.3.3　原型制作工具

进行原型设计的工具有很多，比如纸笔，简单易得，有利于瞬间创意的产生与记录，有利于对文档即时的讨论与修改，更适合在产品创意阶段使用；Visio 的功能相对复杂，适用于各种流程图、关系图的表达，但不利于批注与大篇幅的文字说明，不利于交互的表达和演示；Photoshop/Fireworks 是图片处理工具，操作难度相对较大，不利于表达交互设计；Dreamweaver 的操作难度大，需要基础的 HTML 知识。其实每种工具都有自己的工作领域，如果脱离了使用目的，而在这里单纯地讨论工具是没有价值的。

图 9-6 列出了相关的原型设计工具，在开始设计原型时首先需要明确以下四个问题。

1　（日）樽本徹也. 用户体验与可用性测试[M]. 陈啸，译. 北京：人民邮电出版社，2015：79-80.

（1）你是在为手机、平板，还是为桌面做原型设计？

（2）你的原型需要什么程度的保真度？

（3）你需要多少时间完成设计？

（4）你需要多少经验去展示？

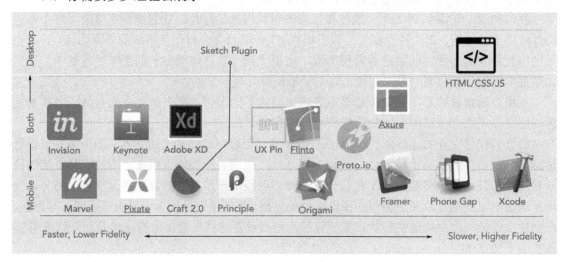

图 9-6   原型设计工具

1. 快速的在线原型界面设计

在项目立项之初，可能会涉及多方同事协同，包括设计、产品、运营，以及团队的领导，这个时候通常会采用在线工具，方便迅速地给团队提供原型预览。

这一阶段的原型设计工具，推荐摹客 RP。摹客 RP 是一款真正完全免费的原型设计工具，同时具备强大的高保真原型设计能力和在线团队协作能力：多人实时编辑，便捷的团队评审，工程师查看页面数据、复制代码等强大功能非常适合团队使用。

摹客 RP 的适用情景：中高保真原型，快速原型，团队协作，Web/移动端/平板原型，线框图，视觉稿。摹客 RP 具有以下特色。

- 自带交互效果的预设组件、海量图标、便捷的编辑方式，快速产出设计；
- 支持页面交互、状态交互、组件交互，以及设置多种触发方式和交互动作，轻松制作精细交互效果；
- 钢笔工具、铅笔工具、布尔运算、响应式布局等特色功能，设计创作自由随心；
- 支持多人同时在线编辑同一项目，共同完成原型设计；
- 设计稿中支持直接绘制流程图，清晰呈现项目逻辑；
- 强大的协作功能：团队评审，工程师查看页面数据，复制代码，撰写在线文档，任务管理。

2. 低保真、快速移动应用程序

- 为移动应用构建；
- 低保真；

- 快速搭建；
- 需要将屏幕链接在一起，并显示它们的流程。

有很多好用的工具可适用于这个场景。用于此场景的最佳工具是可以在短时间内以低保真方式展示整个应用体验流程的工具。这些工具有：Invision、Marvel、Craft2.0、Adobe XD、Flinto、Principle、Origami、UX Pin、Pixate。

3. 低保真桌面网站或 Web 移动应用

- 为桌面浏览器（网站）构建；
- 低保真；
- 快速搭建；
- 需要将屏幕链接在一起，并显示它们的流程。

针对桌面体验方面的工具会比较有限，因为许多原型设计工具往往更专注于移动端。这些工具有：Invision、Marvel、Flinto、Principle、Adobe XD、Keynote、UX Pin。

4. 响应体验

- 构建响应式网站（手机、平板、桌面）；
- 需要较高的保真度；
- 时间不是特别急，但也想要有高效率；
- 需要将屏幕链接在一起，显示它们的流程，并展示响应式网站是如何崩溃的。

为什么我们必须设计响应？真正的目标是什么？我们可以分别显示每个模块？如果没有前后端的编码，那么设计高效率的响应设计是非常困难的。

以下是达成这些目标所需的工具：Raw HTML/CSS/JS（真正的响应式设计）、Axure（static breakpoints）、UXPin（static breakpoints）。

5. 特定功能

- 在移动应用上构建特定的动画；
- 需要特别高的保真度；
- 需要高效率；
- 需要显示运动、动画元素和时机——并不关心页面之间的跳转。

做一个动画原型可以带来很多的乐趣，而且就算用户没有注意到动画的发生，他们也会在这些细微差别中发现很大的不同。当你在细节上花心思去做时，整体体验会更加愉悦和流畅。相关的工具有：Principle（最快的设计方式）、Adobe After Effects、Raw HTML/CSS/JS、Flinto、Origami、Phonegap、Xcode、Framer。

6. 高保真体验（手机或者桌面）

- 为手机或桌面进行构建；
- 必须尽可能高保真；
- 有足够的时间进行这项任务；
- 需要显示屏幕的流程，同时还能高保真显示屏幕元素和功能的动画。

有时候你的原型不仅需特别高的保真度，与此同时还需要显示应用程序中的整个流程。

这是一项非常耗时的任务，以至于有时候任务繁重时不禁想问，为什么我们不能构建真正的体验？

如果你需要构建一个包含有趣且独特动画的高保真原型，允许用户在页面之间导航，给用户一个真正的体验，那么你可以使用这些工具：①移动设备：Principle、Flinto、Origami、PhoneGap、Framer、Xcode；②桌面：Raw HTML/CSS/JS、Principle、Flinto、Framer、Xcode。

不要只使用一个原型设计工具。关键是，你应该专注于你的设计，而不是工具。你需要沟通什么、展示什么、测试什么？你需要建立怎样的模块？需要什么程度的保真度？

当你专注于原型所需的目标时，你就知道要采用何种工具了。

最后，每个人都应该有广泛的原型工具使用经验。当你需要它时，马上就可以上手。

9.4　线框图

线框图（Wireframe）是产品设计和开发的重要工具。

9.4.1　什么是线框图

线框图是"设计的蓝图"，将底层概念结构（或信息体系结构）与界面（或视觉设计）建立联系。更具体地说，线框图是一个界面的视觉表示，是在逻辑流程图的基础上，用线框的形式细化界面的主要功能和基本布局定位，包括导航、标题、图片、图标、文字内容、按钮、各种控制器和形式等，从而确定各个界面之间具体的交互关系。

线框图是界面的初级视觉形态，主要用来解释以下几个问题。

- 结构：如何将各个页面放在一起？
- 内容：显示什么？
- 信息层次：如何组织和展示这些信息？
- 功能：这些界面如何工作？
- 行为：它如何与用户进行交互？它是如何运转的？

线框图并非原型，它是产品设计的低保真呈现方式，有三个简单直接而明确的目标。

（1）呈现主体信息群。

（2）勾勒出结构和布局。

（3）用户交互界面的主视觉和描述。

9.4.2　为何要用线框图

线框图是产品设计和开发的重要工具。无论是构建一个热门或可靠的网站或移动应用，线框图可以让每个人都关注同一个页面——不只是产品经理、设计师和工程师。

尽管通常是设计人员、开发人员和产品经理在日常工作中创建和使用线框图，但很多人受益于线框图，包括业务分析师、信息架构师、平台设计师、交互设计师等。

（1）交互设计师和信息架构师使用线框图来展示视图或页面之间的用户流。通常情况下，通过组合使用流程图、故事板和线框图来实现这一目标。

（2）平面设计师通过线框图来推动用户界面（UI）的开发。线框图可以激发设计师实现更流畅的创作过程，并最终用于创建图形模型、交互原型及最终的设计方案。通常情况下，通过组合使用低或高保真度的草图、故事板和线框图来实现。

（3）开发人员可以通过线框图更切实地把握网站的功能。线框图给开发者提供了一个清晰的画面，展示需要他们进行编码的对象。对于后端开发，UX 设计师或信息架构师会做出低保真度的线框图——他们更关注产品的结构、功能和行为；对于前端开发，高保真线框图更有帮助——他们对内容和信息层次的关注等同于结构、功能和行为。

（4）业务分析师使用线框图来直观地支撑业务规则和界面交互要求。

（5）企业内部人员（如产品经理、项目经理及执行主管）会审查线框图，以确保设计满足了需求和目标。

（6）企业外部人员（如合作伙伴和客户）也会评审线框图，以确保设计满足了需求和目标。

9.4.3　线框图类型

1. 最基本的线框图

当你在产品设计中渗透的环节比较多，而且能够充分理解产品性质时，或者不必参考高细节的线框图也可以生产出产品时，那么只需提供最基本的线框图。

最基本的线框图适用于以下场景：

（1）如果画完线框图后，还要进行后继的开发或原型制作工作，而下一个流程的主力是你自己时，可不必在线框图中涵盖太多细节。

（2）如果你的对接者是一位经验丰富的设计师，能力出众，能在基本线框图的基础上做出正确的产品解读，那么也可以简单绘制。

（3）如果是改版性质的重设计，团队成员对改版目标都充分了解，或者在内部已经有详细的需求文档说明。

2. 带注释的线框图

非常适用于在基本线框图的基础上添加大量细节，同时保证整体线框图设计整洁有序，还能保证线框图的整体性。例如，一些定义交互性的线框图汇总、注释可以很好地向读者解释如何触发交互、触发后达成什么效果。

注释往往会描述以下细节。

功能：点击、滑动、放大、弹出、数据输入、数据输出等；

内容：文本、字体、版式、尺寸、链接、图形、分辨率等；

行为：动画样式、速度、位置变换、交互效果、链接目的地等；

限制因素：硬件、软件、浏览器、数据。

3. 带用户流程的线框图

这种线框图已经得到了普及，在早期产品设计中将线框图和用户流程图结合。用户流程用文字叙述不便，而线框图所绘制的流程，在视觉上有点像传统的故事板。在一些案例中，带用户流程的线框图可以用静态的形式展现产品动态的交互性；而有的案例中，主要用线框图来梳理用户主要的操作流程（见图 9-7）。

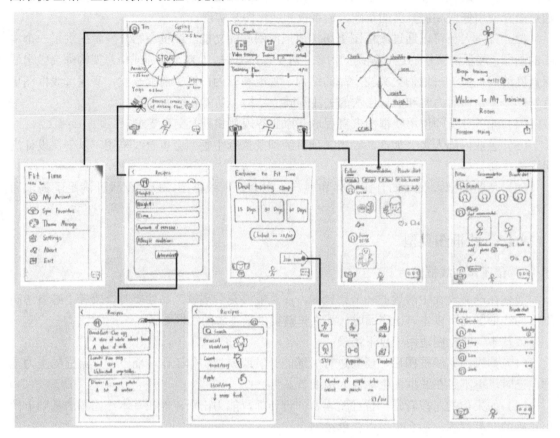

图 9-7　带用户流程的线框图

4．可交互可点击线框图

这类线框图接近原型图，可以在开发完成前大致领略产品的交互细节——像是一个带有动画的故事板。这类线框图可以实际操作，设计者可以亲身体验一番用户操作流程，而不像表态的线框图，设计者只能空想。在原型设计和开发之前，在线框图中尝试加入一些基本交互效果，可以节省设计师和工程师的时间。

9.4.4　线框图、原型和视觉稿的区别

1．线框图

线框图（Wireframe）是低保真的设计图，应当明确表达：①内容大纲（什么东西）；②信息结构（在哪）；③用户的交互行为描述（怎么操作）。

虽然近些年遭人闲话，但线框图在整个设计过程中发挥着惊人的效果，在复杂项目的初始阶段必不可少。线框图常常用来作项目说明，由于其绘制起来快速、简单，它也经常用于非正式场合，比如团队内部交流。

2. 原型

原型是中保真的设计图，常常和线框图混淆，原型应当允许用户：①从界面上，体验内容与交互；②像最终产品，测试主要交互；③原型应该尽可能模拟最终产品，就算长得不是一模一样（绝对不能是灰色线框设计）。交互则应该精心模块化，尽量在体验上和最终产品保持一致。

原型常用于做潜在用户测试。在正式进入开发阶段前，以最接近最终产品的形式考量产品的可用性。相对其他交流媒介，原型成本高、费时，如若设计得当，与用户测试相结合，原型是物超所值的。

3. 视觉稿

视觉稿（Mockup）是高保真的静态设计图。通常来说，视觉稿就是视觉设计的草稿或终稿。优秀的视觉稿应当：①表达信息框架、静态演示内容和功能；②帮助团队成员以视觉的角度审阅项目。

线框图、原型和视觉稿的区别如表 9-2 所示。

表 9-2 线框图、原型和视觉稿的区别

	保真度	花费	用 途	特 征
线框图	低	¥	文档，快速交流	手绘草图，黑白灰，代表用户界面
原型	中	¥¥¥	用户测试，后续界面的复用	可以交互
视觉稿	高	¥¥	收集反馈，获得认可	静态视觉设计

9.5 Axure RP 介绍

Axure 的发音是 Ack-sure，RP 则是 Rapid Prototyping（快速原型）的缩写，是目前最受关注的交互原型设计工具。Axure RP 是美国 Axure Software Solution 公司的旗舰产品，是一个专业的快速原型工具，主要针对负责定义需求、定义规格、设计功能、设计界面的专家，包括用户体验设计师、交互设计师、业务分析师、信息架构师、可用性专家和产品经理。

9.5.1 Axure RP

Axure RP 能让你快速地进行线框图和原型的设计，让相关人员对你的设计进行体验和验证，向用户进行演示、沟通交流，以确认用户需求，并能自动生成相关说明文档。另外，Axure RP 还能让团队成员进行多人协同设计，并对设计进行方案版本的控制管理。

Axure RP 能帮助网站需求设计者，快捷而简便地创建基于目录组织的原型文档、功能说明、交互界面，以及带注释的 Wireframe 网页，并可自动生成用于演示的网页文件和 Word 文档，以提供演示与开发。

Axure RP 除了能够高效率地制作产品原型，快速绘制线框图、流程图、网站架构图、示意图、HTML 模板，还支持 Javascript 交互的实现，并生成 Web 格式给用户浏览。

Axure RP 使原型设计及和客户的交流方式发生以下变革。

- 进行更高效的设计；
- 体验动态的原型；
- 清晰有效地交流想法。

9.5.2　Axure RP 的工作环境

Axure RP 的工作环境可进行可视化拖曳操作，可轻松快速地创建带有注释的线框图。无须编程就可以在线框图中定义简单链接和高级交互。Axure RP 可一体化生成线框图、HTML 交互原型、规格说明 Word 文档。Axure RP 的界面如图 9-8 所示。

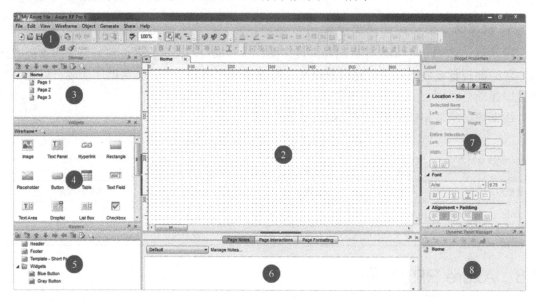

图 9-8　Axure RP 界面

（1）主菜单和工具栏（Main Menu & Toolbar）：执行常用操作，如文件打开、保存、格式化控件、输出原型、输出规格等操作，将鼠标移到按钮上时都有对应的提示。

（2）主操作界面（Wireframe Pane）：绘制产品原型的操作区域，所有用到的元件都可拖到该区域，在主操作界面中可以进行页面线框图的设计。

（3）页面导向面板（Sitemap Pane）：是用来管理设计中网站页面的工具，所有页面文件都存放在这个位置，可以在这里增加、删除、修改、查看页面，也可以通过鼠标拖动调整页面顺序以及页面之间的关系。在开始动手绘制网站页面的示意图或流程图之前，应该事先思考网站架构，然后利用 Sitemap 面板来定义设计的网站页面。

（4）控件面板（Widgets Pane）：该面板中有线框图控件和流程图控件，用这些控件进行线框图和流程图的设计。

（5）模块面板（Masters Pane）：模块是一种可以复用的特殊页面，在该面板中可进行模块的添加、删除、重命名和组织。在模块面板中可以创建、删除像页面头部、导航栏这种出现在每一个页面的元素，这样在制作页面时就不用再重复这些操作了。

（6）页面交互和注释面板（Pages Notes & Page Interactions Pane）：这里可以设置当前页

面的样式，添加与该页面有关的注释，以及设置页面加载时触发的事件。

（7）元件属性：这里可以设置选中元件的标签、样式，添加与该元件有关的注释，以及设置页面加载时触发的事件。

● 交互事件：元件属性区域闪电样式的小图标代表交互事件；
● 元件注释：交互事件左面的图标是用来添加元件注释的，在这里我们能够添加一些元件限定条件的注释，如文本框，可以添加注释指出输入字符长度不能超过 20；
● 元件样式：交互事件右侧的图标是用来设置元件样式的，可以在这里更改元件的字体、大小、旋转角度等，当然也可以进行多个元件的对齐、组合等设置。

（8）动态面板：这个是很重要的区域，在这里可以添加、删除动态面板的状态及调整状态的排序，也可以在这里设置动态面板的标签；当绘制原型动态面板被覆盖时，我们可以在这里通过单击选中相应的动态面板，也可以双击状态进入编辑。

界面中的各个区域在做产品原型的过程中，使用都很频繁，所以建议不要关闭任何一个区域。如果不小心关闭了，可以通过主菜单工具栏"视图 View"中的"重置视图 Reset View"找回。

9.5.3　初级互动设计

Interactions 窗格（见图 9-9）用来定义 Widget 在 Wireframe 中的行为，包括从基本链接到丰富的互联网应用（Rich Internet Application，RIA）的复杂行为，而这些定义的互动都可以在产生的原型中执行。

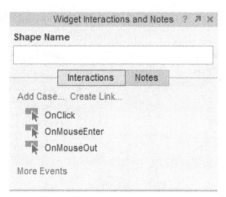

图 9-9　Interactions 窗格

互动由触发事件（Event）、条件（Case）和动作（Action）组成。

● 当用户对网页进行某些人机界面的操作时，就会触发一个事件。大多数的元件只具备最常见的三种触发事件：OnClick（鼠标单击）、OnMouseEnter（鼠标移到元件之上）与 OnMouseOut（鼠标离开元件）。某些特定的部件（Widget）的可触发事件有些不同，例如 Button 元件只有 OnClick 事件。不需要硬背上述的元件及对应的事件，在 Axure RP 的操作界面上，只要选择了元件，就可以查看 Interactions 窗格所显示的对应事件；
● 每一个触发事件都可以有一个或多个条件（Case），例如，一个按钮的 OnClick 触发事件可以有两个条件：其中一个链接至某个网页，另一个则链接到另一个网页；

● 而每一个条件（Case）又可以执行一个或多个动作（Action），例如，「Open Link in Current Window」的动作就是一个基本链接。

案例：初级互动设计之定义基本链接

下面通过例子说明如何为 "HTML Button" 元件新增一个基本链接。

方法一：选定 "HTML Button" 元件，选择 Interactions 窗格中的 "Create Link"，弹出 Sitemap 窗格中的网页清单后，就可以为选定的元件指定链接到哪一个网页，如图 9-10 所示。

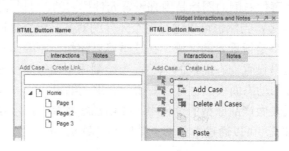

图 9-10　利用 "Create Link" 元件新增一个基本链接

方法二：选定 "HTML Button" 元件，在 Interactions 窗格中选择 OnClick 事件并点选 "Add Case"（或在 OnClick 上双击鼠标），以增加一个条件（Case）到按钮的 OnClick 触发事件，这时会出现 "Case Edit（OnClick）" 对话框，就可以在此处选择想要执行的动作了。这里执行的是 "Open Link in Current Window" 动作，如图 9-11 所示。

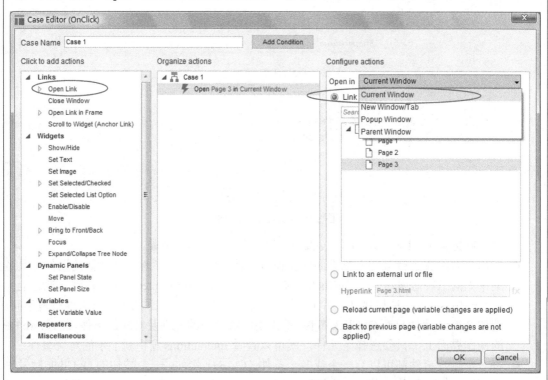

图 9-11　利用 "OnClick" 元件新增一个基本链接

9.5.4 使用 Master 模块

Master 可以理解为母版，是网页设计中的某个模板或模板的一部分，具有以下特点。

● 可复用：一个母版可以同时添加到多个页面中；

● 易维护：编辑母版页面，所有使用该母版的页面全部更新。

用 Axure RP 制作原型图的时候，有些部件是需要重复使用的，例如，每个页面都会用到的固定导航。为了方便维护，可以将这些复用部件做成 Master 模块，即母版，需要调用的时候直接从母版菜单栏中拖曳过来。当修改母版的时候，所有调用到该母版的页面或区域都会发生相应变动，省去了逐个修改的麻烦。

母版有三种行为（见图 9-12），以适应不同需求的页面使用。

（1）任何位置：无放置区域限制，常用于"页尾"母版。

（2）锁定母版：在固定区域放置，常用于"页首"母版。

（3）从母版中脱离：以组件的方式放置在页面，常用于"目录"母版。

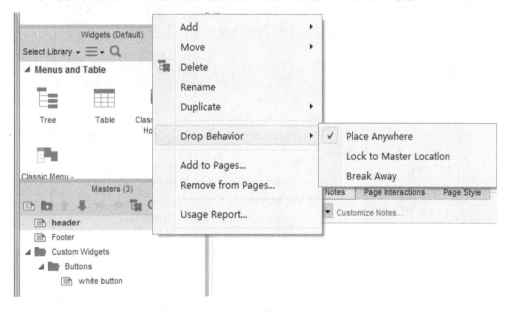

图 9-12 母版的三种行为

1. 新增、组织与设计 Master

Master 是在 Masters 窗格中进行管理的。

想要新增 Master 的话，需要单击 Masters 窗格工具列上的"Add Master"按钮。

Masters 窗格利用文件夹（Folder）来组织 Master，然后透过工具列、快显功能表或拖曳的方式重新排列 Master。

在 Master 上双击鼠标左键可以开启 Master 来进行设计，和设计页面是一样的，即可以把 Widget 拖拉到 Wireframe 中设计 Master。

Tip：如果你在设计页面中希望将正在编辑的某些 Widget 变为母版。你可以选中这些

widgets，右键单击选择"Convert→Convert to Masters"菜单即可。它会自动创建一个包含选中 widgets 的母版。

2. 把 Master 应用到网页中

想要在网页或其他 Master 的主操作界面中套用 Master，只要将 Master 窗格中的 Master 拖曳到主操作界面中即可。

9.5.5 输出网站/AP 原型

在 Axure RP 中完成有注解的 Wireframe 和 Interaction 之后，就可以生成可以互动且支持多种浏览器的 Web/AP 原型（HTML Prototype）（注：AP 是 Application 的缩写，通常指的是应用程序）。Axure RP 网站原型由 HTML 和 Javascript 组成，可以在 IE 6（或以上的版本）、Mozilla 或 Firefox 中浏览，不需要另外安装 Axure RP。

想要输出原型或设定输出格式的话，选择菜单栏中"Publish"功能表中的"Generate HTML Files…（F8）"，如图 9-13 所示，会弹出"Generate HTML"对话框（见图 9-14），并显示预设的原型输出格式设定，可以通过对话框中的内容来设定输出原型的格式。

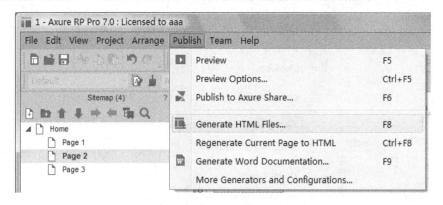

图 9-13　菜单栏中的"Publish"功能表

格式设定中的选项有以下内容。

- General：在"Destination Folder"处输出网站原型的 HTML 文档的存放位置，因为 Axure RP 的网站原型包含许多文档，最好指定一个文件夹来存放；
- Pages 和 Pages Notes：选择和排序想要显示在原型中的网页层级说明；
- Widget Notes（控件注解）：选择想要显示在网站原型中的注解；
- Interactions（互动）：指定互动的行为，如指定是否需要预设显示条件描述（case），或是只在多个条件存在的情形下才显示。

初次输出原型，可以直接使用预设的设定值，除了指定输出的文件夹之外，不用费心去调整。或者完成网站原型输出格式的设定，只要按一下"Generate"按钮就可将这个原型输出。

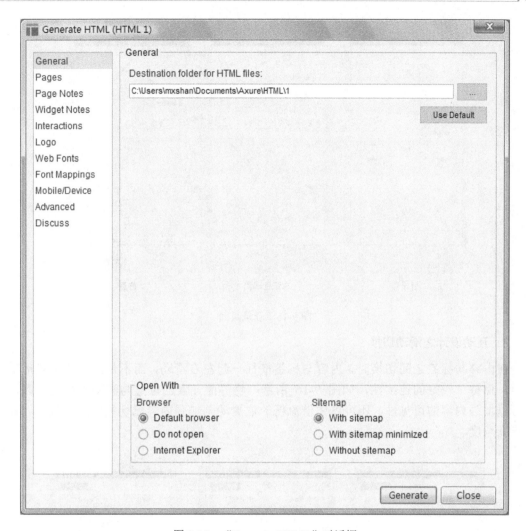

图 9-14 "Generate HTML" 对话框

9.5.6 输出规格文件（Word）

在 Axure RP 中设计好 Wireframe 之后，我们可以输出 Word 格式的功能性规格文件（Specification）。如果在设计 Wireframe 的同时，也把需求说明或规格叙述写在网面说明（Page Notes）或 Widget 的控件注解（Widget Notes）中，输出规格文件时，Axure RP 会自动汇总文字资料及画面，并且按照网页顺序整理在 Word 文档中。具体操作是选择菜单栏中"Publish"功能表中的"Generate Word Documentation…（F9）"，如图 9-13 所示。

9.5.7 Axure RP 设计的页面展示

1. 登录页面

登录页面布局清晰，在页面上方呈现了产品的标志与标语："交互，每天进步一点点"，既传达产品理念，也能带动用户情感，下方则预留了弹出键盘的位置，如图 9-15 所示。

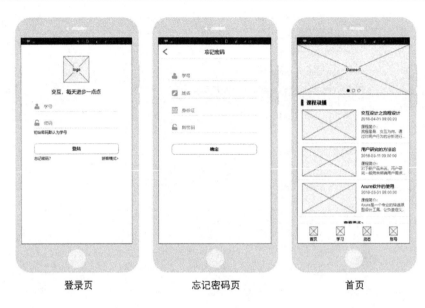

登录页   忘记密码页   首页

图 9-15　登录页面

2. 互动设计之滑动切换

在内容与标签之间切换时，内容与标签横杠一起左右滑动，而不是淡入淡出式地渐变切换，保持了较好的连续性，如图 9-16 所示。将界面元素的位置与滑动手势相关联，不仅可以增强内容的可见性，还可以凭借流畅的位置动画加强内容已切换的过渡提示，提高用户满意度。

左侧-同学说   滑动切换   右侧-老师说

图 9-16　滑动切换示意图

本章小结

本章探讨了原型设计和原型设计工具，原型可能是低保真原型（如基于纸张），也可能是高保真原型（如基于软件），低保真原型的生产和修改快速且容易，它们用于设计的早期阶段；高保真原型可以是垂直的或水平的。现有的软件和硬件组件支持原型的创建。

思考题

设计一款内容阅读 App，要求与市面上的产品有差异，列举其核心功能，画出页面线框图（1~3 个），说明其产品价值。

拓展阅读

（1）Greenberg S, Carpendale S, Marquardt N, et al. Sketching user experiences: The workbook[M]. Elsevier, 2011. 这是草图的实用介绍，解释了草图为什么很重要，并提供了有用的提示，让读者养成画草图的习惯。

（2）Interactions Magazine (Volume 6, November-December, 2008). 本期《交互》杂志是关于设计和设计的不同方面，包括草图、以人为本的儿童设计、协作艺术、设计能力以及人工智能设计的专题。

第10章

可用性评估

　　想象一下，你为青少年设计了一个分享音乐、八卦和照片的应用程序，设计、制作了原型并实现了核心功能。你如何确定它是否吸引青少年，青少年是否会使用它？你需要评估，但如何评估？

　　评估是设计过程不可或缺的一部分。它涉及收集与分析用户或潜在用户在与设计工件（如草图、原型、应用程序、计算机系统等）交互时的体验数据。评估的目标是改进工件的设计，评估既关注系统的可用性（学习和使用的难易程度），也关注用户与其交互时的"体验"（如交互的满意、愉快或激励程度）。

　　智能手机、iPad 和电子阅读器等设备，加上移动应用的普及和物联网设备的出现，提高了人们对可用性和交互设计的认识。有许多不同的评估方法，使用哪个取决于评估的目标，评估可以在很多场所中进行，如实验室、用户家中、户外和工作场所。评估通常包括在可用性测试、实验或实地研究期间观察参与者并测量他们的表现，以评估设计或设计概念。另外，还有其他方法不直接涉及参与者，如对用户行为进行建模和分析，对用户行为的建模提供了用户在与界面交互时可能会做什么的模拟，这些模型通常是作为评估不同接口配置潜力的一种快速方法。

10.1　可用性

　　可用性（Usability）是交互式产品的重要质量指标，直接关系着产品是否能满足用户的功能性需要，是用户体验中的一种工具性指标。正如杰柯柏·尼尔森（Jakob Nielsen）所言："能左右互联网经济的正是产品可用性。"

　　很多项目在开始时都是以"好用"为目标开发的，但完成后的测试结果非常糟糕，最后只能将开发的目标转变为"能用"。作为产品可用性工程师和交互设计师，如果把对产品可用性的理解停留在"可用"上，则有辱自己的头衔。因为同领域的设计专家们早已把目标定为"产品设计就是为了实现在确保安全性和正常使用的前提下，让产品更具魅力"。

　　交互系统的用户界面设计是非常复杂的工作，最首要的工作是"至少保证用户界面已经达到了正常可用"。如果把可用性理解为易用性，就很容易和为用户着想、对用户友好这类比较感性的概念相混淆，进而导致设计团队把它和对用户而言"有则更好，没有也 OK"的开发需求混为一谈，进而会越来越不重视产品的可用性。

10.1.1 可用性的定义

ISO 9241-11（ISO，1998）国际标准对可用性的定义：可用性即在特定使用情境中，为达到特定的目标，产品被特定的用户使用的有效性、效率和满意度。实际上，对于某些产品或网站而言，无法简单地判断其是否有用。只有在确定了用户、使用情况和目标这些前提之后，才能使用有效性、效率和满意度这些标准来对其进行评价。

（1）有效性（Effectiveness）。有效性是用户完成特定任务和达成特定目标时所具有的正确和完整程度。例如，在网上书店购书，有效性就是指用户能够买到自己想买的书。如果买不到，这个网上书店就没有存在的价值。

（2）效率（Efficiency）。效率是用户完成任务的正确次数和完成程度与所用资源（如时间）之间的比率。仍以网上书店为例，如果购物车的操作很麻烦，用户反复操作多次才买到自己想买的书，那就存在效率问题了。严重的效率问题实际上也是有效性问题，因为这样的产品，用户再也不会使用第二次。

（3）满意度（Satisfaction）。满意度是用户在使用产品的过程中所感受到的主观满意程度和接受程度。例如，注册会员时要求用户提供过多的个人信息，或要求用户同意单方面制定的使用条件，不同用户对此的满意度不同。

只有符合 ISO 的定义，满足以上三个要素，才能称得上实现了产品可用性。现实的做法是，在权衡问题严重性的同时，首先解决有效性问题，然后在时间和成本允许的情况下，尽量解决效率和满意度的问题。总的来说，可用性是交互式产品的重要质量指标，如果人们无法使用或不愿意使用某个功能，那么该功能的存在也就没什么意义了。

10.1.2 产品失败的原因

导致产品不能用的常见原因之一是"用户定义失败"。如果想让一个产品满足所有人的需求，最终设计出来的产品则类似于"敞篷越野面包车"款式的车。在设计用户界面时，如果把所有用户都当作对象用户，就犯了类似的错误。

只决定假想用户就足够了吗？例如，把用户群假设为"关注时尚、注重自我的成年人"。这样的假设是不严谨的，与不定义对象用户没有什么区别。阿兰·库珀（Alan Cooper）把类似这样的假定用户称为橡胶用户（Elastic User），意思是这样的定义可以根据设计人员的想象而随心所欲地变化。

10.1.3 产品使用背景

在查阅产品可用性的相关图书和网站时，经常会看到产品使用背景（Context）这一术语。在英文文献中，Context 常见的含义是事物的"前后关系"或"状况"，经常会被翻译为"上下文"。

产品使用背景类似于舞台剧中场景设置那样的概念。例如，使用同一个旅游信息网站，"女大学生 A 在大学的计算机教室里计划和朋友的毕业旅行"场景，与"商务公司的业务员 B 使用办公室里的计算机安排下周的出差计划"场景是完全不同的。

可以说产品使用背景是"产品可用性的关键因素"。产品使用背景不同，即使是同一个系统或产品，也可能会出现不能用或非常好用两种截然不同的结果。

10.1.4　为体验而设计：使用第一

每个产品都是把人类当成用户来设计的，而产品的每一次使用，都会产生相应的体验。就拿桌椅来说：椅子是用来坐的，桌子是用来放物品的。如果椅子承受不了一个人的重量，或者桌子不够稳定，则会给用户带来不满的体验。对于这类简单的情况，创建一个良好的用户体验的设计要求，完全等同于产品自身的定义。

对于复杂的产品而言，创建良好的用户体验和产品自身的定义之间的关系是相对独立的。一部电话因为具有拨打和接听的功能而被定义为电话。但在打电话这件事上有无数种方式可以实现上述定义，这离成功的用户体验也相去甚远。

10.2　可用性评估

所谓可用性评估，即对软件的"可用性"进行评估，检验其是否达到可用性标准。可用性评估是系统化收集交互界面的可用性数据并对其进行评定和改进的过程。

可用性测试一般来讲为测试软件/产品是否达到用户要求。这时候我们可以理解可用性测试（usability test）=可用性评估（usability evaluation），此时可用性评估就是广义上的可用性测试。而另有一种观点认为，可用性评估包含用户测试和专家评估，以及相关的用户调查、访谈等。这时的针对用户所做的测试（user test）为狭义上的可用性测试。

软件可用性评估应该遵循以下原则。

（1）最具有权威性的可用性测试和评估不应该针对专业技术人员，而应该针对产品的用户。对软件可用性的测试和评估，应主要由用户来完成。

（2）可用性测试和评估是一个过程，这个过程在产品开发的初期阶段就应该开始。

（3）可用性测试必须在用户的实际工作任务和操作环境下进行。

（4）要选择有广泛代表性的用户。

10.2.1　形成性评估与总结性评估

可用性评估按照评估所处于的阶段一般可以分为形成性评估和总结性评估。形成性评估，通常在产品开发生命周期早期进行，发现产品思路，并为设计指明方向，包括可用性检查方法或对低保真原型进行可用性测试。总结性评估，通常是在产品开发生命周期后期进行，对高保真原型或实际的最终产品进行一组数据的评估（例如，完成任务的时间、成功率等）。

原则上讲总结性评价一般是在设计前和设计后使用，形成性评价会在产品设计的过程中反复使用。另外还有一个原则必须牢记，那就是如果只做了总结性评价，那肯定是完全无效的投资。

表 10-1 列出了几种形成性和总结性评估方法。

表 10-1　评估方法的比较

方　　法	形成性或总结性	产　品　阶　段	目　　　标	需要的资源
启发式评估	形成性	由低保真到高保真原型	是否违反可用性规范	低
认知走查	形成性	由低保真到高保真原型	在早期是否有低级错误	低
可用性测试	看情况	任何阶段	是否有可用性问题	中等
眼动跟踪	总结性	高保真原型	确定用户在哪里找到功能/信息	高
快速迭代测试评估	形成性	任何阶段	快速迭代设计	高
合意性测试	总结性	高保真原型	测量情绪反应	中等
远程测试	总结性	高保真原型	从大量样本中找到可用性问题	由低到高
现场调查	总结性	产品发布	与大量真实用户一起测试产品	高

10.2.2　分析法和实验法

可用性评估也可以分为分析法（Analytic Method）和实验法（Empirical Method）两种。

分析法也称专家评审，是一种让可用性工程师和用户界面设计师等专家基于自身的专业知识和经验进行评价的方法。

实验法收集货真价实的用户使用数据，比较典型的是用户测试法。

分析法和实验法的区别是用户是否参与其中。从某种程度上看，分析法和实验法是一种互补关系。表 10-2 列出了分析法和实验法各自的特点。

表 10-2　分析法和实验法的特点

分　析　法	实　验　法
主观	客观
评价结果是假设的	评价结果是"事实"
时间短、花费少	时间长、花费多
评价范围较广	评价范围较窄
设计初期也可评价	为了做评价，必须准备原型

一般来讲，在设计用户测试时，最好先进行简单的分析法评价，整理出用户测试时应该要评价的重点和需要重点观察的部分。仓促、粗糙的用户测试并不能带来任何有效的评价结果。

如果单纯依赖分析法，设计团队可能会陷入无休止的争论中，甚至会使团队内部形成想法上完全对立的两派。此时就必须引进实验法了。

10.2.3　执行评估时的注意事项

由第三方进行评估是理想的，因为可以减少偏见。也有时不用第三方，但无论是谁进行评估，必须保持中立。这意味着评估人员必须做到以下几点。

● 招募具有代表性的参与者，不仅仅是公司/产品的粉丝和评论家；
● 使用一系列具有代表性的任务，不仅仅是产品/服务最好或最差的地方；

● 使用中性语言和非语言暗示，避免告诉参与者哪些是"正确"的，或是你想听到的，不引导参与者，不对产品提供你的意见；
● 是真实的数据，不是评估人员认为的参与者的想法。

10.3　启发式评估

分析法是评价人员基于自身的专业知识及经验进行的一种评价方法，其评价标准是一个很模糊的概念。为了让评价具备客观性，出现了各种各样的指导手册。

杰柯柏·尼尔森在分析了很多产品可用性问题之后，认为要使产品或者服务具有可用性，至少需要考虑以下五个维度。

（1）可学习性：系统应该很容易学习，这样用户就可以快速开展工作。

（2）效率性：一旦使用即可提高生产率。

（3）可记忆性：即使离开系统一段时间，之后重新使用这个系统，也不用一切从头学起。

（4）容错和错误预防能力：最低的错误率，让用户很少出错，即使出错也很快能够恢复，必须保证不发生灾难性的事故。

（5）主观满意度：使用起来令人愉悦。

10.3.1　启发式评估十原则

在五大维度的基础上，杰柯柏·尼尔森发展了一套沿用至今的启发式评估十原则。启发式评估法基于这个十原则，寻找评价目标界面中是否存在违反规则情况的方法。

系统状态的可视性原则：是指系统必须在一定的时间内作出适当的反馈，必须把现在正在执行的内容通知给用户。例如，Windows 的沙漏图标、收发数据时显示状态的进度条、网页中的导航控件等。

系统和现实的协调原则：指系统不应该使用指向系统的语言，必须使用用户很熟悉的词汇、句子来和用户对话。必须遵循现实中用户的习惯，用自然且符合逻辑的顺序来把系统信息反馈给用户。例如，Mac 和 Windows 系统中的"垃圾箱"、在线商店的"购物车"、向左箭头为"返回"，向右箭头为"前进"，等等。

用户操控与自由程度原则：指用户经常会因为误解了功能的含义而做出错误的操作，为了让他们从这种状态中尽快解脱，必须有非常明确的"紧急出口"，这就出现了"撤销（Undo）"和"重复（Redo）"的功能。例如，网站的所有页面中都有能够跳转到首页的链接，浏览器的返回按钮绝对不可以是无效状态，网页的宽度和字体大小一定要可调，等等。

一致性和标准化原则：指不应该让用户出现不同的词语、状况、行为是否意味着相同的意思这样的疑问。这一原则要求保证用户在相同的操作下得到相同结果，因此，应遵循平台惯例。例如，同一网站内网页设计的风格应统一，指向网页的链接文本应与该网页的标题一致，未访问与已访问链接的颜色要加以区分，等等。

防止错误原则：指一开始就能防止错误发生的这种防患于未然的设计要比适当的错误消息更重要。例如，设置默认值，不轻易删除页面或更改 URL，在表单的必填项前加上标记使其更醒目，等等。

识别好过回忆原则：是指要把对象、动作、选项等可视化，使用户无须回忆，一看就懂。这一原则要求尽量减轻用户的记忆负担。例如，弹出的帮助窗口，链接文本使用短语而非单个词语，购物车中要显示完整的商品名、数量、金额等信息，等等。

灵活性和效率原则：是指用户频繁使用的操作要能够单独调整，即为用户提供快捷键及定制化服务。同一个界面不可能满足所有用户的需求，因此默认提供最简单的界面，通过其他途径向高级用户提供其他服务，以满足更多的用户需求。例如，浏览器的书签功能、设置键盘上的快捷键，等等。

简洁美观的设计原则：指在用户对话中，应该尽量不要包含不相关及几乎用不到的信息。多余的信息和相关信息是一种竞争关系，因此应该相对减少需要视觉确认的内容。例如，在相关信息中提供文中链接和文末链接、不使用纯文本、配上能够补充说明的图，等等。

帮助用户认知、判断及修复错误原则：指使用通俗的语句表示错误信息（而不是显示错误代码），明确指出问题，并提出建设性的解决方案。这一原则要求错误信息并不只是告诉用户系统出错了，而应该做到使用户可以靠它来解决出现的问题。

帮助文档及用户手册原则：要求在设计无须查看用户手册也能使用系统的基础上，还应该提供帮助文档和用户手册。帮助文档中应该配备目录和搜索功能，用户手册应该尽量简洁。

专栏：用户界面设计的铁则

除了尼尔森的十原则外，还有施耐德曼博士的经典用户界面交互设计黄金 8 法则和 IBM 的设计原则、国际标准 ISO 9241 Part-10：对话原则。

施耐德曼博士的黄金 8 法则：

① 力求一致性；
② 允许频繁使用快捷键；
③ 提供明确的反馈；
④ 在对话中提供阶段性的成果反馈；
⑤ 使错误的处理简单化；
⑥ 允许可逆操作；
⑦ 用户应掌握控制权；
⑧ 减轻用户记忆负担。

IBM 的设计原则：

① 简单：不可因过度追求功能而牺牲产品的易用性；
② 支持：让用户控制系统，并积极协助；
③ 熟悉：基于用户已知内容做设计；
④ 直观：对象及操作要做到直观、易懂；
⑤ 安心：能够预测处理的结果，且操作可回退；
⑥ 满意：可以在使用过程中感觉到进步和成就；
⑦ 可用：总是做到所有对象可用；
⑧ 安全：尽量不让用户在使用过程中遇到麻烦；

⑨ 灵活：提供可替换的对话途径；

⑩ 个性定制：提供用户定制功能；

⑪ 相似：通过使用优秀的视觉设计使对象看上去和实物一样。

ISO 9241 Part-10：对话原则：

① 适宜操作；

② 自动说明；

③ 可控；

④ 迎合用户期待；

⑤ 容错；

⑥ 适宜个性化；

⑦ 适宜学习。

10.3.2　启发式评估法的实施步骤

在理解了启发式评估十原则的基础上，就可以按照以下步骤来具体实施了。

第一步：招募评价人员。

实施启发式评估法需要招募一些评价人员，只有一个人评价的话会漏掉很多问题。尼尔森认为，一个人评价大约只能发现 35%的问题，因此大概需要 5 人，或至少需要 3 人，才能得到满意的结果。

能够胜任启发式评估职位的人，一般是产品可用性工程师和用户界面设计师。可用性工程师可以从最贴近用户的视角出发来评价产品，而用户界面设计师可以从技术实现的角度来进行评价。界面的设计师本人是不适合评价该界面的，原因在于：设计师本人不可能客观评价自己倾注了心血实现的产品，即使能做到客观理智的评价，如果发现了问题，也会马上对产品进行修改，而不是反馈。

第二步：制定评价计划。

启发式评估法的优点之一就是不会耗费太多的时间和精力，但如果过度追求完美，就会使启发式评估法一无是处。因此，需要事先定好要评价界面的哪些部分。另外，也要定好依据哪个原则进行评价。除了可以使用尼尔森的启发式评估十原则以外，如果使用施耐德曼博士的黄金 8 法则、ISO 9241 Part-10：对话原则，在实际应用上也没有问题。

尽管大家都希望评价尽可能多的界面，但是不可以为每位评价人员分配不同的评价部分。如果评价部分不同，招募评价人员这件事就失去了意义。为了提高评价的准确性，每个界面都应该从不同视角进行评价。

第三步：实施评价。

启发式评估法并不是协商性质的评价方法，评价人员都是单独进行评价的，原则上禁止评价人员互相讨论。启发式评估法的基准虽然是事先统一的，但是实施方法会受评价人员的经验和技能的影响而稍有出入，一旦经过协商，这种特色就很难发挥出来。

具体的评价方法由评价人员自己决定。以网站为例，既可以从首页开始，按层次依序访问；也可以假定几个任务，然后在执行任务的过程中发现问题。另外，也有在输入项中输入一些异常值，或者改变使用环境（界面分辨率、网络速度、不同的浏览器等）等方法。表 10-3

列出了在评价界面时发现的问题示例。

表 10-3 问题列表的示例

序号	界　　面	问　　题	评　　价
1	所有界面	由于固定了界面的宽度，因此当分辨率设置到 SVGA（800×600）以下时，就会出现横向的流动栏	用户控制与自由程度
2	站内搜索	当使用商品名称搜索时，排在前面的都是广告，真正的商品信息链接很难找到	系统与现实的协调
3	商品信息页面	使用了带下画线的蓝色字体表示强调，但与文本链接的表现方式混淆了	一致性和标准化

尼尔森推荐对界面进行两次评价，第一次检查界面的流程是否正常，第二次检查各界面是否存在问题。

第四步：召开评价人员会议。

当所有评价人员都完成各自的评价工作后，要集中开会。

首先请评价人员代表汇报评价结果，其他评价人员边听报告，边随时就自己是否也发现了相同的问题，或发现了其他问题等发言。

另外，虽然可以自由提问，但一般不会出现否定其他评价人员的情况，因为每位评价人员都是专家，而且都是以明确的基准进行评价的，所以得出的评价结果基本上不会有问题。

再者，召开评价人员会议的目的并不是统计到底有多少人指出了同一问题，而是可以发现单独一人不能发现的跨度较大的问题。经常会出现三个人中只有一个发现了某界面中存在的严重问题，另一个严重问题则由另一个评价人员发现的情况。

第五步：总结评价结果。

在得到所有评价结果后，再根据评价人员会议的讨论记录来总结评价结果。基本上只要把各评价人员的问题列表整合起来就可以了。

启发式评估法启发的成果就是"产品可用性问题列表"。但如果只单单给出列表，团队的其他成员理解起来会很困难，最好配上界面截图、界面流程图等形成简单的报告。

10.3.3 启发式评估法的局限性

启发式评估法作为产品可用性工程学中具有代表性的方法被广泛采用，但启发式评估法并不是万能的。存在的问题主要有以下几点。

（1）查出的问题太多。启发式评估法是由多位专家基于自身的经验，从理论上对用户界面进行彻底的评判，因此会发现很多问题。也正由于这个原因，经常出现吹毛求疵的情况。启发式评估法发现的界面问题甚至可以具体到"文风不统一，可替换的文本不完备"这种程度。

（2）实施成本。另一个问题是成本，这本应是启发式评估法的优势，但根据实施方法的不同，有时会发现成本意外地增加了。但一般来讲，为了实施启发式评估法，需要多名专家在限定的几天内进行作业，至少需要 10 人日（一人工作 10 天）的开销。这样的高成本，小规模的项目根本负担不起。因此，要对启发式评估做进一步简化，由一名或两名专家进行简单审查，这时必须注意以下几个方面。

- 不以个人偏好，而应以理论为依据进行评价，可以不拘泥于启发式评估原则，但必须明确评价遵照的依据；
- 评价的目的不是单纯地挑错，而是应该给出一些建议，设计师和检验人员平时应该充分沟通；
- 当出现意见不一致时，与其把时间浪费在争论上，不如使用实验的方法得出正确的结论。

10.4 用户测试

用户测试是典型的实验型方法。与启发式评估等分析方法不同，实验型方法是基于真实的用户数据进行的评价，最能反映用户的需求，有很高的有效性，因此有足够的说服力。

用户测试是由用户参与评估的方法的总称。虽说测试方法各异，但最基本的内容是相同的，即：

（1）请用户使用产品来完成任务。

（2）观察并记录用户使用产品的整个过程。

10.4.1 用户测试的基础理论

用户测试经常被批评为鸡蛋里挑骨头的测试。也有不少设计师提出，相比于发现的问题，他们更希望得到的是改善的方案。这些都是对用户测试不中肯的批评和要求。事实上，用户测试是以反证为目的的测试。

什么是反证呢？想要用事实来证明产品具有可用性是一件非常困难的事情。因此，首先假设该用户界面具备可用性。当然，不是凭空做假设，若是基于启发式评估法设计出来的界面，目前就可以假设它具备可用性，那么在理论上，用户应该可以使用该界面有效、高效且心情愉悦地完成任务。

为了证明这个假设，就需要让用户实际操作来验证一下（挑战其中的主要功能）。如果发现存在违反有效性、效率和满意度的问题，那就是该假设的"反证"。此时，该用户界面具备可用性的假设不成立。如果没有找到反证，则认为假设成立，即该用户界面具备产品可用性。

没有必要因为假设被推翻而觉得沮丧，因为用户测试本来就是一种积极寻找反证的过程，发现问题是理所应当的。

用户测试的参与人数：关于参加测试的人数和可以发现的产品可用性问题数的关系，尼尔森提出了一个公式，并提出"有 5 人参加的用户测试，即可发现大多数（约 85%）的产品可用性问题"的学说。

$$N(1-(1-L)^n)$$

式中 N——设计上存在的产品可用性问题的数量（因为是潜在的问题数量，所以这里只是一个假设的数值）；

L——一人参加测试发现的问题数量占总体问题数量的比例（尼尔森提出的经验值是 0.31）；

n——参加测试的用户人数。

举例来讲，如果将 L=0.31、n=5 代入上面的公式，会得出 $0.8346N$。假设一个界面里潜在的问题数量是 100，那么有 5 人参与的用户测试就可以发现 84.36 个问题。

一直以来，产品可用性都是以大规模的实验为前提的学术性研究，这个公式的出现，让产品可用性测试成为一个性价比很高、可以大范围普及的测试。

尼尔森之所以推崇 5 人制的用户测试，是因为在当时大多数设计师都觉得除了那些有充足的预算和时间的大型项目外，其他项目根本没有必要做测试。尼尔森这才提出"小规模的测试也能得出和大规模测试一样的结果"这一观点，并主张大家应该更积极地进行测试。

但"只要进行一次 5 人制的测试，界面应能达到及格的程度"这种理解完全是错误的。无论做多少次用户测试，产品的风险也不可能降为零，因此设计团队绝不可以忽视测试结果，即使产品已经上市了，也应该虚心地接受用户的反馈。

10.4.2　具有代表性的测试方法

1. 发声思考法

发声思考法（Think Aloud Method）的一大特点是让用户一边说出心里想的内容一边操作。在操作过程中，用户如果能说出"现在我是这样想的……""我觉得下面应该这样操作……""我觉得这样做比较好是因为……"等，就能够把握用户关注的是界面的哪个部分，用户是怎么想的，采取了怎样的操作等信息。

使用发声思考法的用户测试，并不局限于发现用户"操作失败了""在操作过程中陷入了不知所措的困境""非常不满意"等表象，而是一种能够弄清为什么会导致上述结果的非常有效的评估方法。

发声思考法观察的重点是：

（1）首先观察用户是否独立完成了任务。若用户没能做到独立完成，可以认为该界面存在有效性问题。

（2）若用户能够独立完成任务，那么接下来需要关注的就是用户在达到目的的过程中，是否做了无效操作或遇到了不知所措的情况。如果需要用户反复考虑使用方法，或者做了很多无效操作，那么这个界面就存在效率问题。

（3）即使用户能够按照自己的方法独立完成任务，还有一点需要注意，那就是用户是否有不满的情绪。让用户用得不舒服的界面，可以认为存在满意度问题。

2. 回顾法

回顾法是让用户在完成操作后回答问题的方法。回顾法中无须用户做特殊的操作，可以在比较自然的状态下实施。另外，对用户的提问是在操作完成后进行的，不必担心提出的问题会给用户一些操作上的提示。

回顾法存在很多的缺点。首先，很难回顾复杂的状况。例如，假设用户在操作过程中陷入了非常混乱的局面，最终未能完成任务，此时，即使问用户"您觉得为什么没能完成呢？"也不会得到答案。其次，在回顾法用户测试中，用户经常会在事后为自己的行为找借口。用户的确是本着顺利完成任务的打算开始操作的，但事实往往不尽人意。回顾法中用户常常会在事后自行分析自己的操作，在进行某种程度的总结后把信息反馈给采访人员，无法指望用户记住整个操作流程中的认知过程和自己的情绪变化。另外，回顾法非常耗时。

3. 性能测试

发声思考法和回顾法都属于形成性评价，目的都是把握具体的问题，弄清楚问题的原因，最终改善用户界面。另外有一些项目必须将其数值化，例如，某网上商城进行了一次大规模的改版，改版后的效果可以通过购物车取消率的下降来表示。以收集这种定量数据为目的的代表性方法就是性能测试。

性能测试主要对产品可用性三要素（有效性、效率、满意度）的相关数据进行定量测试。

（1）有效性可以用任务完成率来表示。"有几成的用户可以独立完成任务"是界面检验中最重要的一个性能指标。

（2）效率可以用任务完成时间来表示。界面是为了让用户完成任务而设计的，因此能够在最短时间内让用户完成任务的界面才是优秀的界面，所以需要检测用户完成任务所花费的时间。

（3）满意度可以用主观评价来表示。任务完成后，可以就"难易程度""是否有再次使用的意向"等问题向用户提问，并设置5～10个等级让用户选择。

性能测试属于总结性评价的范畴，原则上安排在项目前后实施，目的是设置目标数值、把握目标的完成程度和改善程度。性能测试无论在时间上还是在金钱上都是"奢侈"的测试。

专栏：产品可用性问卷调查法

在需要定量把握产品可用性时，有效性可以用任务完成率来表示，效率可以用任务完成时间来表示，而满意度则需要通过一些主观问题来让用户回答。这种主观意义上的提问，大多是基于已有的用户满意度调查表制作的。

欧美国家的调查表：

● QUIS （Questionnaire for User Interaction Satisfaction）。

这是美国马里兰大学本·施耐德曼（Ben Shneiderman）主导开发的一套调查表。除了"整体上的使用感受"外，还可以评价界面、用语和系统信息、学习等11项内容。

● SUMI （Software Usability Measurement Inventory）。

这是英国考克大学开发的一套调查表。提问50个问题，从好感度、效率等5个方面分析使用软件的主观满意度。通过定义基准值比较评价结果。

● WAMMI （Website Analysis and MeasureMent Inventory）。

这也是由英国考克大学开发的网站可用性的专用问卷。通过魅力度、操作性等5个标准来评价网站的可用性，接着再通过这5个类别的数据加上权重计算网站的综合可用性。和SUMI一样，WAMMI也通过定义基准值比较评价结果。

以上的调查问卷都是收费的。

使用调查表时的注意事项：使用调查问卷进行的评价，除了在用户测试（主要是性能测试）中使用纸质问卷外，还可以以在线问卷调查的方式进行。因为这些问卷都是经过精心设计的，因此评价对象的界面可用性特征也可以被精确地定量化。

使用调查问卷进行的评价是总结性评价，只能作为用户测试中的一种补充，不可以代替形成性评价。

10.4.3　用户测试的实践基础

1. 招募

召集用户测试参与者的过程称为招募。首先，必须是目标用户；其次，必须满足符合此次测试目的的各项条件。除此之外，因为测试是在特定日期进行的，所以必须要求能在当时到达测试现场。

为了寻找满足这些条件的人，一般都会委托调查公司对具有代表性的调查对象进行小规模的在线问卷调查。调查公司先请这些调查对象帮忙填写含有多个调查目的的问卷，然后从中选择尽量多的满足条件的人，并预约时间，最后把名单送到寻找参与者的公司。

2. 设计测试

在用户测试中会让参与者完成某些作业。例如，在网上商城购物、使用会计软件做（税务）最后申报、使用手机下载音乐等，这些称为任务。

任务设计是从测试目的出发，围绕用户使用目标创造情景与任务。任务的设计是可以左右用户测试成败的重要元素。

完成任务设计后，就需要制作访谈指南。访谈指南中记录了参与者从进入测试现场到离开的整个过程的操作流程、问题内容、委派任务的顺序、时间分配、采访人员应该说的话等全部内容。另外，委派参与者执行任务时也需要告知他们一些必要信息，此时文字的说明要比口头传达更可靠、更确切，因此需要制作信息提示卡。

3. 实际操作

真正测试时会使用可用性实验室。可用性实验室有专业的设备，如计算机、录像机、麦克风等。在被单向透光玻璃隔开的观察室里，可以观察和记录参与者执行任务时的情况。

测试时，首先进行事前访谈。之所以要做事前访谈，是为了建立和参与者的信任关系，通过对话缓解紧张气氛，使参与者尽量以平常心来执行任务。

接着就进入观察参与者执行任务的阶段。在参与者执行任务的过程中，采访人员在一旁观察。若发现参与者停止说话的情况，可以通过提问的方式让参与者重新拾起话题。

任务执行结束后，要抓紧时间进行简单的事后采访。

4. 分析与报告

实际操作结束后，需要重新观看测试时的录像并做记录。记录完成后，需要仔细重读每个参与者的测试记录，通过现状描述和问题总结，了解产品的可用性水平（见表10-4），挖掘其中的可用性问题（见表10-5），列出所有的问题并分类整理，判断问题的严重程度。

表 10-4 可用性水平分析表格

客户信息	姓名：			编号：		联系方式：		
	是否实际用户：			是否熟悉 XX 产品：		是否熟悉 XX 功能：		

任务编号	任务描述	完成情况	完成时间	完成路径	问题记录	难易度自评	满意度自评
1	……	成功完成/求助后完成/未能完成		符合标准路径			
2	……			路径产生偏离之处			
3	……			/用户产生犹豫之处			
4	^						
……							

表 10-5 可用性问题分析表格

任务编号	问题编号	问题描述	张三	李四	……	问题出现次数	问题级别	原因分析
1	1-1		✓	✓		3	关键	
1	1-2		✓	✓		5	/严重	
2	2-1		✓	✓		2	/一般	
2	2-2		✓			1	/次要	
3	3-1		✓	✓		4		
……								

最后，把上述所有的信息整理后做成报告，应尽量搭配界面示意图和录像截图，使报告一目了然。

10.5 其他评估方法

由于篇幅限制，这里只简单概述一下几种评估方法。

10.5.1 认知走查法

启发式评估法是基于用户界面设计原理的一种检验方法。另外还有一种基于人类的认知模型进行检验的方法——认知走查法（Cognitive Walkthrough）。

1. 什么是认知走查法

认知走查法是一种形成性可用性检查方法。启发式评估法是从整体上看产品或系统；而认知走查法是基于特定任务的。认知走查法是基于这样的信念，人们试图通过完成任务来了解系统，而不是先阅读操作说明，这对产品来说是理想的，意味着可以走查和使用它（没有培训需要）。

所谓走查是指戏剧排练时不穿戏服，不使用舞台设备，只是拿着剧本排练。对用户界面的走查也是根据剧本（界面流程图）进行分析的。此时，会基于用户认知模型之一的探索学习理论寻找问题。

探索学习是指事先不阅读用户手册，也不接受培训，在使用的过程中学习使用方法。探索学习包括以下四个步骤。

（1）设定目标：设定用户要达成什么目的（任务或子任务）。

（2）探索：用户在用户界面里探索究竟该做什么操作。

（3）选择：用户为了达到目的，选择他认为最合适的操作。

（4）评价：用户分析操作后系统的反馈，判断任务是否正常进行。

用户通过反复探索、选择、评价达成目的。如果目的是子任务，通过反复进行上述（1）～（4）的步骤来达成最终的任务。

2. 认知走查的准备

要顺利完成认知走查，首先要做的就是定义"用户的技能和经验"。用户的知识和熟练程度不同，探索学习的结果也会大不相同。

接着需要定义"任务"。对一个功能单一的产品而言，可能只存在几个任务。但若是一款最新的智能手机，也许存在数量庞大的评价任务。

最后定义执行这些任务的"操作步骤"和"界面"。一般来说都会做成一份界面流程图，但也有只列举操作步骤和描述简单的界面构架的情况。另外，也存在制作纸质原型进行评价的情况。

3. 认知走查法的分析步骤

准备好检验对象（界面流程图等）就可以开始分析了。认知走查法会对任务执行过程中的每一个步骤进行小心谨慎的分析。此时，通过让评价人员回答以下四个问题，就可以发现导致用户混乱或使用户产生误解的地方。

问题1：用户是否知道自己要做什么？

问题2：用户在探索用户界面的过程中是否注意到了操作方法？

问题3：用户是否把自己的目的和正确的操作方法关联到了一起？

问题4：用户能否从系统的反馈中判断出任务是否在顺利进行？

情况不同，这些问题的有效性也会发生变化。

认知走查法可以称得上是设计初期阶段一个非常有效的方法，不仅可以详细地研究用户界面上存在的问题，也可以推测出用户可能会采取的操作，从而得到新的开发要求。

10.5.2 快速迭代测试评估法

2002年微软游戏部门开发了快速迭代测试评估法，以迅速解决游戏中遇到的问题，并评估剩余的功能。快速迭代测试评估法是一种形成性评估方法，不同于传统的可用性测试，旨在发现尽可能多的可用性问题，并衡量产品问题的严重性。

快速迭代测试评估法的目的是迅速确定重大的可用性问题，这些问题阻止用户完成任务或产品不能满足其既定的目标。快速迭代测试评估法调研应该在开发周期的早期用原型进行。开发团队必须观察所有的可用性调研，跟进发现可用性问题，并在解决方案上达成一致，然后更新原型，并进行下一次调研，以查看该方案是否解决了问题。快速迭代测试，如此循环多轮，直到不再发现可用性问题。

与5～8名参与者参与的传统可用性调研相比，快速迭代测试评估法通常需要更多的调研和更多的参与者。此外，由于该方法需要开发团队观察所有的调研，并且每个调查通过头脑风暴找出解决方法，有人快速更新原型，如此重复，因此它是一个资源密集型的方法。

10.5.3 合意性测试

合意性测试指评估产品是否让用户产生预期的情绪反应。成功的产品仅满足可用性是不够的（即用户可以通过产品完成特定的任务），必须易用和被渴望使用。诺曼认为，美观的产品实际上是更有效的。2002 年微软游戏部门使用了一种新的方法，即合意性测试，关注人的情绪，而不是可用性问题。合意性测试的主要目的在于让用户真切地表达，以便设计团队更全面真实地了解用户的情绪反应。

进行合意性测试之前要创建一组情绪索引卡片，每张卡片上放置一个单一的用于描述用户界面情感反应的形容词，把所有这些卡片放在可以与参与者交互的产品反应卡中。向参与者展示一个用户界面，要求参考者从中选择最能描述这个界面的 3~5 张卡片，来描述对产品的感觉。然后，让参与者告诉你为什么选择了这些卡片。研究人员建议，每个用户类型选 25 名参与者进行测试，此时，可以使用亲和图分析参与者强调的主题。如果你的产品没有得到希望的情绪，可以根据需要进行更改（如添加/删除功能、改变消息语气、添加不同的视觉效果等），然后再次测试。

10.5.4 A/B 测试

A/B 测试的本质是分离式组间试验，也叫对照试验，在科研领域中已被广泛应用（它是药物测试的最高标准）。自 2000 年谷歌工程师将这一方法应用于互联网产品以来，A/B 测试越来越普及，已逐渐成为互联网产品运营精细化的重要体现。

在 A/B 测试中，一部分用户看见 A 版本，另一部分用户看见 B 版本，通过统计分析性能进行比较，确定哪个版本可以达到更好的效果。A 和 B 可以是对现有产品的改进，也可以是两个全新的设计（见图 10-1）。

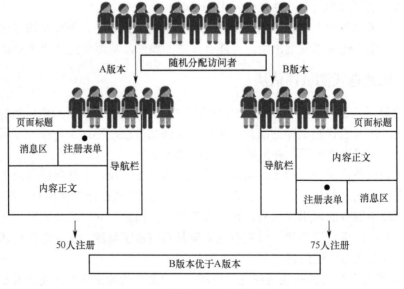

图 10-1 A/B 测试

A/B 测试相对来说是一个门槛较高、比较复杂的方法，目前国内比较专业的 A/B 测试平台——吆喝科技，可以试用一下。

10.5.5　数据分析与处理

除了确定可用性问题，可以考虑下面几个指标，并将其收集在总结性评价里。

- 任务完成时间——完成某个任务的时间；
- 错误的数量——完成任务或在调研中犯的错误；
- 完成率——成功完成任务的人数；
- 满意度——在调研结束时，参与者从整体上对任务或产品的满意程度；
- 页面浏览量和点击数——为了衡量效率，可以与最有效和最理想的路径进行比较，看参与者浏览的页面或点击数量；
- 转化率——通常在现场试验中进行测量，这是在衡量参与者（用户）是否进行了"转化"，或者是否成功地完成了预期任务（登录，进行购买）。

本章小结

本章讨论了几种可用性评价的方法。在产品生命周期、每一个计划或预算中，都有一种方法可以使用。评估产品不意味着产品生命周期的结束，而是需要不断地了解用户需求，以及如何更好地满足用户。

思考题

可用性评估方法有哪些？进行可用性评估的注意事项有哪些？

第11章

实践中的交互设计

从事用户体验（User Experience，UX）的人大多认为自己所从事的工作并不像瀑布型开发模式那样死板且一条路走到底，而是通过反复地创建模型和不停地测试，慢慢提高产品的完成程度，这也叫作以用户为中心的思想（User Centered Design，UCD）。敏捷 UX 似乎和 UCD 非常匹配，但两者真的可以在实际开发中相辅相成吗？

11.1 敏捷设计：注重协作与交互[1]

综合了敏捷开发和 UCD 的开发模式的敏捷 UX，是敏捷方法论向交互设计领域的延伸，它提倡让所有相关人员参与到设计过程中，迭代演进式地进行交互设计。敏捷 UX 可以用于许多产品，为了更有针对性和操作性，我们这里所谈论的内容主要针对软件和互联网产品。

11.1.1 传统交互设计流程

传统交互设计流程一般有以下几个步骤[2]。

（1）任务分析：任务分析基于功能列表（一般来自于客户的功能说明书），在功能性需求的基础上拆分出人物流程和场景。

（2）页面流程：根据任务分析的结果，为每一个大任务下的子任务中覆盖的功能制作页面流程。

（3）信息建模：根据页面流程设计出一套完整的信息框架，满足用户所有的功能性需求。

（4）原型设计：基于信息建模，设计出低保真原型，交给美工进行页面美化。

（5）视觉设计：基于原型设计，对页面进行美化，最终设计出高保真原型，同时编写设计说明。

在传统交互设计的流程中，我们可以看到非常细致的分工：产品经理负责功能的拆解、分类及页面流转；交互设计师设计信息架构和具体的交互行为；视觉设计师则负责美化页面；前端开发人员负责高保真原型。其弊端显而易见。

1（日）樽本徹也. 用户体验与可用性测试[M]. 陈啸，译. 北京：人民邮电出版社，2015.

2 Preece J, Rogers Y, Sharp H. Interaction Design: beyond human-computer interaction[M]. UK: West Sussex, John Wiley & Sons Ltd. 2015：432-451.

（1）分工造成的局限性——每个人都从自己的视角进行工作，无法形成统一的产品视角。

（2）分工造成的"不可评价性"——你没权利对产品经理的功能拆解有异议，因为你不是这方面的专家。

（3）需求在传递中产生失真的风险——需要靠大量文档进行记录。

（4）客户没法说不——当客户需要到整个流程的最后看到一个或者两个大而全的设计方案时，他无法提出任何有价值的反馈，这本身就是用一个贵重的半成品绑架客户的行为。

11.1.2　敏捷 UX 简史

无论是敏捷 UX 还是 UCD，都是在 20 世纪 90 年代后期完成自身理论建设的。21 世纪初，就出现了结合敏捷开发和 UCD 两者进行的开发。最初的尝试并不顺利，传统的 UCD 方法中，绝大多数都不能适用于敏捷开发中独有的迭代周期（1～4 周）。2002 年，敏捷开发宣言起草人之一的肯特·贝克和 UX 界权威阿兰·库珀进行了一场对话，在对话中，贝克对库珀提倡的"在产品开发之前就应该考虑交互设计"提出了异议，他认为"交互设计应该在开发的迭代周期里逐步完善"。

后来，敏捷开发领域逐渐涌现出很多优秀的人才，如杰夫·巴顿等。在当时他们并不是敏捷开发和 UCD 领域的权威，但在实践中他们不断摸索如何综合敏捷开发和 UCD，并积极公开自己的研究成果。

2005 年以后，敏捷 UX 得到了迅速发展。2008 年开始，在 Agile Conference（被称为敏捷开发业内最大的盛会）上设置了敏捷 UX 专用的讲台，敏捷 UX 终于在敏捷开发社区中为自己争取到了一席之地。

11.1.3　敏捷 UX 的理论基础

敏捷 UX 的指导思想有两个：敏捷（Agile）和以用户为中心的思想（UCD）。

敏捷的核心就是其"适应性"，在不同的情况下，会体现为不同的解决方案和做事方法。Jim Highsmith 在《敏捷项目管理》一书中定义[1]："敏捷是指在动荡的业务环境中，适应变化并创造变化，从而获得价值的一种能力，同时敏捷是平衡灵活性和稳定性的一种能力。"

UCD 是 User Centered Design 的缩写，但还有另一个缩写为 UCD 的开发模式，即"以使用为中心的设计（Usage Centered Design）"。以使用为中心的设计是康斯坦丁和洛克伍德在《面向使用的软件设计》[2]一书中提出的概念，其最大的特点是重视用户使用安全和使用统一建模语言（Unified Modeling Language，UML）的建模。由于以使用为中心的设计是从用户使用案例到用户界面的设计流程的理论，其标记语言与 UML 类似，所以对开发人员和架构师而言，是一个很容易上手的方法。

在以使用为中心的设计中也有过不重视用户调查的问题，结果往往抓不住重点，陷入大量的普通需求脱不了身。因此，很多人把以用户为中心的设计方法运用到以使用为中心的设计中，逐步完善设计。

---

1 Highsmith J. Agile project management: creating innovative products[M]. Pearson education, 2009.

2 康斯坦丁，洛克伍德. 面向使用的软件设计[M]. 刘正捷，等译. 北京：机械工业出版社，2011.

综上所述，敏捷开发、以使用为中心的设计和以用户为中心的设计这三种模式慢慢地融合，最终形成了现在的敏捷 UX。

11.1.4 敏捷 UX 的基本原则

敏捷设计是一个持续的过程，这个过程分为三步：第一步，遵循敏捷的实践来发现问题；第二步，用敏捷的原则来分析问题；第三步，用恰当的设计模式来解决问题。

敏捷 UX 强调各个环节、各种角色和技能的融合，其最基本的原则如下。

（1）由内至外。对于软件产品，一般都有用户频繁使用的功能只占产品全部功能的 20% 左右的说法。因此，敏捷 UX 中的一项铁律是"不开发多余的功能"。从对用户最有价值的核心功能开始开发，慢慢地扩展到可选功能上。

（2）平行推动。即使想让开发和 UX 设计同时完成，往往却不能如愿，如因界面设计导致开发延误，或者因为赶时间而采用了不是很成熟的界面设计等。成功的关键是先做 UX 设计，这就是平行轨道法（Parallel Tracks）。在平行轨道法中（见图 11-1），UX 相关的活动需要比开发稍微提前一些进行。

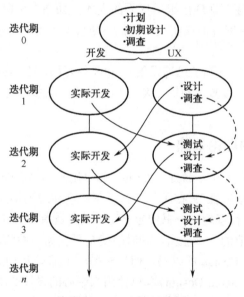

图 11-1　平行轨道法[1]

（3）轻装上阵。传统的 UCD 方法大多由复杂的流程和大量文档构成。如果想原封不动地使用以前的方法，你会发现敏捷 UX 的各个迭代期根本无法承受这样的消耗。因此，需要在万分小心且不损害到各种方法的前提下，削减没用的部分，轻装上阵。

11.1.5 敏捷 UX 与传统交互设计的区别

敏捷 UX 和传统瀑布式 UX 的不同之处在于它与交付过程的强关联关系，对于人的要求

---

1 Sy D. Adapting usability investigations for agile user-centered design[J]. Journal of usability Studies, 2007, 2(3): 112-132.

也更加全面，如表 11-1 所示。那么如何建立敏捷 UX 团队？比如，和设计师建立一对一会议；和产品负责人建立定期的沟通渠道，了解项目进行时遇到的设计挑战；和其他团队管理者建立月会分享成功或失败的例子；召开每周 UX 团队会议，让大家分享敏捷开发的经验，相互借鉴。

表 11-1 传统交互设计与敏捷 UX 的区别

传统交互设计	敏捷 UX
没有交互团队的参与；客户参与度低；设计团队中各职能分工明确	交互设计师、用户研究者、视觉设计师、前端开发者、客户代表以及开发团队代表都完整参与整个交互设计的过程，并只有能力区分而弱化职责分工
客户需求文档中的功能列表是贯穿设计过程的主线	基于终端使用者期待体验的设计过程，往往客户功能列表只作为参考
各自有各自对产品的理解，无法达成共识	对产品设计方向达成共识并贯穿于整个交互设计阶段
使用大型的交互设计软件	鼓励使用白板、海报、贴纸、手绘等轻量级的工具
客户只在开始和结束参与项目	客户全程参与设计活动
主要以文档制作为主	主要以 Workshop 工作坊活动为主，提高互动过程
设计师单独和封闭工作	设计师合作式的工作，随时把工作的产出物展示，接受反馈
设计师能力专一	鼓励 T 型人才
缺少用户测试	在不同精细度的原型上快速进行用户测试，迭代式演进设计
大而全的设计	只设计足够的交互
远离客户以避免变化	和客户在一起鼓励变化
不对交付负责，肆意发挥	对交付负责，在成本接受的范围内创新

11.2 精益设计：做事比分析更重要[1]

精益创业法加上 UX 设计，就是精益 UX（Lean UX）。与敏捷 UX 不同，精益 UX 来源于精益创业法，并从中吸收了其基本思想。精益 UX 还有另外两个基础：设计思维和敏捷开发思想。其中，设计思维专注于解决方案，通过协作，不断地迭代，朝至真至善的境界发展。而敏捷开发思想的重心则在于价值，它要求我们快速向客户交付可用的软件，并根据反馈随时修改。

11.2.1 精益设计的三大基础

1．设计思维

传奇设计公司 IDEO 的 CEO 提姆·布朗认为，设计思维就是："直接观察人们在生活中产生的需求，以及他们对于产品的生产、包装、宣传、销售及售后服务等的看法，以此来推动创新。它运用设计师的设计敏感性和设计方法，将现有技术以及带来客户价值和市场机遇

1（美）Jeff Gothelf. 精益设计：设计团队如何改善用户体验[M]. 张玳，译. 北京：人民邮电出版社，2013.

的企业战略与人们的需求相匹配。"

之所以说设计思维是精益设计的基础，是因为设计思维明确指出，企业经营中每个环节的问题都可以用设计方法来解决。因此设计师得以合理地突破原有的局限，参与到其他工作之中。设计思维还鼓励设计师以外的团队成员使用设计方法来解决各自领域的问题。总的来说，设计思维鼓励团队中不同角色的人协同合作，把产品设计视作一个整体。

2. 敏捷开发方法

多年来软件开发者一直在使用敏捷开发方法来缩短产品研发周期，持续地发布产品，也持续地为客户传递价值。虽然敏捷开发流程对设计师提出了诸多挑战，但敏捷的核心思想和精益设计是不谋而合的。精益设计首先假设我们最初的设计是错的，所以，目标是尽快找出错在哪里。一旦确定了哪些可行哪些不可行，就可以相应地调整计划，并再次进行验证。这种真实的市场反馈可以让团队一直保持敏捷，也促使我们不断调整，朝着"更正确"的方向前进。

3. 精益创业法

精益创业法使用了"开发—评估—认识"的反馈环来降低风险，让团队可以快速开发和认清现实。精益创业的特点表现为以下五个方面。

第一是从问题入手。因为精益是一种创业方法，在创业的时候大多数人既没钱又没时间，这就一定要注意不能浪费你的任何资源。

第二是信息公开。为什么要信息公开？信息公开了以后，就避免了我们去解释、去交接、去澄清。

第三是协同合作。我们必须把所有人的潜力都调动起来，把每一个人的能量都调集起来，让所有人打破职业疆界，除了本职工作以外的事情，能参与的就参与。此外协同合作还能够解决信息没有公开的问题，因为大家公开工作，信息必然是公开的，一起工作，一起了解，把工作摸透了，也就不需要去做交接。

第四是验证假设。精益是科学的方法，提出假设、设计试验、验证假设。在创业过程中，除了要有直觉性思维以外，还要有分析性思维，客观地把所有的热情设为假设，然后客观地用试验去验证。

第五是循序改进。我们知道，如果创业时你没有资源，就很难做得很大。所以要一步一个脚印，循序渐进地改进产品，增加功能，这样才是最优的结果。

精益创业团队开发出最简单可行的产品（MVP）之后，就迅速把产品推向市场，以便及早地认识市场。正如埃里克·莱斯所说："精益创业法开始时主要推崇的是快速开发出原型软件，并迅速推向市场，以便能以比传统开发模式快得多的速度来验证假设，再根据客户反馈来升级软件……精益创业流程要求我们多和真实客户接触，以便尽早进行验证，撤除错误的市场假设，避免浪费。"精益设计把这个思想直接用在了产品设计上，通常做法为：使用协作、跨职能合作的方式，不依赖完备的文档，强调让整个团队对真实产品体验达成共识，从而尽快把产品的本质展示出来。

11.2.2 精益设计的基本理念[1]

理念 1：跨职能团队。精益设计的团队应该把软件工程、产品管理、互动设计、视觉设计、内容战略、市场营销以及保障等方面的人才全都收纳进来，并要求这些领域人才紧密协作。跨职能团队可以避免瀑布开发模式那种互不打扰、环环传递的做法，鼓励不同职能的人多加交流，以便使团队更加高效。

理念 2：小，专，聚。让团队保持较小的规模，核心成员不要超过 10 个，让他们专注于一个项目，并且全部聚集在一个地方办公。小团队的好处：交流、专注、友爱。小团队比较容易交流项目状况、需要做的修改以及新的认识；如果整个团队只做一个项目，那么大家的专注点就能保持一致；让团队聚在一起会让团队成员更加亲密。

理念 3：要成果，不要产出。功能和服务都是产出，这些产出所要实现的商业目标则称为成果。在精益设计的框架下，项目的进展是通过对预先确定好的商业目标进行评估来确定的。如果试图预测哪些功能可以实现具体成果，通常只能靠猜测。尽管在具体功能发布前更易于管理，但是在产品上市之前，也不知道这些功能是否有用。如果转而使用基于成果的管理方式，就能对功能的效用了然于心。

理念 4：消除浪费。精益创业法的一个核心理念就是任何无益于最终目标的东西都应消除。在精益设计中，最终目标是提高成果质量，因此任何无益于提高成果质量的都是浪费，都要消除。原因在于团队资源是有限的，消除浪费，能够让团队的力量全部都用在关键点上。

理念 5：持续探索。持续探索意味着让客户全程参与到设计和开发过程中来。应定期举行相关的客户活动，使用定量和定性的方法来收集客户的反馈。定期与客户交流可以不断验证新的想法，让整个团队都参与到研究中来可以让大家对用户产生同理心，并且能更深刻地认识他们所面临的问题。

理念 6：多做事，少分析。精益设计认为做事比分析更重要。赶紧把想法的第一个版本做出来，无疑比花上半天时间来争论更有价值。因为产品团队面临的最困难的问题是无法在会议室中找到答案，只能由真实的客户来回答。要想找到这些答案，必须把想法具体化，做一个东西出来让人们使用并给予反馈。争论想法的好坏只会浪费时间。

理念 7：学习优于增长。在同一时间里，既想找到产品的合适定位，又要扩展业务范围，是很难的一件事。精益设计主张：学习认知第一，业务扩展第二。因为，随意扩展一个未经证实的想法是一件危险的事情。如果它最终被证实不能达到目的，而你已经将它扩大到整个用户群当中了，那么就意味着整个团队浪费了之前宝贵的时间和资源。在扩展之前一定要确保想法是正确的，以减轻功能部署时所固有的风险。

理念 8：失败的权利。要想找到最佳解决答案，精益设计团队必须不断地实验不同的想法。失败的权利是指团队必须能有一个安全的环境来做实验。这里的环境既指技术环境（能安全地实验和收回自己的想法），也指文化环境（不会因为实验失败而遭受惩罚）。有了失败的权利，才有实验；有了实验，才有创造力；有了创造力，才有新的解决方案。如果整个团队不再担心实验失败会导致严重的后果，他们就更愿意承担风险，金点子往往就在这些风险

---

1 （美）Jeff Gothelf. 精益设计：设计团队如何改善用户体验[M]. 张玳，译. 北京：人民邮电出版社，2013.

之中产生。

CD Baby 创始人德里克·塞维斯讲述了陶瓷课上的一件趣事。上课的第一天老师宣布，学生将分被成两组：一组学生每学期只需要做一个陶罐，他们的成绩将取决于那个陶罐的制作质量；另一组学生则是通过他们在学期里制作的陶罐的重量打分。如果他们做了 50 磅的陶罐或更多，他们会得到 A，40 磅将获得 B，30 磅为 C，以此类推，成绩与他们实际做的是什么一点关系都没有。老师说不会看他们做的陶罐，只会在学期最后一天将秤拿来给学生做的作品称重。

在学期结束时，有趣的事情发生了。课程的外部观察人员指出，质量上乘的陶罐是由"重量决定"的小组完成的。他们花了整个学期的时间尽可能迅速地制作陶罐，有时成功，有时失败。但是他们从每一次实验中都学到了新的东西。通过这个学习过程，他们更好地达到了最终目标：制造高品质的陶罐。

相比之下，只做一个陶罐的那组学生，由于没有经历失败，也就无法从中快速学习成长，也就没有"重量决定"组的学生做得好。他们花了一学期时间思考如何去制作一个能达到 A 等级的陶罐的方法，但没有执行这一宏伟的想法的具体实践活动。

11.2.3　实例

Hobsons 公司的 K12 UX 团队总监埃米莉·霍姆斯（Emily Holmes）阐述了她在公司中推行转变的故事：刚开始推行精益 UX 的时候，他们遇到了很大的阻力，因为大家觉得他们"又不是创业公司"。当然了，这种想法是错误的。他们找了一位教练，帮助团队朝精益 UX 的方向发展。虽然是在公司内部推行精益 UX，但是有外部人士加入也是很有用的。在那之后，他们取得了不错的进展。只用了一年，他们的团队结构就从图 11-2 变成了图 11-3。

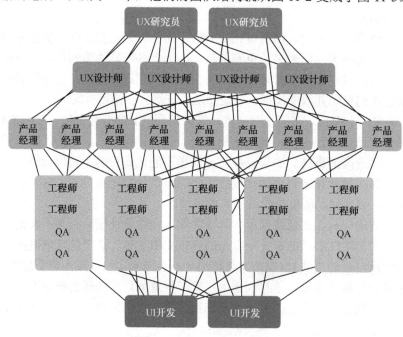

图 11-2　没使用精益 UX 时的团队结构

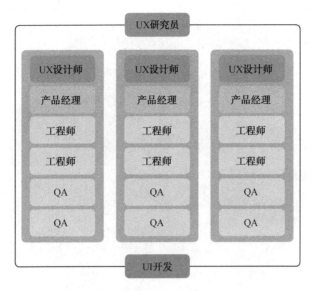

图 11-3　使用精益 UX 的团队结构

　　埃米莉·霍姆斯认为，虽然还没有把这个理念吃透，但现在整个团队都齐心协力，而且流程也统一了。这可不是一点点小改动，因为团队中有些人习惯于业务分析、技术细则等瀑布型开发方式。整个流程还挺有趣，所以人们也没有觉得改变习惯是一件多痛苦的事情。新的思维确实帮助他们解决了原来公司中存在的一些老大难问题。

　　精益 UX 融合了精益创业法、敏捷软件开发方法，以及设计思维的理念，剔除了产品设计中自大的成分和不确定的因素，使之更加客观。

11.3　可穿戴技术

　　可穿戴技术（Wearable Technologies）是对日常穿戴设备进行的智能化设计与开发，从运动电子检测装置到创新型智能面料，都正在改变着人们的穿戴习惯，提供着个性化的量身定制、医疗保健和积极健康老龄化等特殊产品与服务。

11.3.1　什么是可穿戴技术

　　鉴于可穿戴技术作为新兴技术，仍然处于市场初级开发阶段，欧盟对可穿戴技术暂时定义为：具有新颖先进功能，如轻质、易弯曲、可折叠、耐极端环境条件等特性的"新兴材料"，具有更多新功能、更容易穿戴的"新技术"，和便于同互联网相结合的"智能纺织物"技术。

　　从本质上讲，可穿戴技术由微芯片、数据传感器和通信组件构成。这三大基础配件相互配合之后，便可实现信息收集（如计步器）或信息传输（如助听器）。

　　目前市场上有数百万种可穿戴设备，且形态各异，主要包括智能眼镜、智能手表、智能手环、意念控制、健康穿戴、体感控制、物品追踪等。其中，医疗卫生、信息娱乐、运动健康是热点；产品功能方面，互联（NFC、Wifi、蓝牙、无线）、人机接口（语音、体感）、传感（人脸识别、地理定位、各类传感器）是该类产品必不可少的功能（见图 11-4）。

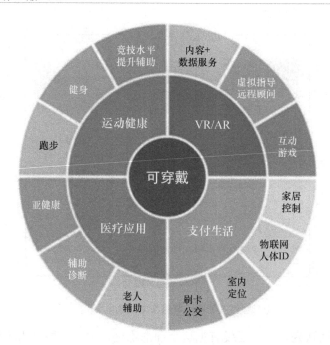

图 11-4　可穿戴设备的应用

11.3.2　可穿戴技术的设计原则

Skully Helmets（钢铁侠助理头盔）公司创始人兼首席执行官马克斯·韦勒（Marcus Weller）博士曾经说过："在未来的十年内，可穿戴技术将进入我们生活的几乎每一个领域。可穿戴技术也将把互联网的强大力量带入我们从事的一切事务之中。"

由于可穿戴设备存在局限性（屏幕空间较小、信息密度较低、电池寿命有限等），且在不同的场景中使用（例如，使用可穿戴设备的人经常处于运动状态），这意味着它们需要不同的设计方法。以下是可穿戴技术设计时应遵循的 10 个原则，也是可穿戴技术需要着力解决的 10 大问题。

1. 为只需看一眼设计（Design for Glanceability）

在可穿戴设计领域，没有一个词像 "glanceable" 这样广为流传。Glanceability 指的是为短时间的交互而设计的信息。在可穿戴技术出现之初，我们首次通过无屏幕健身记录仪了解到这一概念，在记录仪上只有几个灯或简单的指示器来反映用户状态。

在有屏幕的可穿戴设备（如智能手表）中，"匆匆一瞥"不是将接口减少到最基本的视觉反馈，而是在特定时间精确地给出用户需要的信息。由于可穿戴设备的屏幕空间有限，设计师必须专注于只显示最关键的信息并呈现给用户。

2. 背景设计（Design for Context）

背景是设计的支柱，应该利用它来提供一目了然的特定信息。为可穿戴设备设计就是为环境设计。智能设备充满了传感器，可以利用内置设备传感器来确定用户背景。例如，注意用户何时使用地理定位服务，并通过使背景相关信息一目了然来帮助增强用户体验。

3. 设计轻量级交互（Design Lightweight Interactions）

虽然桌面和移动应用程序可能会考虑以分钟甚至小时为单位的用户会话，但可穿戴体验是完全不同的，它们应该尽可能短。如果用户交互时间超过 10 秒，那么就应该重新设计界面了。通过只显示用户完成任务所必需的内容，以最大限度地减少交互并保持界面简单，如果需要更长的响应时间（如当用户必须使用智能手表回复消息时），可提供快速的预定义响应并在可穿戴用户界面中提供语音输入选项。

4. 保持简单

众所周知的 KISS 原则（Keep It Sample，Stupid）在可穿戴设备领域可能比在桌面或移动用户界面中更重要。在处理可穿戴用户体验时，要避免在可穿戴设备中添加尽可能多的功能和信息，遵循简单的规则。

- 不要放置超过用户需要的操作或信息，否则会破坏用户体验。相反，专注于单一用例并通过创建一个有效的流程来帮助用户快速完成任务；
- 使交互尽可能简单。设计单一、专注的任务：用户应该一次只能做和看到一件事。

5. 设计一个清晰简约的界面

用户必须能够阅读屏幕上的任何内容，并在移动时轻松与之交互。极简设计是智能手表和可穿戴设备的理想选择。在可穿戴用户界面中，从颜色到排版，一切都应该简单明了。

- 鲜明的对比。对比度在小屏幕上非常重要，因为它可以使元素一目了然；
- 简单的排版。对于可穿戴设备上的字体，简单的无衬线字体是最易读的选项之一；
- 元素之间有足够的空间。小屏幕上，空间可以成就或破坏设计：如果元素之间空间太大，则没有空间容纳其他内容；但如果元素之间空间太小，则很难看到或阅读。因此，必须找到一个适当的平衡点。

6. 尽量减少干扰

即使在大屏智能手机上，收到的通知和提醒也常常会对人们造成干扰。但当可穿戴设备需要大量关注时，这可能会让人们放弃它们。口袋里的移动设备嗡嗡作响是一回事，但如果有东西在你皮肤上嗡嗡作响，那就完全是另一回事了。

为可穿戴设备设计通知时要遵循的几个简单规则如下。

- 减少通知数量。通过可穿戴设备推送给用户的信息应该经过过滤，通知的频率应该是最低的；
- 推送信息的价值。当确实需要通知用户时，应该确保该通知对用户有价值。积极的干扰可以创造良好的用户体验，但它需要了解用户的实际需求。在正确的时间点推送相关信息是一款优秀的可穿戴程序的关键；
- 自定义设置。通过允许用户配置他们收到的通知的时间和类型，并允许他们在需要时轻松禁用它们，以实现更好的可穿戴用户体验。还可以让用户选择他们希望收到通知的方式（有些人更喜欢振动和屏幕发光，而其他人则只选择屏幕发光）。

7. 选择更多隐私

可穿戴设备可以显示非常私人的信息，如私人谈话或健康数据，这与通常隐藏在口袋里的智能手机不同，以下是一些实用的建议。

- 注意设备面向的方向并相应地显示内容，向内允许显示更多个人内容，向外应默认为空白屏幕；
- 先振动，后显示。

8. 利用非可视化用户界面

"最好的界面是没有界面"，这对于可穿戴设备尤其适用。在设计可穿戴设备界面时，不仅要尝试利用触摸，还要利用声音和振动交流。可以考虑使用语音输入来撰写短信或安排活动，通过振动和声音通知用户。

9. 与其他设备的交互很重要

设计可穿戴设备时，不应该孤立地考虑这些设备，需要将可穿戴设备与用户数字生态系统中的现有设备相集成，并利用可穿戴设备的优势使生态系统变得更好，这一点很重要。例如，可以使用智能手表的血压监测器和心脏健康配套应用程序来收集数据，但对收集到的数据进行审查和分析可以由智能手机完成。

10. 设计离线模式

与任何其他数字设备一样，可穿戴设备也会遇到连接问题。在设计可穿戴用户界面时，始终尝试在离线模式下提供核心功能。如果不可能做到，那么至少应该向用户解释发生了什么，例如，由于没有网络连接，Apple Watch 无法加载地图，但手表会告诉用户这一点。

这里所列的可穿戴 UI 原则可能因其简单性而显得乏味。但无论设备的大小或规模，都可以使用它们来创建一个可行的设计。记住，无论是为台式机、移动设备，还是可穿戴设备设计，每个界面的设计都应该让用户能够更快速、更轻松地执行所需的活动。这适用于每个接口平台，而不仅仅是可穿戴设备。

11.3.3 发展趋势

智能穿戴的目的是探索一种全新的人机交互方式，通过智能设备穿戴在人体之上这种方式为消费者提供专属的、个性化的服务。随着移动互联网技术的发展和低功耗芯片、柔性电路板等穿戴设备核心硬件技术的成熟，部分穿戴设备已经从概念化的设想逐渐走向商用化，新式的穿戴设备不断推出。

1. 时尚眼镜将变得更为智能

智能眼镜浪潮的兴起，谷歌是功不可没的。尽管谷歌眼镜遇到了不少的挫折，但是这并没有让其他的厂商却步。索尼、Vuzix 和其他很多厂商已经推出或正在开发智能眼镜类可穿戴设备。

虽然这类设备大多不太精美，但是智能眼镜已经开始让人看着越来越顺眼了。谷歌眼镜配备了有型的镜框，其中有些出自著名的时尚设计师戴安娜·冯·弗斯滕伯格（Diane von

Furstenberg）之手。日本公司推出的 Jins Meme 智能眼镜看起来跟普通眼镜一样，但却包含了不少的科技技术。Meme 甚至可以监控你的警觉性，以免你在开车时睡着。

2. 越来越多的科技公司将开发智能珠宝

可穿戴热潮兴起后不久，Indiegogo 和 Kickstarter 平台上冒出了不少关于智能珠宝的众筹项目。很多项目比如 Ringly、Mota SmartRing 和 Cuff 已经完成了融资目标，这说明女性消费者或许对笨重的智能手表不感冒，但她们非常喜欢智能珠宝的概念。

最近，英特尔也凭借其 MICA 智能手镯进入了可穿戴市场。这款可穿戴设备配备了不少的功能，还有蛇皮材料的外皮和宝石装饰。

英特尔进入可穿戴市场之后，科技领域的一些大品牌也开始开发智能珠宝。即便他们没有这样做，像 Ringly、Mota 和 Cuff 这样的小厂商也将推动智能珠宝市场进一步发展壮大。

3. 你的服装将内置更多的感应器

曾几何时，智能服装只是高科技设备的代名词。毫无疑问，Nal、HexoSkin 和 Sensoria 将继续推出智能运动衫、运动内衣和其他智能服装，同时更多厂商也将进入该领域。

3D 打印的服装已经问世了，很多著名的时尚品牌，比如拉尔夫劳伦的 Polo 和 Victoria Secret 等已经在高调展示它们的智能服装了。现在已有内置 LED、能够随着用户情绪变色的裙子、光纤制成的服装，以及能够在下雨前检测空气湿度的衣服。

虽然这些高科技时尚服装对消费者们来说有些奇怪，但它们却是时代的标志。智能服装正在蓬勃兴起，它们将在未来变得更有吸引力，希望它们同时也能变得更有用。

4. 你将更加了解自己的身体

早期的运动腕带并不能精确地记录步数，但是现在大多数高端运动腕带都在向着精益求精的方向发展，参加奥运会的很多运动员以及他们的教练利用运动腕带来提高成绩。这主要得益于算法的改良、感应器的完善，以及增加了心率监控设备。

另外，低端腕带的价格将更便宜，即便是普通人也能随时随地掌握自己的身体状况。

11.4 通用设计[1]

随着信息社会的发展，注重普遍可及和普遍可用的人机交互议题的重要性也日益突出。这些议题旨在通过各种计算平台和设备，为任何人提供可在任何时间、地点使用的各种产品或服务。在信息社会中，普遍可及的设计被定义为：在考虑一些多样性维度的基础上进行的设计。多样性维度通常包括广泛的用户特性、时刻变化的人类活动、使用情境的多样性、更易获得且更加多样化的信息、各种资源和服务，以及信息社会中日益增加的技术平台。与事后或专门设计不同，这些议题意味着我们需要针对系统性的多样化进行明确设计，并且对人机交互情境下通用设计的概念进行考虑和重新定义。因此，通用设计正成为设计的主要议题。

---

1 董建明，傅利民，沙尔文迪. 人机交互：以用户为中心的设计和评估[M]. 4 版. 北京：清华大学出版社，2013.

11.4.1　什么是通用设计

在学术领域，通用设计（Universal Design）又称为全民设计、全方位设计、通用化设计、公用性设计、普适设计等，是指无须改良或特别设计就能为所有人使用的产品、环境及通信。通用设计的核心思想是：把所有人都看作程度不同的能力障碍者，即人的能力是有限的，人们具有的能力不同，在不同环境下具有的能力也不同。

在普遍可及的背景下，通用设计被定义为：积极应用各种原则和方法进行有意识的和系统的努力，并且使用适当的工具，使得开发出的信息技术及产品和服务可以被所有人访问和使用，从而避免完成后再进行调适或专业设计。由此可见，通用设计概念的主要含义有：

（1）交互产品、服务和应用的设计，能够不需要修改就适合大部分的潜在用户。相关的工作主要集中在全球合作初期制定可及性准则和标准。

（2）有着标准化的产品设计，能够被专门的用户交互设备所访问。

（3）很容易适应不同用户的产品设计（如采用可调适或者定制化的用户界面）。这就必须从产品的概念阶段就开始考虑其可及性设计，并且将可及性设计贯穿于产品开发生命周期的始终。

11.4.2　通用设计的发展过程

通用设计的演进始于 20 世纪 50 年代，当时人们开始注意残障问题。在日本、欧洲及美国无障碍空间设计（Barrier-free Design）为身体障碍者除去了存在于环境中的各种障碍。20 世纪 70 年代，欧洲及美国一开始是采用广泛设计（Accessible Design），主要针对行走不便的人士的需求，并不是针对产品。当时一位美国建筑师麦可·贝奈（Michael Bednar）提出：撤除环境中的障碍后，每个人的感官能力都可获得提升。他认为建立一个超越广泛设计且更广泛、全面的新观念是必要的。也就是说广泛设计一词并无法完整说明他们的理念。

1987 年，美国设计师朗·麦斯（Ron Mace）开始大量地使用通用设计一词，并设法定义它与广泛设计的关系。他表示，通用设计不是一项新的学科或风格，或是有何独到之处。它需要的只是对需求及市场的认知，以及以清楚易懂的方法让我们设计及生产的每件物品都能在最大的程度上被每个人使用。他还说通用（universal）一词并不理想，更准确地说，全民设计是一种设计方向，设计师努力在每项设计中加入各种特点，让它们能被更多人使用。

11.4.3　通用设计的原则

通用设计不应该为一些特别的情况而作出迁就和特定的设计，它具有七大原则。

原则一：公平地使用（Equitable Use）。对具有不同能力的人，产品的设计应该是可以让所有人都公平使用的。

指导细则：①为所有的使用者提供相同的使用方式；尽可能使用完全相同的使用方式；如不可能让所有使用者采用完全相同的使用方式，则尽可能采用类似的使用方式。②避免隔离或歧视使用者。③所有使用者应该拥有相同的隐私权和安全感。④能引起所有使用者的兴趣。

原则二：可以灵活地使用（Flexibility in Use）。设计要迎合广泛的个人喜好和能力。

指导细则：①提供多种使用方式以供使用者选择。②同时考虑左撇子和右撇子的使用。③能增进用户的准确性和精确性。④适应不同用户的不同使用节奏。

原则三：简单而直观（Simple and Intuitive Use）。设计出来的使用方法容易明白，而不会受使用者的经验、知识、语言能力及当前的集中程度影响。

指导细则：①去掉不必要的复杂细节。②与用户的期望和直觉保持一致。③适应不同读写和语言水平的使用者。④根据信息重要程度进行编排。⑤在任务执行期间和完成之时提供有效的提示和反馈。

原则四：能感觉到的信息（Perceptible Information）。无论四周的情况或使用者是否有感官上的缺陷，都应该把必要的信息传递给使用者。

指导细则：①为重要的信息提供不同的表达模式（图像的、语言的、触觉的），确保信息冗余度。②重要信息和周边要有足够的对比。③强化重要信息的可识读性。④以可描述的方式区分不同的元素（如要便于发出指示和指令）。⑤与感知能力障碍者所使用的技术装备兼容。

原则五：容错能力（Tolerance for Error）。设计应该可以让误操作或意外动作所造成的反面结果或危险的影响减到最少。

指导细则：①对不同元素进行精心安排，以降低危害和错误：最常用的元素应该是最容易触及的；危害性的元素可采用消除、单独设置和加上保护罩等处理方式。②提供危害和错误的警示信息。③失效时能提供安全模式。④在执行需要高度警觉的任务中，不鼓励分散注意力的无意识行为。

原则六：尽可能地减少体力上的付出（Low Physical Effort）。设计应该尽可能地让使用者有效地和舒适地使用。

指导细则：①允许使用者保持一种省力的肢体位置。②使用合适的操作力（手、足操作等）。③减少重复动作的次数。④减少持续性体力负荷。

原则七：提供足够的空间和尺寸，让使用者能接近使用（Size and Space for Approach and Use）。提供适当的大小和空间，让使用者接近、够到、操作，并且不被其身型、姿势或行动障碍所影响。

指导细则：①为坐姿和立姿的使用者提供观察重要元素的清晰视线。②坐姿或立姿的使用者都能舒适地触及所有元素。③兼容各种手部和抓握尺寸。④为辅助设备和个人助理装置提供充足的空间。

以上通用设计的原则主要强调使用上的便利性，但对于设计实践而言，仅考虑可用性方面还是不够的，设计师在设计的过程中还须考虑其他因素，如经济性、工程可行性、文化、性别、环境等诸多因素。另外，以上原则提倡将一些能满足尽可能多的使用者要求的设计特征整合到设计中去，并非每个设计项目都需逐条满足上述所有要求。

11.4.4　作为适配性界面设计的通用设计

适配性用户界面的方法和技术在现代界面中应用得很成功。一个著名的例子为 Microsoft Windows XP 的桌面适配性，其适配性体现在可以隐藏或删除桌面上不用的图标。Microsoft Windows Vista 和 Windows 7 系统也通过增加有用的卡通形象、透明的玻璃选项栏、运行程序的动态缩略图和桌面小插件（如时钟、日历、天气预报等），在用户个人偏好的基础上提供了许多个性化的桌面功能。然而，若要将适配性与商业系统进行整合，则需要用户手动进行设置，且目前的适配性主要集中在外观的偏好上。对残障人士和老年人用户，只有有限数量的适配性是关于可及性和可用性的，如快捷键盘、尺寸和放大选择、更改颜色和音量设置、自动化的任务等。

以往的研究使得普遍可及和通用设计背景下的适配性用户界面的设计方法有了更加全面且系统化的发展。统一用户界面的方法体系被构想出来并加以应用，通过以适配性为基础的途径，有效且高效地确保了针对不同特性的用户界面的可及性和可用性。这种方法还使得用户界面能够独立于技术平台和用户配置文件。基于此背景，自动适配的用户界面设计方法要尽可能减少对于后调适的需求，并且能生成在适配后被尽可能多的终端用户使用的产品（适配性用户界面）。这意味着提供基于目标用户群体能力、要求和喜好，以及使用情境特点（如技术平台、物理环境）的备选界面的目标。在这种情境下，最主要的目标是确保每一个终端用户在运行时都能得到最适合的交互体验。

如上所述，通用设计的多样化维度广泛且复杂，因为它包括针对情境的设计、多样化的用户需求、能改变的和适合的交互行为等相关问题。复杂来自于其所包含的多维度以及每一维度中的多样化角度。在这种情境下，设计人员应该准备好要面对大型的设计方案以容纳目标用户群体和信息社会中出现新使用情境带来的设计局限。因为，设计人员必须具备可及性的知识和专业技能，应该对用户适配性进行认真计划、设计，以结合到一个交互系统的生命周期中去，从早期的设计探索阶段，一直到评估、实施和部署。

11.4.5　未来的交互界面[1]

我们期望向交互设计研究人员问的一个很自然的问题是：下一件大事是什么？

第一个学派以技术发展为中心，认为未来的创新来自于先进技术的发展。他们相信：①开发新设备，特别是那些无所不在且普及深入的、便宜且小的设备，会取得进展。②这些新设备将是可穿戴的、可移动的、个人的和便携的，表明它们能被用户随时携带。③这些新设备将是嵌入式的、和周围情境感知的，表明它们将被构建到我们的周围环境之中，是不可见的，但在需要时可用且响应用户需求。④其中一些新设备被归类为可感知的和多模态的，表明它们能感知用户的需要，允许通过视觉的、听觉的、触感的、手势的和其他的刺激进行交互。

第二个学派以普遍可用性为中心，认为今后的重点将是把早期的成功扩展到更广泛的用户群体。这一观点的支持者相信，他们能够使每一个人都能从信息与通信技术中受益。普遍可用性的倡导者声称，这个原则能够刺激创新的进步。例如，把手机带给30亿用户已经推进了基础设施技术并创立了新的商业模式，推动了手机用户界面成为多语种且具有广泛的应用范围，能够方便且低成本地访问通信和互联网服务。

第三个学派主张，意义深远的转变是从传统的、内向的计算机用户到新的、渴望联系的社会用户，他们使用通信技术来构建和维护丰富的社交网络。这一学派的支持者把用户生成

1（美）施耐德曼，普莱萨特. 用户界面设计——有效的人机交互策略[M]. 5版. 张国印，等译. 北京：电子工业出版社，2011：350-351.

内容的迅速增长看作渴望把人们交织在一起的社会媒体的标志，希望在支持性邻居、有移情作用的社区和集体智慧方面得到更多回报，但也评估了多任务处理、注意力分散和碎片化的关注等危险。

第四个学派认为，专注于个人与社会的需求的人将更经常地产生适当的社会技术创新。这一学派的支持者最有可能讨论价值、隐私、信任、移情作用和责任，同时提出偏见、破坏和有害副作用的伦理问题。

毫无疑问，在人机交互研究中，其他机会和意外的发展都将会出现。人机交互的优点在于它的综合方法，该方法把严格的科学、尖端的技术和对人类需要的敏感性结合在一起。

本章小结

本章讨论了敏捷设计、精益设计、可穿戴设计和通用设计方法。

思考题

使用相关新技术获取自己每天的运动数据，要求：新技术不少于 3 项、运动数据不少于 3 个方面，数据的呈现方式也不少于 3 项。

拓展阅读

（1）Connell B R, Jones M, Mace R, et al. The principles of universal design, Version 2.0[M]. Raleigh, NC: North Carolina State University, 1997.

（2）Null R. Universal design: Principles and models[M]. CRC Press, 2013.

（3）Smith K H, Preiser W. Universal Design Handbook, 2nd ed[M]. McGraw Hill Professional, 2011.

（4）Ries E. The lean startup: How today's entrepreneurs use continuous innovation to create radically successful businesses[M]. Currency, 2011.

（5）Gothelf J, Seiden J. Lean UX: designing great products with agile teams[M]. O'Reilly Media, 2016.

（6）Leffingwell D. Agile software requirements: lean requirements practices for teams, programs, and the enterprise[M]. Addison-Wesley Professional, 2011.